高等工科学校教材

塑性加工力学

梅瑞斌　编

机械工业出版社

本书共有 8 章，第 1 章主要讲述力学概念、塑性加工工艺以及塑性力学在塑性加工中的应用等；第 2 章主要讲述应力应变分析；第 3 章主要讲述平衡微分方程、应变协调方程、边界条件、非均匀变形等；第 4 章主要讲述应力-应变关系曲线、屈服准则、胡克定律、增量理论、变形抗力模型，以及平面问题与轴对称问题等；第 5 章主要讲述工程法应用规则及其在镦粗、拉深、弯曲、胀形、轧制等工程问题中的应用；第 6 章主要讲述汉基应力方程及滑移线法应用；第 7 章主要讲述极限原理及上限法；第 8 章主要讲述刚塑性有限元法及人工智能初步在力学中的应用。

本书可作为材料成型及控制工程专业和相关专业本科生、研究生的教材，也可供企业技术人员参考学习。

图书在版编目（CIP）数据

塑性加工力学/梅瑞斌编. —北京：机械工业出版社，2023.12
高等工科学校教材
ISBN 978-7-111-74561-7

Ⅰ.①塑… Ⅱ.①梅… Ⅲ.①金属压力加工-塑性力学-高等学校-教材 Ⅳ.①TG301

中国国家版本馆 CIP 数据核字（2024）第 053239 号

机械工业出版社（北京市百万庄大街 22 号 邮政编码 100037）
策划编辑：丁昕祯 责任编辑：丁昕祯 戴 琳
责任校对：马荣华 刘雅娜 封面设计：张 静
责任印制：李 昂
河北泓景印刷有限公司印刷
2024 年 8 月第 1 版第 1 次印刷
184mm×260mm·14.5 印张·331 千字
标准书号：ISBN 978-7-111-74561-7
定价：49.80 元

电话服务 网络服务
客服电话：010-88361066 机 工 官 网：www.cmpbook.com
010-88379833 机 工 官 博：weibo.com/cmp1952
010-68326294 金 书 网：www.golden-book.com
封底无防伪标均为盗版 机工教育服务网：www.cmpedu.com

在浩瀚的历史长河中，社会科学和自然科学相互交融、相互支配、相互支撑、相互促进。社会科学是精神文明不断前行的动力，自然科学是物质文明快速发展的引擎，回首过往人类文明发展史，不可否认力学一度是自然科学发展史上那颗耀眼的明星。

谈到力学，多数人的印象是深奥和枯燥，但想一想"给我一个支点，我能撬动地球"是何等的霸气，读一读"五两竿头风欲平，长风举棹觉船轻。柔橹不施停却棹，是船行。满眼风波多闪灼，看山恰似走来迎。仔细看山山不动，是船行。"是何等的美妙，力学不缺少美，缺少的是发现和创造，更需耐心去学习，用心去理解，真心去应用。

追忆力学发展，人们自然会想到阿基米德、牛顿、爱因斯坦、冯·卡门、钱学森等一大批无与伦比的科学家，他们不仅致力于力学发展，很多人在数学和物理方面造诣更深，故力学的发展往往离不开数学及物理的理论发展。实际上，解释自然现象和指导生产实践才是力学的发展动力，弹性力学发展的动力多来源于试验，而塑性力学发展的动力更多来源于生产。

本书聚焦立德树人根本任务，围绕"学生成长"核心，坚持"知识传授、能力培养和价值塑造"目标，打造"有广度、有深度、有温度"的内容体系，主要特色包括：

1）强化基础知识传授和分析、解决问题能力培养。注重知识点承上启下的作用和基础公式的推导过程，强化理论的系统性和完备性，依据前期理论研究增加屈服准则几何轨迹证明、工程法中屈服准则与微元体受力假设之间的运用规则、滑移线角度和边界条件确定方法，并引入有限元法和人工智能等知识在塑性加工力学中的应用。

2）强化创新思维培养和人文素养提升。每章以知识速递、学习目标、学习要点开篇，明晰章节知识重点、要点和学习目标，在章节中以知识运用、知识拓展模块穿插展示与力学有关的名人传记、科学发展、工程应用等内容，助力学生的全面成长。

感谢从事塑性力学研究和教育教学的前辈们，他们的著作给予我成长的沃土。

感谢我的老师及亲朋好友们，他们的帮助给予我进取的基石。

感谢我的家庭、父母、爱人和孩子，他们的支持给予我奋斗的动力。

感谢我可爱、执着、追求的学生们，他们的肯定给予我出版本书的底气。

感谢河北省教育厅、东北大学及秦皇岛分校在资金方面给予的鼎力支持。

东北大学秦皇岛分校教师包立博士为本书教案整理、资源建设、文字梳理、公式校核、习题编写、图形绘制等方面付出了巨大心血，在此深表感谢。

本书在河北省教育厅资助下已建设成为精品在线开放课程，视频、课件、模型、试题库等教师讲授和学生自主学习的在线资源可直接登录下面的网址进行查阅：https://www.xueyinonline.com/detail/218852117。也可登陆学习强国平台搜索材料成型力学可观看知识点视频学习。

出版之际，忐忑不安，反复斟酌，不免瑕疵。个人水平有限，若有不当之处，望不吝赐教和雅正，呈上谢意！

最后，谨以此书献给东北大学百年华诞！

编　者

目　录

第1章

绪论

学习目标

◆ 了解塑性力学发展史和力学分类
◆ 理解塑性加工工艺特点及其在国家制造业中的作用
◆ 掌握塑性加工工艺分类和力学问题分析基本假设

学习要点

◆ 力学分类
◆ 塑性工艺分类及特点
◆ 塑性问题求解方法

1.1　塑性力学及其发展

1.1.1　塑性力学简介

　　力学（Mechanics）是研究物质机械运动规律的学科，既是一门基础学科，又是一门技术学科。自然界的物质有多种层次，从宇观的宇宙体系，宏观的天体和常规物体，细观的颗粒、纤维、晶体，到微观的分子、原子、基本粒子。无论是渺小的人类生物还是庞大的星系星球都被无形或有形的力学规律支配着，维持着宇宙平衡和生物繁衍，因此，力学是一切研究对象的受力和受力效应规律及其应用的总称。无论是 1995 年韩国三丰百货大楼倒塌和 2013 年孟加拉国塌楼事件，还是 1998 年德国高速列车由于钢圈疲劳引起的脱轨事件，都是力学问题所致。

　　力学分支众多，分类方法不尽相同，我国著名科学家钱学森根据力学发展的历史进程与规律将力学分为经典力学、近代力学和现代力学。经典力学（1900 年以前）又称为古典力学，主要有 1687 年的牛顿力学、1788 年的拉格朗日力学、1834—1835 年的哈密顿力学等；近代力学（1900—1960 年）又称为应用力学，此时的力学与工程技术特别是航空航天技术密切联系并得到广泛应用；现代力学（1960 年至今）又称为计算力学，随着计算机技术的发展，力学同自然科学及其他学科结合更为广泛，并深度融合，分析对象也从宏观走向微观。

　　知识拓展： 钱学森（1911—2009），中国空气动力学家、系统科学家，工程控制论创始人之一，中国科学院学部委员、中国工程院院士，两弹一星功勋奖章获得者。他曾说过：我的事业在中国，我的成就在中国，我的归宿在中国。他的老师冯·卡门评价他思维敏捷，富有想象力和洞察力，天赋非凡。

　　随着力学应用的快速发展，基于力学研究对象不同，力学可分为固体力学、流体力学及力学交叉学科，如图 1.1.1 所示。固体力学主要包括侧重运动分析的一般力学（非线性理论、运动稳定性理论、振动理论、动力系统、多体系统力学、机械动力学）以及理论力学、材料力学、结构力学、弹性力学、塑性力学、断裂力学等；流体力学主要包括生物流变学、环境流体力学、地球流体力学、水动力学、气动力学、渗流力学、物理-化学流体力学、多相流体力学等。

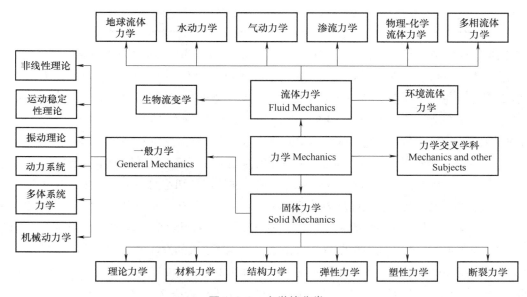

图 1.1.1　力学的分类

　　弹性力学、塑性力学或弹塑性力学均是固体力学的一个重要分支，几乎所有金属发生塑性变形前必先经历弹性变形，弹性和塑性即相互共存又相互依赖。弹塑性力学是主要研究在外载荷作用下弹塑性体发生弹性或塑性变形时应力分布和变形规律的一门学科，主要任务是根据实际材料在特定变形条件（单向拉伸、压缩或平面应变）下的力学性能试验结果寻求其弹性、弹塑性或塑性状态下的变形规律，建立本构关系及相关基本理论，然后应用这些关系或理论求物体在复杂外载荷作用下应力和变形的分布规律。一般来说，弹性变形机理是原子间的吸引和排斥，变形过程是可逆的，变形效果与加载路径无关，且对组织性能没有影响，变形过程中应力（σ）和变形（ε）符合线性关系，而塑性变形机理是以位错运动为主，变形过程不可逆，变形效果与加载路径有关，且对组织性能产生影响，变形过程中应力和变形为非线性关系。所以，塑性力学是研究弹塑性体在外载荷作用下发生塑性变形过程中（此时，弹性变形量相比塑性变形量较小，可忽略）的应力分布和变形规律的一门学科。

1.1.2 塑性力学的发展

塑性变形过程中弹塑性共存，塑性变形必经历弹性变形，因此从某种意义上说，塑性力学往往离不开弹性力学思想。弹性力学的发展初期主要依据试验来探索弹性力学的基本规律。英国的胡克和法国的马略特于 1680 年分别独立地提出了弹性体的变形和所受外力成正比的定律，后被称为胡克定律。牛顿于 1687 年确立了力学三定律。

> **知识拓展：** 艾萨克·牛顿（1643—1727），英国著名的物理学家、数学家，提出万有引力定律、牛顿运动定律，并与莱布尼茨共同发明微积分。他曾说：聪明人之所以不会成功，是由于他们缺乏坚韧的毅力。

数学的发展，推动弹性力学进入第二个时期。在 17 世纪末弹性力学的第二个时期开始时，人们主要研究梁的理论。到 19 世纪 20 年代，法国的纳达依（Nadai）和柯西才基本建立了弹性力学的数学理论。柯西在 1822—1828 年发表的一系列论文中，明确提出了应变、应变分量、应力和应力分量的概念，建立了弹性力学的几何方程、运动（平衡）方程、各向同性以及各向异性材料的广义胡克定律，从而奠定了弹性力学的理论基础，打开了弹性力学纵深发展的突破口。

第三个时期是线性各向同性弹性力学大发展的时期。主要标志是弹性力学广泛应用于解决工程问题。1855—1858 年间，法国的圣维南发表了关于柱体扭转和弯曲的论文，在他的论文中，理论结果和试验结果密切吻合，为弹性力学理论的正确性提供了有力的证据；1881 年，德国的赫兹解出了两弹性体局部接触时弹性体内的应力分布；1898 年，德国的 G. 基尔施在计算圆孔附近的应力分布时，发现了应力集中。这些成就在提高机械、结构等零件的设计水平方面起了重要作用。

从 20 世纪 20 年代起，弹性力学在发展经典理论的同时，广泛探讨了许多复杂问题，出现了许多边缘分支：各向异性和非均匀体的理论，非线性板壳理论和非线性弹性力学，考虑温度影响的热弹性力学，研究固体同气体和液体相互作用的气动弹性力学和水弹性理论以及黏弹性理论。磁弹性和微结构弹性理论也开始建立起来。此外，还建立了弹性力学广义变分原理。这些新领域的发展，丰富了弹性力学的内容，促进了有关工程技术的发展。

> **知识拓展：** 中国第一个力学系和力学专业创建者——钱伟长。钱伟长（1912—2010），江苏无锡人，世界著名科学家、教育家，杰出的社会活动家。参与创建中国第一个力学研究所，主持创建上海市应用数学和力学研究所，在弹性柱体的扭转理论、奇异摄动理论、弹性力学等研究方面做出巨大贡献。
>
> 中国近代力学奠基人——周培源。周培源（1902—1993），著名力学家、理论物理学家、教育家和社会活动家，我国近代力学和理论物理事业的奠基人之一。他奠定了湍流模式理论的基础，研究并初步证实了广义相对论引力论中"坐标有关"的重要论点。他终生信奉的十六字诀为"独立思考，实事求是，锲而不舍，以勤补拙"。

　　塑性力学是一门在生产中发展的科学，塑性变形现象发现较早，然而对它进行力学研究，是从 1773 年库仑提出的屈服条件开始的。屈雷斯加（Tresca）于 1864 年对金属材料提出了最大剪应力屈服条件。随后圣维南于 1870 年提出在平面情况下理想刚塑性的应力-应变关系，假设最大剪应力方向和最大剪应变率方向一致，解出柱体中发生部分塑性变形的扭转和弯曲以及厚壁筒受内压的问题。莱维（Levy）于 1871 年将塑性应力-应变关系推广到三维情况。1900 年，格斯特通过薄管的联合拉伸和内压试验，初步证实最大剪应力屈服条件。

　　在此后 20 年内，围绕塑性屈服进行了许多类似试验，提出多种屈服条件，最有意义的是米塞斯（Mises）于 1913 年从数学简化的要求出发提出的屈服条件（后称米塞斯条件）。米塞斯还独立提出了和莱维一致的塑性应力-应变关系（后称为莱维-米塞斯本构关系）。泰勒于 1913 年、洛德于 1926 年为探索应力-应变关系所做的试验都证明，莱维-米塞斯本构关系是真实情况的一级近似。

　　1924 年，汉基（Henky）提出了塑性全量理论，曾被纳达依（Nadai）等人，特别是依留申等苏联学者用于解决大量实际问题。路易斯（Reuss）于 1930 年在普朗特（Prandtl）的启示下，提出包括弹性应变部分的三维塑性应力-应变关系，塑性增量理论初步建立。

　　1937 年，纳达依（Nadai）考虑加工硬化，建立大变形下的应力应变，依留申提出小弹塑性形变全量理论，虽然塑性全量理论在理论上不适用于复杂的应力变化历程，但计算结果却与板的失稳试验结果很接近。为此，在 1950 年前后展开了塑性增量理论和塑性全量理论的辩论，促使从更根本的理论基础上对两种理论进行探讨。1949 年，巴道夫（Batdorf）和布第扬斯基（Badiansky）从晶粒激励滑移物理概念出发提出滑移理论。

知识拓展： 中国塑性力学奠基者——李敏华。李敏华（1917—2013），固体力学专家，中国塑性力学的开拓者，美国麻省理工学院首位工科女博士，同钱学森、钱伟长等一起创办中国科学院力学研究所。在塑性问题的解析方法、结构强度、疲劳失效机制等方面做出了重要贡献。利用塑性力学解决航空发动机强度问题，惊艳了国际塑性力学界。她提出炽体引燃方法，研制成功瞬时加热加载试验装置，实现驻点温度超过1000℃，为航天器抗高温安全返回立下汗马功劳。

---

　　20 世纪 60 年代后，电子计算机技术的引入和数值模拟理论的发展对塑性成形问题的求解起了很大促进作用。随着有限元数值模拟理论的发展和完善，提供恰当的本构关系已成为解决工程问题的关键，20 世纪 70 年代关于塑性本构关系的研究十分活跃，主要从宏观与微观的结合、不可逆过程热力学以及理论力学等方面进行研究，塑性体积应变，材料各向异性、非均匀性、弹塑性耦合，应变弱化的非稳定材料等问题得到了更深入的研究。

　　21 世纪后，人工智能技术飞速发展使得人们摆脱了必须建立关系方程的束缚，研究者们依据大量的事实数据通过训练和深度学习实现塑性加工成形过程载荷或变形规律的预测，使得塑性力学的解析手段更多元，应用范围更广泛。

　　面向未来，塑性加工制造业的终极目标是智能制造，智能制造的核心是智能控制，智能控制的核心是智能预测模型，而力学是塑性加工时力能参数和变形规律预测模型构建的基础，故塑性加工力学是加速实现智能塑性加工制造的基础理论。

知识拓展： 中国计算力学泰斗——钱令希。钱令希（1916—2009），著名力学家、工程师、教育家，长期从事结构力学的教学和研究，是我国计算力学工程结构优化设计的开拓者，也是使结构力学与现代科学技术密切结合的先行者与奠基人。他常说："学习如同钉螺丝钉，开头要锤几下，搞正方向，把基础打牢，后来拧起来就顺利了。否则，开头钉得歪歪扭扭，拧起来就事倍功半。"他一贯倡导在教学中树立"启发式认真教"和"创造性自觉学"的学风，培养了包括胡海昌、潘家铮、钟万勰、程耿东等中国科学院院士在内的一大批优秀人才。

胡-鹫津原理创建者——胡海昌。胡海昌（1928—2011），著名力学家、空间技术专家，中国科学院院士。1956 年，他在弹性力学中首次建立了三类变量的广义变分原理，并首次指导同事和学生把这类原理用于求近似解，日本人鹫津久一郎比他晚一年独立地重建了上述原理。该原理在有限元法和其他近似解法的重要应用，对弹性力学、变分原理、力学中的数值方法产生了深远影响，被称为胡-鹫津原理。

1.2 塑性加工工艺分类

制造业领域中几乎所有的金属产品零部件都是在原始坯料基础上通过合理的变形及热处理工艺进而获得所需的组织性能。作为材料变形方法之一的塑性加工工艺能够实现连续化、自动化，并能有效改善金属组织性能，故在国民经济中占据十分重要的地位。

在外力作用下，金属材料利用塑性能力使其产生变形从而获得一定尺寸、形状和组织性能的加工方法称为塑性加工成形。按照变形温度，金属塑性加工成形可以分为热变形（变形温度在动态再结晶温度以上）、温变形（变形温度在动态再结晶温度和动态回复温度之间）和冷变形（变形温度在动态回复温度以下）。根据金属塑性成形特点可分为体积加工成形和板料加工成形，体积加工成形又包括锻造、挤压、轧制、拉拔等，而板料加工成形一般指冲压。

知识拓展： 宋朝陈郁的《观铸剑》生动描述了塑性加工工艺，"良铁曾收汉益州，规模因塑古吴钩。炉安吉位分龙虎，火逸神光身斗牛。入水淬锋疑电闪，临崖发刃有星池。知君斩却楼兰了，戏袖青蛇住十洲。"诗中的"铁"即为锻造前材料形态，"塑"为塑性，"炉"为吹风炉（现为退火炉），"淬"为淬火，"青"为锻造热处理后的钢，通过塑性变形+热处理，铁变成了钢种零件（吴钩剑）。

1.2.1　基本塑性加工工艺

1. 锻造

锻造是依靠锻压机械设备对金属坯料施加压力使其产生塑性变形从而获得所需几何形状、尺寸及性能的锻件或坯料的一种加工方法。锻件相比一般铸件，内部组织和力学性能较优，因而比较重要的零件都选用锻造工艺过程生产。原则上任何一种金属材料都可用锻造方法制成锻件或零件，然而锻造过程中金属通常经历大的塑性变形，故除了塑性非常好或者变形量小的零件，一般锻造过程都需要对坯料加热，随着加热温度的升高，金属材料的塑性升高、变形抗力降低，即其可锻造性变好。金属材料在锻造生产时允许加热的最高温度称为始锻温度（钢铁始锻温度一般比固相线低 150～250℃）。必须及时停止锻造的温度称为终锻温度，终锻温度一般要高于再结晶温度 50～100℃（碳钢的终锻温度高于铁碳相图 Ar_1 线 20～80℃，Ar_1 为冷却时奥氏体向珠光体转变的开始温度）。

金属锻造通常分为自由锻和模锻两种。自由锻不需要专用模具，靠平锤和平砧间工件的压缩变形，使工件墩粗或拔长，其加工精度低，生产率也不高，主要用于轴类、曲柄和连杆等单件的小批量生产或其他成形工艺的毛坯下料。模锻是利用模具使坯料变形而获得锻件的锻造方法。模锻可以加工形状复杂和尺寸精度较高的零件，适用于大批量生产，生产率也较高，是机械零件制造业实现少切削或无切削加工的重要途径。按照模腔数，模锻可分为单模腔模锻和多模腔模锻。一副模具上只有一个模腔，此模腔即为终锻模腔；一副模具上有多个模腔，从初始模腔到终锻模腔，每个模腔各完成一个模锻工步，称之为多模腔模锻。

按照成形工步的成形方法，模锻又可以分为开式模锻（图 1.2.1a）、闭式模锻（图 1.2.1b）和顶镦（图 1.2.1c）。开式模锻具备容纳多余金属的飞边槽，锻造后形成横向飞边，飞边既能帮助锻件充满模腔，也可放松对坯料体积的要求。飞边是工艺废料，一般在后续工序中切除。闭式模锻即无飞边模锻，与开式模锻相比，锻件的几何形状、尺寸精度和表面品质最大限度地接近产品，省去了飞边，可以大大提高金属材料的利用率。顶镦是指杆件的局部镦粗工艺过程，因为顶镦常在平锻机上完成，有时也称为平锻工艺。平锻根据模具结构和金属流动方式可分为闭式平锻和开式平锻。顶镦的生产率较高，螺钉、汽车半轴等零件常用顶镦工艺生产。

随着锻造工业的发展，锻件的精度和表面粗糙度逐步达到了车床、铣床加工的水平。特别是表面粗糙度，有的精锻件甚至超过磨削加工的水平。锻造发展趋势主要有：锻造设备正在向巨型化、专门化、精密化和程控化方向发展；提高锻件的精度和模具寿命，实现锻件的标准化、系列化和通用化；锻压 CAD/CAE/CAM 技术的发展与应用，从微观角度（显微研究）或有限元模拟角度进行理论模拟或模型预报；锻造新工艺有精锻、等温成形、精密碾压、电镦、旋锻、辊锻、摆动碾压、超塑性成形等。

2. 轧制

轧制是金属在轧机上两个或两个以上旋转轧辊的作用下产生连续塑性变形，其横截面面积减小与形状改变，而纵向长度增加且组织性能得到控制和

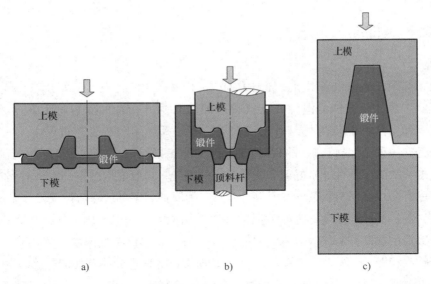

图 1.2.1　模锻分类示意图

a）开式模锻　b）闭式模锻　c）顶镦

改善的一种加工方法。根据轧辊与轧件的运动关系，轧制包括纵轧、横轧和斜轧三种方式（图 1.2.2）。纵轧是指两轧辊旋转方向相反，轧件的纵轴线与轧辊轴线垂直（图 1.2.2a）。不论在热态或冷态金属都可进行纵轧，是生产矩形截面的板、带、箔材，以及截面复杂的型材常用的金属材料加工方法，具有很高的生产率，能加工长度很长和质量较高的产品。纵轧是钢铁和有色金属板、带、箔材以及型钢的主要加工方法。横轧是指两轧辊旋转方向相同，轧件的纵轴线与轧辊轴线平行，轧件获得绕纵轴的旋转运动（图 1.2.2b）。该法可加工旋转体工件，如变截面轴、丝杠、周期截面型材及钢球等。斜轧是指两轧辊旋转方向相同，轧件轴线与轧辊轴线成一定倾斜角度（图 1.2.2c）。轧件在轧制过程中，除有绕其轴线旋转运动外，还有前进运动，是生产无缝钢管的基本方法。按照轧制产品种类，轧制工艺大致可分为热轧带钢、冷轧带钢、中厚板轧制、钢轨和型钢轧制（图 1.2.3）、棒线材轧制、管材轧制等。

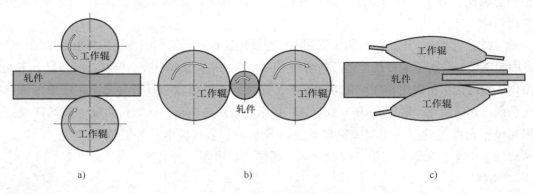

图 1.2.2　主要轧制工艺示意图

a）纵轧　b）横轧　c）斜轧

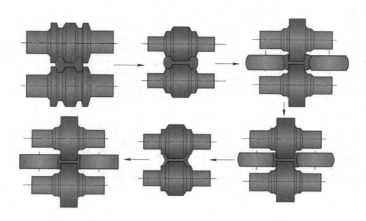

图 1.2.3 型钢轧制过程示意图

随着改革开放和轧制装备技术的引进，我国在 2013 年粗钢产量已经超过了世界总产量的 1/2，但供给问题较为严重。资源方面，我国生产世界 50% 的钢材，铁矿石对外依存度 ≥ 87%，合金多数依赖进口；能耗方面，钢铁生产能耗占我国工业总耗能 10%，吨钢能耗比世界平均高 10%~15%；环境方面，吨钢 CO_2 排放比世界先进水平高 20%，其中 12% 的废气排放仅提供 7% 的 GDP，是雾霾的重要源头之一；工装方面，主要工艺技术与装备依靠引进，缺乏自主创新和特色，难以应对资源、能源、环境方面的巨大压力。钢铁行业未来发展趋势为绿色化和智能化。绿色化包括：①节省资源和能源，减少排放、环境友好、易于循环；②提高材料性能，调整产品结构，实现低成本、高质量、高性能；③构建自学习、自适应、智能化、稳定、高效的调控机制，实现轧制过程智能化、信息化、网络化控制与管理。

知识拓展： 有这么一种钢铁产品，山西太钢不锈钢精密带钢有限公司生产的世界上最薄的钢带，厚度仅为 A4 纸的 1/5（约 0.02mm），3 岁小孩都能轻松地把它撕开，所以被形象地称为"手撕钢"，它的价格高达 6 元/g，是各种精密仪器、航天工程的必备材料。在智能手机界，华为、小米等国产品牌手机相继推出可折叠智能手机新产品，而"手撕钢"可应用于国产折叠屏手机，确保折叠 20 万次不变形，再次突破了一项由日本长期封锁的"卡脖子"技术，收获了"百炼钢绕指柔"的美誉。该极薄钢带主要通过二十辊森吉米尔轧机带张力轧制生产。

3. 挤压

挤压是将坯料装入挤压筒内，在挤压筒后端挤压轴的推力作用下，使放置在挤压模中的坯料塑性流动，从挤压筒前端模孔流出，从而获得截面与挤压模孔形状、尺寸相近的产品的一种加工方法（图 1.2.4）。挤压时，坯料产生三向压应力，即使是塑性较低的坯料，也可被挤压成形。挤压工艺是利用模具来控制金属流动，使金属体积产生大塑性变形和转移来形成所需零件，故可以细化晶粒，提高组织性能。挤压法可加工各种复杂截面实心型材、棒材、空心材和管材，是有色金

属型材、管材的主要生产方法。挤压过程可在专用挤压机上进行，也可在一般机械压力机、液压机及高速空气锤上进行。如果按照坯料变形温度不同，挤压可以分为冷挤压、温挤压和热挤压。根据挤压时金属流动方向和挤压杆运动方向不同，挤压可以分为正挤压、反挤压、复合挤压及其他挤压法。正挤压时，挤压轴的运动方向与金属流动方向一致（图 1.2.4a），是应用最广泛的一种挤压方法。反挤压是为解决正挤压出现严重的摩擦问题而提出的，反挤压过程中挤压轴的运动方向与金属流动方向相反（图 1.2.4b）。复合挤压为正挤压和反挤压的一种结合方式（图 1.2.4c）。其他挤压方式包括减径挤压法（类似于正挤压）、径向挤压法等，其中径向挤压金属流动方向与挤压轴运动方向不在一条轴线上（图 1.2.4d）。

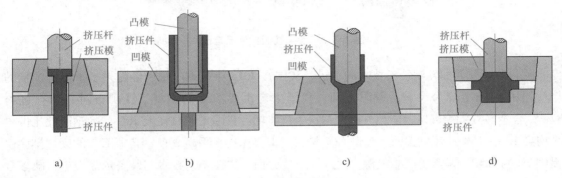

图 1.2.4　部分挤压工艺示意图

a）正挤压　b）反挤压　c）复合挤压　d）径向挤压

金属挤压具有理论性强、技术性高、品种多样及生产灵活等特点，是金属材料（管、棒、线、型材）工业生产和各种复合材料、粉末材料、高性能难加工材料等新材料与新产品制备、加工的重要方法。金属挤压领域的未来发展方向可以概括为三个方面：①基于智能化思想，利用 CAD/CAE/CAM 等数字化集成技术实现挤压产品组织性能与形状、尺寸的精确控制，提高挤压产品性能与质量；②加强理论探索和技术创新，开展高性能、难加工材料挤压工艺与应用研究，支撑高新技术发展和重大工程建设；③挤压生产的绿色化、高效率化和低成本化，提高行业竞争力。

4. 拉拔

拉拔是在金属坯料前端施加一定的作用力将金属坯料从模孔中拉出从而获得产品截面形状、尺寸与模孔相同的一种加工方法（图 1.2.5）。根据有、无模具的应用，拉拔成形可分为有模拉拔（图 1.2.5a）与无模拉拔（图 1.2.5b）。

通常所说的拉拔工艺为有模拉拔，拉拔工具和设备简单，可实现连续高速生产小截面拉拔件，但道次变形量有限。无模拉拔加工是一种不使用传统拉拔模具，而依靠金属变形抗力随温度变化的性质实现塑性加工的柔性加工技术。它采用感应加热（或其他方式）将工件局部加热到高温，以设定的速度拉拔工件，通过冷却控制局部变形，从而获得恒截面或者变截面的拉拔制品。拉拔一般在冷态下进行，只有室温塑性差的合金才进行热拉拔，如钨、锌等，可拉拔截面尺寸很小的线材和管材。拉拔制品的尺寸精度高，表面粗糙度

值很小。拉拔可生产各种截面的线材、管材和型材，广泛应用于电线、电缆、金属网线和各种管材生产。由于拉拔时应力状态为两向压应力、一向拉应力，不利于塑性变形继续，因而生产技术受到了一定限制。拉拔技术发展主要集中在润滑技术研究、超细线材拉拔工艺和理论研究以及基于计算技术的拉拔过程组织性能预测与优化等方面。

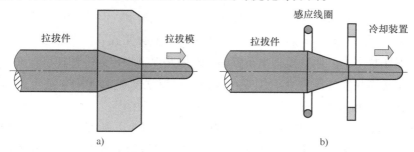

图 1.2.5　拉拔工艺示意图

a）有模拉拔　b）无模拉拔

5. 冲压

冲压是利用安装在压力机上的模具对材料等施加外力，使之产生塑性变形或分离，从而获得所需形状和尺寸产品的一种压力加工方法（图 1.2.6）。冲压根据工艺性质分为分离工序和塑性变形工序，而根据工序组合程度分为单工序、复合工序和连续工序。分离工序是指坯料在模具刃口作用下，沿一定的轮廓线分离而获得冲件的加工方法，主要包括切断、冲孔（图 1.2.6a）、落料（图 1.2.6b）、切口、切边等；塑性变形工序是指坯料在模具压力作用下产生塑性变形，但不产生分离而获得具有一定形状和尺寸的冲件的加工方法，主要包括拉深（图 1.2.6c）、弯曲（图 1.2.6d）、缩口（图 1.2.6e）、起伏、翻边、胀形、整形等。

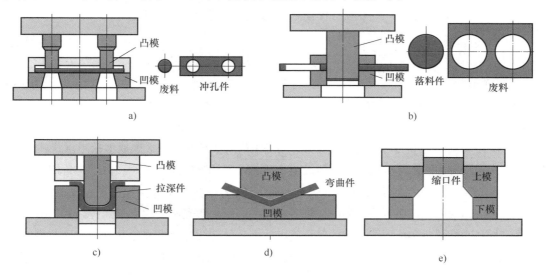

图 1.2.6　部分冲压工艺示意图

a）冲孔　b）落料　c）拉深　d）弯曲　e）缩口

按照坯料成形温度不同，冲压分为冷冲压和热冲压，通常文献所述的冲压为冷冲压，即常温冲压工艺。冷冲压工艺属少、无屑加工，能加工形状复杂的零件，零件精度较高，具有互换性，零件强度、刚度高而重量轻，外表光滑美观，材料利用率高，生产率高，便于机械化和自动化，操作方便，要求的工人技术等级不高，产品成本低。冲压加工的缺点是模具要求高、制造复杂、周期长、制造费昂贵，因而在小批量生产中受到限制，且生产过程中有噪声。热冲压工艺是将高强度钢板加热到奥氏体温度范围，钢板组织变化完成后，快速移动到模具，快速冲压，在压力机保压状态下，通过模具中布置的冷却回路保证一定的冷却速度，对零件进行淬火冷却，最后获得超高强度冲压件（组织为马氏体，抗拉强度在1500MPa甚至更高）的成形工艺。热冲压工艺后，轿车车身所用高强度或超高强度钢板的厚度可以减小，同时由于部件强度得到大幅度提高，车身上的加强板、加强筋可以大量减少，从而减轻了车身的重量，同等条件下提高了车身的防撞安全性。采用热加工工艺使钢板的热变形能力得到大幅度提高，有效降低了冲压变形所需的冲压载荷。另外，在热状态下冲压，也降低了回弹的程度，因而热冲压后板材基本没有回弹。相对冷冲压，热冲压的不足之处在于需要加热炉对钢板进行前处理，增加了加热设备及其能耗。还有就是生产过程中由于需要加热和保压（淬火），延长了生产时间，降低了生产率。目前热冲压在高强度钢汽车板生产应用方面得到了较快发展，如门内侧梁和柱、底板中央通道、车身纵梁和横梁、门槛、保险杠等安全防撞件。

随着经济全球化和信息化时代的深入发展，我国已成为世界性的制造大国和跨国企业的全球采购中心。尤其是我国汽车制造业的迅猛发展，对冲压零件、冲压设备、冲压模具、冲压材料等的需求量急剧增长。冲压未来发展方向可以概括为：①板材成形的数字化柔性成形技术、液压成形技术、高精度复合化成形技术以及适应新一代轻量化车身结构的型材弯曲成形技术及相关设备；②基于CAD/CAE/CAM一体化数字技术的冲压模具设计制造信息化、高速化、高精度、标准化方向；③基于轻量化的高强、高耐蚀、多规格薄钢板和铝、镁等有色金属冲压工艺及理论研究，实现与快速增长的汽车制造业协调发展。

1.2.2　特种塑性加工工艺

1. 激光成形

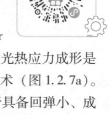

激光成形技术主要用于板料成形（图1.2.7），包括激光热应力成形（Laser Thermal-stress Forming，LTF）和激光冲击成形（Laser Shock Forming，LSF）。激光热应力成形是通过局部瞬态加热产生不均匀的内部热应力，而导致板料变形的一种无模成形技术（图1.2.7a）。激光热应力成形分为温度梯度机制、增厚机制、翘曲机制和弹性膨胀机制。由于具备回弹小、成形精度高、周期短、生产柔性大及易于实现与激光切割、激光焊接等工序的同工位复合等优点，激光热应力成形在板料弯曲成形中有较为成熟的应用。激光冲击成形是一种新兴的冷成形技术，是集材料改性强化和成形于一体的复合成形技术，是在激光冲击强化基础上发展起来的一种全新的板料成形技术（图1.2.7b）。激光冲击成形原理是利用高功率密度、短脉冲的强激光作用于覆盖在金属板料表面上的能量转换体，使其汽化电离形成等离子体，产生向金属内部传播的强冲击波。由于冲击波压力远大于材料的动态屈服强度，从而使材料产生屈服和冷塑性变形。

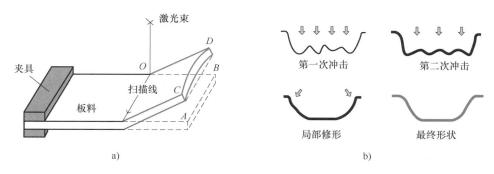

图 1.2.7　激光成形示意图

a）激光热应力成形　b）激光冲击成形

2. 电磁成形

　　电磁成形也称为磁脉冲成形，是一种高能率非接触成形工艺，该工艺主要利用金属材料在交变电磁场中产生感应电流（涡流），而感应电流又受到电磁场的作用力，在电磁力的作用下，坯料或工件产生塑性变形（图 1.2.8）。由于电磁成形以磁场为介质，无需工件与工具的表面接触，成形件表面质量较好。另外，工件变形受力均匀，残余应力小，加工后通常无需热处理，成形精度高。最后，电磁成形方法是一种绿色的加工方法，成形过程中不会产生废气、废渣、废液等污染物，有利于环境保护和绿色制造。

3. 超声振动成形技术

　　超声振动成形是指对经典的塑性加工系统中的模具或材料施加一定方向、频率和振幅的可控超声振动使之共振，进而利用超声能量辅助完成各种塑性成形加工的工艺过程。与常规塑性成形工艺相比，超声振动成形能够显著降低成形载荷、减少模具与工件之间的接触摩擦，提高加工速度，减少中间处理环节，并能有效提高制品表面质量和尺寸精度。由于超声振动成形可提高材料的塑性变形能力和成形性能，在高硬度、高强度及难变形材料的塑性加工方面具有独特优势。超声振动成形在棒料拉丝、管材拉拔、板料成形、挤压成形、粉末成形、冷锻、旋压、摆动碾压等塑性成形工艺中的应用得到了一定的研究，超声辅助拉丝和拔管工艺（图 1.2.9）已获得实际工程应用。

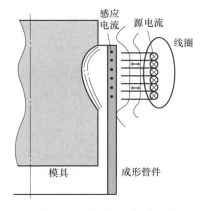

图 1.2.8　电磁成形示意图

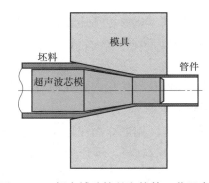

图 1.2.9　超声辅助拉丝和拔管工艺示意图

4. 高压成形

高压成形主要利用气体或者液体产生的高压力作用使坯料塑性变形从而获得所需形状、尺寸和性能的产品的一种成形技术，主要有液压成形（图 1.2.10）、气压成形（图 1.2.11）等。液压成形技术通过液体压力的直接作用使材料塑性变形，又可以分为板材液压成形技术、管件液压成形技术与壳体液压成形技术。由于高压成形的构件质量小、性能好，加上产品设计灵活，工艺过程简捷，又具备近净成形与绿色制造等特点，高压成形在汽车轻量化领域中获得了广泛的应用。

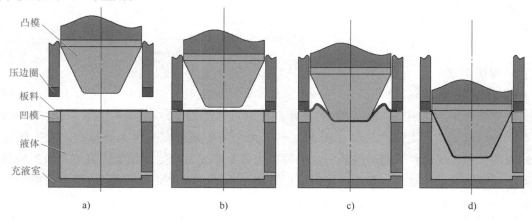

图 1.2.10　液压成形示意图
a）变形前　b）压边过程　c）成形过程　d）变形后

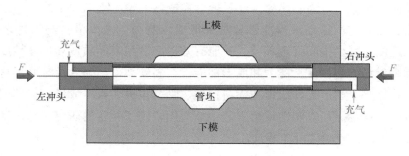

图 1.2.11　气压成形示意图

气压成形技术主要包括热态金属气压成形（Hot Metal Gas Forming，HMGF）和快速塑性成形（Quick Plastic Forming，QPF）技术。HMGF 主要针对管状结构件的气压成形，而 QPF 是针对板料的高温气压成形。气压成形工艺主要是通过热活化成形，改善材料的成形性能和变形机制，进而获得优化的热处理力学性能。

5. 爆炸成形

爆炸成形是利用爆炸物在爆炸瞬间释放出巨大的化学能量对金属坯料进行加工的高能率成形方法（图 1.2.12）。爆炸成形时，爆炸物质的化学能在极短的时间内转化为周围介质（空气或水）中的高压冲击波，并以脉冲压力波的形式作用于坯料，使其产生塑性变形并以一定速度贴模，完成塑性成形。

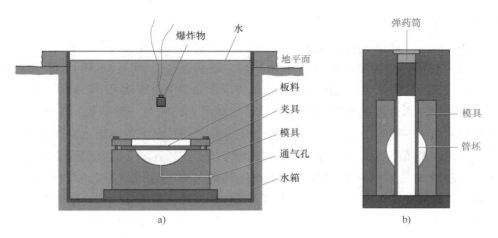

图 1.2.12　爆炸成形示意图
a）水为介质　b）空气为介质

6. 多点成形

由于传统板料塑性成形的加载方式为利用模具对整个坯料施加变形载荷，这种加载方式对于厚、尺寸大的零件成形较为困难。多点成形主要借助于高度可调的基本体群构成离散的上、下工具表面，从而替代传统的上、下模具进行板材的曲面成形。在传统模具成形中，板材由模具曲面成形，而多点成形中则由基本体群冲头的包络面（或称成形曲面）完成（图 1.2.13）。多点成形是将传统的整体模具离散成一系列规则排列、高度可调的基本体（或称冲头），并结合现代控制技术，实现板材三维曲面的无模化生产与柔性制造，也属于连续局部塑性加工技术。

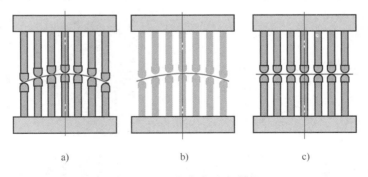

图 1.2.13　多点成形示意图
a）变形前　b）变形中　c）变形后

> **知识拓展：** 北京奥运会主会场"鸟巢"的建筑工程钢结构件成形主要采用多点成形技术，获得了形状各异、曲率多变、曲面复杂的钢结构件，节省了大量模具制造费用，解决了建筑行业钢板弯扭成形的世界性技术难题。

7. 复合方式成形

塑性加工技术与其他材料加工技术融合而产生的新技术，在提高生产率、节约能耗等方面发挥了巨大优势，如连续挤压（图 1.2.14a）、连铸连挤（图 1.2.14b）、连铸连轧（图 1.2.14c）、连挤连轧等工艺。连续挤压巧妙地将压力加工中通常做无用功的摩擦力转化为变形的驱动力和使坯料升温的热源，从而连续挤出制品，已成为一种高效、节能的加工新技术，并成功应用于铜板带工业生产。连续铸挤是在连续挤压技术的基础上发展起来的，是将连续铸造与连续挤压结合成一体的新型连续成形方法。连铸连轧是直接将金属熔体"轧制"成半成品带坯或成品带材，其实质是将薄锭坯铸造与热轧连续进行，原理与连续铸挤相近，区别在于凝固和变形段采用的是轧辊而不是挤压模具，目前连续铸轧取得应用的有铝板连续铸轧、薄板坯液芯压下、双辊薄带钢铸轧等。连挤连轧是在连续挤压的基础上在挤压出口端增加单机架轧机，充分利用挤压出口板带预热进行热轧，进而实现金属板带材挤压和轧制过程连续塑性变形的一种新工艺。

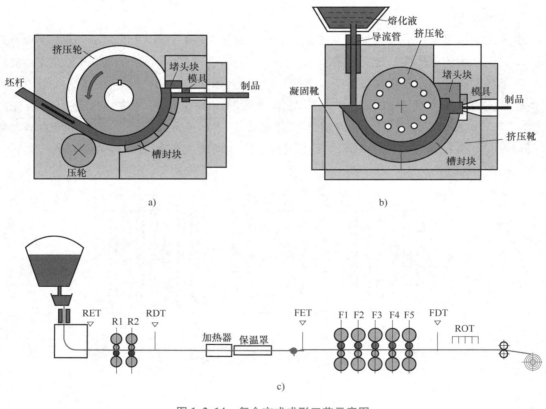

图 1.2.14　复合方式成形工艺示意图
a）连续挤压　b）连铸连挤　c）连铸连轧

8. 超塑性成形

超塑性是指在特定的条件下，即在低的应变速率（$\dot{\varepsilon} = 10^{-4} \sim 10^{-2} \mathrm{s}^{-1}$）、一定的变形温度（约 $0.5T_{\mathrm{m}}$，T_{m} 为材料熔点温度）和稳定而细小的晶粒度（$0.5 \sim 5 \mu\mathrm{m}$）的条件下，某些

金属或合金呈现低强度和大伸长率的一种特性（伸长率超过 100%）。超塑性成形就是利用各种成形方法对这种具备优异塑性能力和极低流动应力的金属或合金进行塑性变形，从而高效加工出形状复杂或变形量大的零部件。目前比较常用的工艺方法有薄板气压/真空塑性成形、薄板模压成形（图 1.2.15）、拉伸成形、超塑性模锻成形、超塑性滚压成形等。

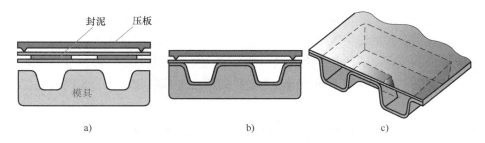

图 1.2.15　薄板模压成形示意图
a）变形前　b）变形后　c）产品

1.2.3　剧烈塑性成形技术

　　晶粒尺寸作为材料的关键微观结构特征，和化学成分一样对金属的物理及机械行为具有重要影响，因此控制晶粒尺寸对调控材料的综合性能至关重要。晶粒细化是提高金属材料综合性能的有效途径，因而获得亚微米和纳米晶等超细晶材料迅速成为世界各国科技界和产业界关注的焦点。基于传统熔体阶段细化处理细化晶粒效果有限，故利用固态塑性变形特别是剧烈塑性变形（Severe Plastic Deformation，SPD）加工方法，即在塑性变形过程中引入大的应变量从而有效细化金属，进而获得同时具备高强度与大塑性的块体超细晶或纳米金属及其合金块体材料，一直是塑性成形领域的研究热点。目前，SPD 技术已在镁及镁合金、铝及铝合金、铜及铜合金、纯铁、碳钢、镍等数十余种材料中获得了块体亚微晶乃至纳米晶组织。SPD 方法主要有等径角挤压（Equal Channel Angular Pressing，ECAP，图 1.2.16a）法、高压扭转（High Pressure and Torsion，HPT，图 1.2.16b）法、多向锻造（Multi-Directional Forging，MDF，图 1.2.16c）法、扭挤（Twist Extrusion，TE，图 1.2.16d）法、累积叠轧（Accumulative Roll Bonding，ARB，图 1.2.16e）法、连续带材剪切（Continuous Confined Strip Shearing，C2S2，图 1.2.16f）法、反复折皱-压直（Repetitive Corrugating and Straightening，RCS，图 1.2.16g）法、往复挤压（Cyclic Extrusion and Compression，CEC，图 1.2.16h）法等。

知识拓展：由霍尔佩奇公式可知，晶粒细化可提高强度，而晶粒细化后更多晶粒能够均匀分散塑性变形应力分布，不易应力集中，且晶粒细化后晶界增多，曲折分布的晶界能够阻碍裂纹扩展，所以晶粒细化是提高材料综合性能的有效手段。

等径角挤压法是坯料在通道截面相同的模具转角处受到强烈剪切变形，而横截面尺寸基本保持不变，故可反复进行挤压，从而积累大的应变，细化材料晶粒，是剧烈塑性成形工艺中晶粒细化效率较高的工艺，可以细化晶粒至纳米级。

高压扭转法是在变形体高度方向施加压力的同时，通过主动摩擦作用在其横截面上施加一扭矩，促使变形体产生轴向压缩和切向剪切变形的特殊塑性变形工艺。高压下的严重扭转变形后，材料内部形成了大角度晶界的均匀纳米结构，材料性能也发生了质的变化。这一成果使高压扭转成为制备块体纳米材料的一种新方法。

多向锻造法是在自由锻的基础上发展出的一种大塑性变形方法，形变过程中外加载荷轴向随道次旋转变化，而坯料随外加载荷轴向变化而不断被压缩和拉长，实现反复变形进而达到细化晶粒、改善性能的效果。

扭挤法是坯料通过一个中间带有旋转截面的矩形通道来实现大的塑性变形，与变形前相比，扭挤后制件的尺寸与形状不发生变化，因而可以重复进行多道次扭挤变形，进而累积大的塑性应变，以细化晶粒和改善性能。

累积叠轧法是将表面进行脱脂及加工硬化等处理后的尺寸相等的两块金属薄板材料在一定温度下叠轧并使其自动焊合，然后重复进行相同的工艺反复叠轧焊合，从而细化材料组织，提高材料的力学性能。在累积叠轧工艺中，材料可反复轧制，累积应变可以达到较大值，理论上能突破传统轧制压下量的限制，并可连续制备薄板类的超细晶金属材料。

连续带材剪切法是由两个相交的有微小尺寸变化的通道组成挤压腔体，在辊轮作用下，板材在模膛转角处发生强烈的近似于纯剪切的变形，而后从模膛另一侧挤出。出口处板材的厚度和原材料相同，因而可以在同一模具内对板材进行多道次反复的剪切变形，每道次的剪切应变量可以不断叠加，最终实现大的应变积累进而细化板材晶粒，提高材料性能。

反复折皱-压直法是在不改变工件截面形状的情况下，工件经过多次反复折皱（剪切变形）、压直后获得很大的塑性变形，从而细化晶粒。

往复挤压法是集挤压和镦粗为一体的大塑性变形工艺。挤压过程中，试样在冲头作用下受到正挤压变形，挤压后的试样在另一个模膛冲头作用下发生镦粗变形。当试样达到另一个模膛后，该模膛冲头将试样按反方向压回，完成一个挤压和镦粗循环。材料经过反复挤压和镦粗后可获得足够大的应变量而没有破裂危险，变形后材料能恢复到原始尺寸，适合制备组织均匀的大块细晶合金材料。

另外，异步轧制（图1.2.16i）技术虽不属于SPD技术范畴，但也可以制备细晶板带材。异步轧制技术是一种非对称轧制技术，又可分为异径异步轧制和异速异步轧制。异径异步轧制主要是上下轧辊转速相同而直径不同，而异速异步轧制是上下轧辊直径相同而转速不同。近年来，还出现了上下轧辊具有相同的辊径与转速，但依靠上下表面摩擦系数不同或者温度不同而实现异步轧制的技术。异步轧制过程中，接触变形区形成"搓轧"，能够显著减小轧制力，且产生的强烈剪切能够细化晶粒。异步轧制技术可以有效细化镁合金带材晶粒并弱化其基面织构。

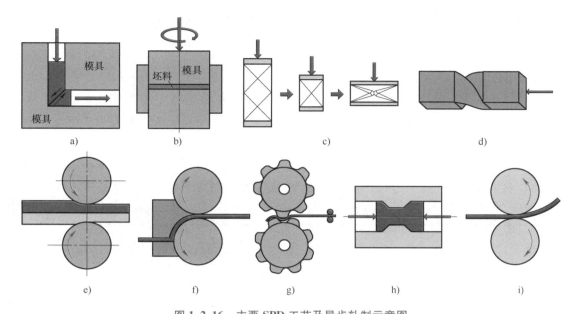

图 1.2.16　主要 SPD 工艺及异步轧制示意图

a）ECAP　b）HPT　c）MDF　d）TE　e）ARB　f）C2S2　g）RCS　h）CEC　i）异步轧制

1.3　塑性力学问题求解基本假设和方法

塑性力学问题求解需同时满足几何学、静力学和物理学条件。几何学条件是指位移与应变的协调关系，包括几何方程和位移边界条件；静力学条件是指物体的平衡条件，包括平衡微分方程和应力边界条件；物理学条件是指应力与应变（或应变增量）的关系，包括本构方程。为了满足这些基本方程，通常需要进行如下五个基本假设：

1）物体是连续的，即求解的变形物体不能是离散的粒子或流动的液体、气体，且变形体不能有折叠、裂纹等缺陷。

2）物体是均匀的，即求解的物体各处材质、组织和性能应均匀分布。

3）变形是微小的，即物体变形应在小应变范围内，如果是大塑性变形应通过多个微小变形叠加来实现。

4）物体各向同性，即物体在各方向上的组织性能应相同。

5）物体是自然的，即分析的变形体初始状态无内应力。

塑性力学问题求解通常以几何方程、物理方程、平衡方程及力和位移的边界条件方程为基础，利用不同方法求出塑性变形过程中变形体位移、应变、应力等的分布规律。塑性加工工艺分析方法又可分为数学解析法、物理实验解析法、人工智能法及数值分析法。常用的主应力法、滑移线法、极限分析法属于塑性过程经典力学求解中的数学解析法；有限元法、有限差分法、边界元法、无网格法等属于数值分析法；物理实验解析法中有相似理论性法、视塑性法等。无论采用何种方法，只有实践于工程问题才能发挥塑性力学的作用。

知识拓展： 将力学应用于火箭事业——杨南生。杨南生（1921—2013）是中国火箭事业的开创者、塑性力学专家，擅长应用力学的基本原理解决火箭研制中的技术难题。具有深厚力学理论基础的他应用动力学理论深入分析了发动机点火瞬间出现过大冲击载荷导致试车失败的问题，创造性地提出采用尾部大面积人工脱粘层的解决措施，促进了研制进展。针对带裂纹缺陷的大喉衬零件是否弃用问题，他应用热应力和断裂力学理论，判定裂纹处于压应力区，在试车中只会受抑制，而不会再扩展，最终试车获得圆满成功，极大减少了时间、人力和物力损失。

第 2 章

应力应变分析

知识速递

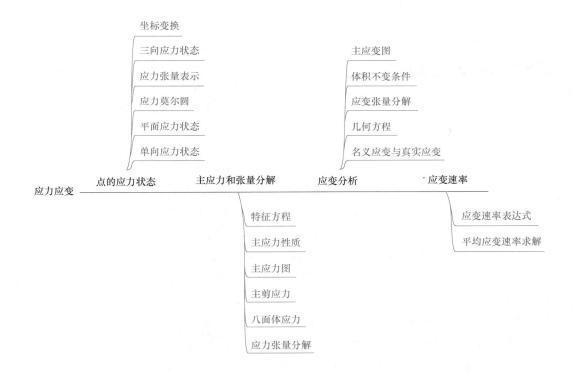

2.1　应力分析

2.1.1　基本概念

金属塑性加工成形是在一定外力作用下使具备一定塑性的金属产生变形从而得到所需尺寸、形状和组织性能的过程。塑性成形过程中，变形体所受外力可以分成两类：第一类是作用在物体表面上的力，称为面力或接触力，可以是集中力或分布力；第二类是作用在物体每个质点上的力，例如重力、磁力及惯性力，称为体积力。除了高速锻造、爆炸成形、磁力成形等少数情况，大部分塑性成形过程的外力属于面力。

在外力作用下，物体内各质点之间会产生与外力平衡、抵抗变形的力，称为内力，如图 2.1.1 所示。假设物体内有任意一点 O，过 O 作一法线为 N 的平面 A，将物体切开而移去上半部分。这时 A 面即可看成是下半部分的外表面，A 面上作用的内力应该与下半部分其余的外力保持平衡，这样该内力就可当成外力来处理了。

内力是指作用在微元面上，为抵消外力的综合作用而产生的合力，单位面积上的内力称为应力，由于内力不一定垂直于微元面，所以该应力通常称为全应力。全应力 S 可以分解为正应力 $\boldsymbol{\sigma}$ 和剪应力 $\boldsymbol{\tau}$。在图 2.1.1 中的 A 面上围绕 O 点取很小的面积 ΔA，假设

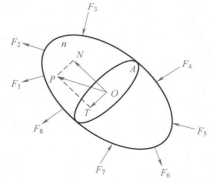

图 2.1.1　内力示意图

该面积上内力的合力为 $\Delta\boldsymbol{P}$，则全应力、正应力和剪应力分别表示为

$$S = \lim_{\Delta A \to 0}\left(\frac{\Delta P}{\Delta A}\right) = \frac{\mathrm{d}P}{\mathrm{d}A}, \sigma = \lim_{\Delta A \to 0}\left(\frac{\Delta N}{\Delta A}\right) = \frac{\mathrm{d}N}{\mathrm{d}A}, \tau = \lim_{\Delta A \to 0}\left(\frac{\Delta T}{\Delta A}\right) = \frac{\mathrm{d}T}{\mathrm{d}A} \qquad (2.1.1)$$

需要注意的是，内力是作用在微元面上的合力，全应力不一定垂直于微元面，如果将其分解为正应力和剪应力，则全应力、正应力和剪应力满足公式：$S^2 = \sigma^2 + \tau^2$。

知识运用：有一横截面积为 $100\mathrm{mm}^2$ 的均匀圆棒两端受到拉力 F 为 $800\mathrm{N}$，那么与棒材轴向成 $30°$ 的截面上（图 2.1.2）的全应力为多少？

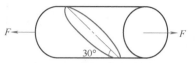

图 2.1.2　棒材受力示意图

2.1.2　应力状态及应力莫尔圆

为获得塑性加工成形过程中变形体内任意质点的应力，可以假想把变形体切割成无数个极其微小的微元体或称之为单元体，一个单元体可代表变形体的一个质点。根据单元体的平衡条件写出平衡微分方程，然后考虑其他必要的条件进行求解。为达到这一目的，需要研究变形物体任一质点在各个方向所受应力的表现形式，因而引入一个能够完整表示质点受力情况的物理量，就是所谓的点的应力状态。

应力状态表示的质点可能在工具与坯料直接接触的变形区内，也可能在直接接触的变形区外。金属塑性变形过程的任一瞬间金属坯料上不产生变形的部分称为刚端，而在变形过程的任一瞬间不直接与工具接触的变形部分通常称为外端。外端通常位于主变形区外，阻碍塑性变形过程进行，但不影响变形连续性，而刚端与塑性变形区交界面上变形不连续，故塑性力学求解中刚端部分质点不需要求解应力状态，而外端部分变形需要求解和描述。

对于某一受力物体或物体中某一微小单元体，其面上所受应力有很多种，通过物体内一点各个截面上的应力状况称为物体内一点的应力状态（也称该面的应力分布），按照应力与坐标方向关系，点的应力状态可分为单向应力状态（一维）、平面应力状态（二维）和三向应力状态（三维），如图 2.1.3 所示。只有一个面上存在应力或各面上应力都沿一个方向的

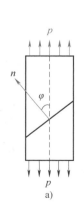

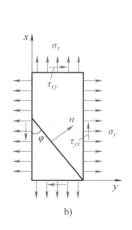

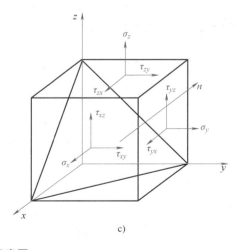

图 2.1.3　应力状态示意图

称为单向应力状态（图2.1.3a）；所有应力作用面和作用方向位于一个平面内时为平面应力状态（图2.1.3b）；应力既不在一个面上，也不在一个方向上时的应力状态为三向应力状态（图2.1.3c）。

点的应力状态通常用二阶对称应力张量来表示：

$$\boldsymbol{\sigma}_{ij} = \begin{bmatrix} \sigma_{xx} & \tau_{yx} & \tau_{zx} \\ \tau_{xy} & \sigma_{yy} & \tau_{zy} \\ \tau_{xz} & \tau_{yz} & \sigma_{zz} \end{bmatrix} \text{或} \begin{bmatrix} \sigma_x & \tau_{yx} & \tau_{zx} \\ \tau_{xy} & \sigma_y & \tau_{zy} \\ \tau_{xz} & \tau_{yz} & \sigma_z \end{bmatrix} \quad (2.1.2)$$

柱坐标系和球坐标系下一点应力状态的应力张量可分别描述为

$$\boldsymbol{\sigma}_{ij} = \begin{bmatrix} \sigma_r & \tau_{\theta r} & \tau_{zr} \\ \tau_{r\theta} & \sigma_\theta & \tau_{z\theta} \\ \tau_{rz} & \tau_{\theta z} & \sigma_z \end{bmatrix} \text{或} \begin{bmatrix} \sigma_r & \sigma_{\theta r} & \sigma_{\varphi r} \\ \sigma_{r\theta} & \sigma_\theta & \sigma_{\varphi\theta} \\ \sigma_{r\varphi} & \sigma_{\theta\varphi} & \sigma_\varphi \end{bmatrix} \quad (2.1.3)$$

其中，σ、τ分别为正应力和剪应力，第一个下标为应力作用面，第二个下标为应力作用方向，当作用面外法线方向和作用方向同为正或同为负时应力值为正，反之为负。另外，对于正应力，一般可根据拉应力为正、压应力为负进行判断。同时，可以通过力矩平衡定理证明剪应力大小相等，成对出现（具体证明可参考第3章）。

知识运用：某微元体的应力状态为 $\boldsymbol{\sigma}_{ij} = \begin{bmatrix} -20 & 10 & 8 \\ 10 & -5 & -6 \\ 8 & -6 & 10 \end{bmatrix}$ MPa，请依据正应力和剪应力的

正负号规定原则，绘制该微元体的受力图。

1. 单向应力状态

假设有一个圆柱形棒材受拉力 P 的作用，棒材横截面积为 A，如图2.1.4所示。试求某一截面法线方向与轴向成 θ 角的斜面上的应力状态。

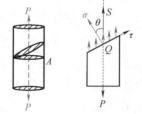

图 2.1.4 单向应力状态
分析示意图

对于这种单向应力状态，根据力的平衡，容易得到任意斜面上的应力状态，其全应力、正应力和剪应力分别为

$$\begin{cases} S = \dfrac{P}{A/\cos\theta} = \dfrac{P\cos\theta}{A} \\ \sigma = S\cos\theta = \dfrac{P\cos^2\theta}{A} = \dfrac{P}{A}\left(\dfrac{1+\cos2\theta}{2}\right) = \dfrac{P}{2A}(1+\cos2\theta) \\ \tau = S\sin\theta = \dfrac{P}{A}\cos\theta\sin\theta = \dfrac{P}{A}\cdot\dfrac{1}{2}\cdot\sin2\theta = \dfrac{P}{2A}\sin2\theta \end{cases} \quad (2.1.4)$$

式（2.1.4）中，当角度为45°时，剪应力有最大值 $\tau_{\max} = \dfrac{P}{2A} = \dfrac{1}{2}\sigma_{\max}$，该结论可以解释为什么在单向拉伸或压缩过程中试样断口与轴线成45°角这一试验现象。

2. 平面应力状态及莫尔圆

假设有一个平面应力状态板，边界在 x 和 y 方向上分别受到 σ_x 和 σ_y 的作用，如

图 2.1.5a 所示。试求该平面应力状态板内某一截面法线方向与 x 轴成 φ 角的斜面上的应力状态。

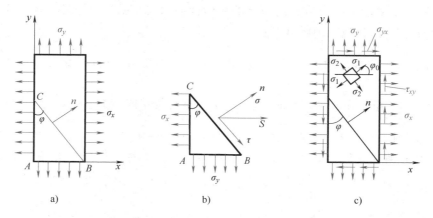

图 2.1.5 平面应力状态分析示意图

由图 2.1.5a 可知，设 $S_{BC}=A$，则 $S_{AB}=A\sin\varphi$，$S_{AC}=A\cos\varphi$。对于图 2.1.5a 来说，边界无剪应力，沿着 BC 法向的合力为 0，即 $\sum F_n = 0$，由此可得

$$\sigma S_{BC} = \sigma_y S_{AB}\sin\varphi + \sigma_x S_{AC}\cos\varphi$$

$$\Rightarrow \sigma A = \sigma_y A\sin^2\varphi + \sigma_x A\cos^2\varphi \qquad (2.1.5)$$

$$\Rightarrow \sigma = \sigma_y\sin^2\varphi + \sigma_x\cos^2\varphi$$

采用同样的方法，平行于 BC 斜面上的合力为 0，即 $\sum F_\tau = 0$，可得

$$\tau S_{BC} = \sigma_x S_{AC}\sin\varphi - \sigma_y S_{AB}\cos\varphi$$

$$\Rightarrow \tau A = \sigma_x A\sin\varphi\cos\varphi - \sigma_y A\sin\varphi\cos\varphi \qquad (2.1.6)$$

$$\Rightarrow \tau = \frac{1}{2}(\sigma_x - \sigma_y)\sin2\varphi$$

对式（2.1.5）和式（2.1.6）进行简化，可得

$$\begin{cases} \sigma = \dfrac{1}{2}(\sigma_x + \sigma_y) + \dfrac{1}{2}(\sigma_x - \sigma_y)\cos2\varphi \\ \tau = \dfrac{1}{2}(\sigma_x - \sigma_y)\sin2\varphi \end{cases} \qquad (2.1.7)$$

式（2.1.7）中，依据正应力、剪应力值以及 $S^2 = \sigma^2 + \tau^2$，可以得到相应的全应力表达式，所以在边界有正应力而无剪应力的条件下，平面应力状态板任意斜面上的正应力、剪应力和全应力即可求得。

将式（2.1.7）中两式两侧平方相加，可简化得到

$$\left[\sigma - \frac{1}{2}(\sigma_x + \sigma_y)\right]^2 + \tau^2 = \frac{1}{4}(\sigma_x - \sigma_y)^2 \qquad (2.1.8)$$

很显然，式（2.1.8）表示的是一个圆的方程，该圆的圆心是 $\left(\dfrac{1}{2}(\sigma_x + \sigma_y),\ 0\right)$，半径

$R=\dfrac{1}{2}(\sigma_x-\sigma_y)$，该圆称为平面应力莫尔圆（图2.1.6a）。可见，斜面上正应力和剪应力满足圆的几何方程，而其应力状态可通过该圆的几何性质求出。由受力条件（图2.1.5a）和平面应力莫尔圆（图2.1.6a）关系可得到：

1）该条件下，平面应力状态板内剪应力的最大值为$\dfrac{1}{2}(\sigma_x-\sigma_y)$，此时$\varphi=\dfrac{\pi}{4}$或$\varphi=\dfrac{3\pi}{4}$。

2）$\sigma_y=0$时，圆切于τ轴，此时$\tau_{max}=\dfrac{1}{2}\sigma_x$，退化为单向应力状态。

3）$\sigma_x=\sigma_y$时，圆变为一个点，此时，任意截面上$\tau=0$。

4）σ_x和σ_y在莫尔圆中同属于σ轴，夹角为π，而在图2.1.5a中夹角为$\pi/2$，所以可以推断，平面应力状态板内φ角增加φ_1时，对应的平面应力莫尔圆中增加$2\varphi_1$。

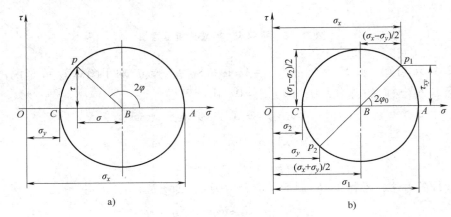

图2.1.6　应力莫尔圆

知识运用： 山西太原钢铁集团有限公司在极薄带不锈钢生产领域走在了世界前列，生产的手撕钢厚度仅有头发丝的1/5，即约0.02mm，如果对一张A4纸张大小的手撕钢进行双向等拉σ的作用，试求该变形体内的剪应力。（答案：恒为零，所以不易产生剪切断裂）

知识拓展： 1866年德国的库尔曼首先证明了物体中一点的平面应力状态可用一个圆表示，1882年德国工程师克里斯蒂安·莫尔对应力圆做了进一步的研究，提出借助应力圆确定一点应力状态的几何方法，并将其扩展到三维问题，基于应力莫尔圆，他提出了第一强度理论。莫尔是19世纪欧洲最杰出的土木工程师之一，非常注重力学的实践，作为一个理论家和富有实践经验的土木工程师，他有一个习惯，就是做任何事情之前均做大量的准备工作，因此在斯图加特技术学院任教期间，总能带给学生很多新鲜和有趣的东西。

当在边界条件中同时施加正应力和剪应力时（图2.1.5c），按照上述相同方法可得到正

应力和剪应力表达式分别为

$$\begin{cases} \sigma = \dfrac{1}{2}(\sigma_x + \sigma_y) + \dfrac{1}{2}(\sigma_x - \sigma_y)\cos 2\varphi + \tau_{xy}\sin 2\varphi \\[3mm] \tau = \dfrac{1}{2}(\sigma_x - \sigma_y)\sin 2\varphi - \tau_{xy}\cos 2\varphi \end{cases} \tag{2.1.9}$$

此时的平面应力莫尔圆方程描述为

$$\left[\sigma - \dfrac{1}{2}(\sigma_x + \sigma_y)\right]^2 + \tau^2 = \left[\dfrac{1}{2}(\sigma_x - \sigma_y)\right]^2 + \tau_{xy}^2 \tag{2.1.10}$$

式（2.1.10）表示的应力莫尔圆（图 2.1.6b）方程的圆心为 $\left(\dfrac{1}{2}(\sigma_x + \sigma_y),\ 0\right)$，半径为

$R = \sqrt{\dfrac{(\sigma_x - \sigma_y)^2 + 4\tau_{xy}^2}{4}}$。

很容易求出，当剪应力 $\tau = 0$ 时，该方程存在两个根 σ_1 和 σ_2，如果 $\sigma_1 \geqslant \sigma_2$，两个根可表示为

$$\left.\begin{array}{r}\sigma_1 \\[2mm] \sigma_2\end{array}\right\} = \dfrac{1}{2}(\sigma_x + \sigma_y) \pm \sqrt{\left(\dfrac{\sigma_x - \sigma_y}{2}\right)^2 + \tau_{xy}^2} \tag{2.1.11}$$

同时，如图 2.1.6b 所示，线段 OA 和 OC 分别表示两个根 σ_1 和 σ_2 的方向，两个线段夹角为 180°，所以可以猜测两个根在平面应力状态下板内夹角为 90°（满足正交垂直），而 σ_1 与 x 轴的夹角 φ_0（图 2.1.5c）是应力莫尔圆（图 2.1.6b）中 $\angle ABP_1$ 的一半。另外，由图 2.1.6b 可知，剪应力最大值 $\tau_{\max} = \dfrac{1}{2}(\sigma_1 - \sigma_2)$。

根据式（2.1.9）可得剪应力 $\tau = 0$ 时，$\varphi = \varphi_0$，其值为

$$\varphi_0 = \dfrac{1}{2}\arctan\left(\dfrac{2\tau_{xy}}{\sigma_x - \sigma_y}\right) \tag{2.1.12}$$

若 φ_0 为此方程式最小的正根，则其他的根 φ_1，φ_2，φ_3，…，φ_n 可描述为 $\varphi_n = \varphi_0 \pm \dfrac{n}{2}\pi$。

知识运用：有一个平面应力状态板，x 方向和 y 方向分别受到拉应力 σ_x、σ_y 以及剪应力 τ_{xy} 作用，如图 2.1.7 所示。已知 $\sigma_x > \sigma_y$，$\tau_{xy} = 1\mathrm{MPa}$，应力莫尔圆方程为 $(\sigma - 4)^2 + \tau^2 = 2$，试求：①应力边界上的 σ_x、σ_y；②剪应力为零的一组正应力及此时的 φ；③某截面法向与 x 轴成 15°时的全应力、正应力、剪应力。［答案：$\sigma_x = 5\mathrm{MPa}$，$\sigma_y = 3\mathrm{MPa}$；当 $\tau = 0$ 时，$\sigma_1 = (4 + \sqrt{2})\mathrm{MPa}$，$\sigma_2 = (4 - \sqrt{2})\mathrm{MPa}$，$\varphi = \dfrac{\pi}{8} \pm n\pi$；当 $\varphi = 15$°时，$S = 5.39\mathrm{MPa}$，$\sigma = 5.37\mathrm{MPa}$，$\tau = -0.37\mathrm{MPa}$。］

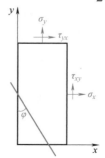

图 2.1.7　平面应力状态板

知识拓展： 针对上述第三个问题，如果不采用数学公式而采用应力莫尔圆几何性质该如何求解？（温馨提示：找到同一个基准面，如 x 面或者 σ_1 面。）

3. 三向应力状态

对于三向应力状态，可通过静力平衡求得该点任意方向上的应力。为简化表示矢量方向与平面间的夹角余弦值，引入方向余弦，如图 2.1.8 所示。

由图 2.1.8 所示关系，令：$l=\cos(N, x)=\cos\alpha$；$m=\cos(N, y)=\cos\beta$，则 $l^2+m^2=1$，而 OA、OB、AB 之间关系可以描述为

$$\begin{cases} OA=AB\cdot\cos\alpha=AB\cdot\cos(n,x)=AB\cdot l \\ OB=AB\cdot\cos\beta=AB\cdot\cos(n,y)=AB\cdot m \end{cases} \tag{2.1.13}$$

图 2.1.8　方向余弦示意

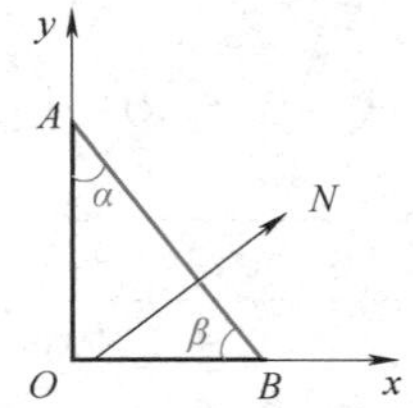

同理，在三维坐标系中，引入 $n=\cos(N, z)=\cos\gamma$，则 $l^2+m^2+n^2=1$，其中：l、m、n 称为方向余弦，分别表示某一平面法线方向与 x、y 和 z 轴的夹角余弦。

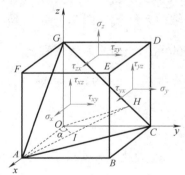

在直角坐标系中任取一质点或者单元体，设其应力状态描述为应力张量分量 σ_{ij}，现有一任意方向的斜切微分面 ACG 把单元体切成一个四面体 $ACGO$（图 2.1.9），则该微分面上的全应力、正应力和剪应力就是质点在任意切面上的应力状态，可通过四面体 $ACGO$ 的静力平衡求得。

为求得斜面 ACG 上的全应力、正应力和剪应力，假设斜面 ACG 的面积为 A_{ACG}，斜面上的全应力为 S，法线方向为 n，沿法线方向的正应力为 σ_n，垂直于法线方向的剪应力为 τ_n，全应力在三个坐标轴上的分量为 S_x、S_y、S_z。过 O 点作 OH 垂直于 CG，可以证明 CG 垂直于面 AOH，然后过 O 点作 AH 的垂线与 AH 直线的交点为 I，那么可以很容易证明 OI 垂直于面 ACG，所以 OI 就是该斜面的法线方向，法线方向与 x 轴的夹角 $\angle IOA=\alpha=\angle OHI$。

图 2.1.9　三向应力状态微元体

依据引入的方向余弦可以很容易地证明四面体 $ACGO$ 三个相互垂直面的面积分别为

$$A_{OCG}=A_{ACG}l,\ A_{AOG}=A_{ACG}m,\ A_{AOC}=A_{ACG}n \tag{2.1.14}$$

根据静力平衡，沿 x 轴方向合力为零，即 $\sum F_x=0$ 可得

$$\begin{aligned} &S_xA_{ACG}=\sigma_xA_{OCG}+\tau_{yx}A_{AOG}+\tau_{zx}A_{AOC} \\ \Rightarrow &S_xA_{ACG}=\sigma_xA_{ACG}l+\tau_{yx}A_{ACG}m+\tau_{zx}A_{ACG}n \\ \Rightarrow &S_x=\sigma_xl+\tau_{yx}m+\tau_{zx}n \end{aligned} \tag{2.1.15}$$

采用同样方法，按照其他两个方向上的静力平衡，可得到全应力在三个方向上分量：

$$\begin{cases} S_x = \sigma_x l + \tau_{yx} m + \tau_{zx} n \\ S_y = \tau_{xy} l + \sigma_y m + \tau_{zy} n \\ S_z = \tau_{xz} l + \tau_{yz} m + \sigma_z n \end{cases} \qquad (2.1.16)$$

写成矩阵形式:

$$\begin{bmatrix} S_x \\ S_y \\ S_z \end{bmatrix} = \boldsymbol{\sigma}_{ij} \begin{bmatrix} l \\ m \\ n \end{bmatrix}, (i,j = x,y,z) \qquad (2.1.17)$$

又由三个坐标轴上的全应力分量与全应力关系可得

$$S^2 = S_x^2 + S_y^2 + S_z^2 \qquad (2.1.18)$$

而斜面 ACG 上的正应力 σ_n 可由三个坐标轴上的全应力分量在斜面上的分解量合成求得

$$\sigma_n = S_x l + S_y m + S_z n \qquad (2.1.19)$$

至此, 三向应力状态下, 描述任意斜面 ACG 上一点的应力状态的全应力、正应力和剪应力可通过应力张量分量确定, 即

$$\begin{cases} S = \sqrt{S_x^2 + S_y^2 + S_z^2} \\ \sigma_n = S_x l + S_y m + S_z n \\ \tau_n = \sqrt{S^2 - \sigma_n^2} \end{cases} \qquad (2.1.20)$$

通过式 (2.1.20) 可以看出, 如果通过某一点的三个相互垂直的微分面上的应力分量已知, 则该点的应力状态可以确定。

知识运用: 设某点的应力状态由如下应力分量确定: $\sigma_x = 0$, $\tau_{xy} = 1\text{MPa}$, $\tau_{yz} = 1\text{MPa}$, $\sigma_y = 2\text{MPa}$, $\tau_{xz} = 0$, $\sigma_z = 1\text{MPa}$。试求通过该点方向余弦 $l = m = n$ 的斜面上的全应力、正应力和剪应力。(答案: $S = \sqrt{7}\text{MPa}$, $\sigma = \dfrac{7}{3}\text{MPa}$, $\tau = \dfrac{\sqrt{14}}{3}\text{MPa}$。)

2.1.3　坐标变换

塑性加工过程中, 坐标往往不是固定的, 为了获得坐标系发生旋转或平移时, 旧坐标系中某一点的应力张量九个分量在新坐标系中的表示方法, 首先看一个固定点在二维坐标系旋转过程中坐标值的变化形式, 如图 2.1.10 所示。

由于 P 点为固定点, 根据相关数学知识很容易得到坐标旋转以后新坐标系下 P' 点的坐标值为

$$\begin{cases} x = x_0 \cos\theta + y_0 \sin\theta \\ y = y_0 \cos\theta - x_0 \sin\theta \end{cases} \qquad (2.1.21)$$

写成矩阵形式为

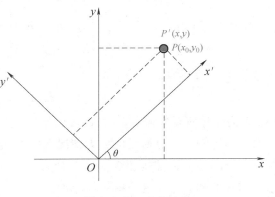

图 2.1.10　坐标变换

$$\begin{bmatrix} x \\ y \end{bmatrix} = \begin{bmatrix} \cos\theta & \sin\theta \\ -\sin\theta & \cos\theta \end{bmatrix} \begin{bmatrix} x_0 \\ y_0 \end{bmatrix} \tag{2.1.22}$$

式中，$\begin{bmatrix} \cos\theta & \sin\theta \\ -\sin\theta & \cos\theta \end{bmatrix}$ 为坐标变换矩阵，如果写成方向余弦形式，则可以表示为

$$\begin{bmatrix} x \\ y \end{bmatrix} = \begin{bmatrix} l_1 & m_1 \\ l_2 & m_2 \end{bmatrix} \begin{bmatrix} x_0 \\ y_0 \end{bmatrix} \tag{2.1.23}$$

式中，l_1 和 l_2 表示新坐标系 x' 和 y' 轴与旧坐标系 x 轴的夹角余弦，而 m_1 和 m_2 表示新坐标系 x' 和 y' 轴与旧坐标系 y 轴的夹角余弦。

按照该方法扩展到三维坐标系下，可得到在点固定坐标旋转时的坐标变换公式

$$\begin{bmatrix} x \\ y \\ z \end{bmatrix} = \begin{bmatrix} l_1 & m_1 & n_1 \\ l_2 & m_2 & n_2 \\ l_3 & m_3 & n_3 \end{bmatrix} \begin{bmatrix} x_0 \\ y_0 \\ z_0 \end{bmatrix} \tag{2.1.24}$$

式（2.1.24）中，如果把 x、y、z 作为旧坐标系，x'、y'、z' 作为新坐标系，那么，坐标变换矩阵中方向余弦主要表示为不同坐标轴之间的夹角余弦：

$$\begin{array}{cccc} & x & y & z \\ x' & l_1 & m_1 & n_1 \\ y' & l_2 & m_2 & n_2 \\ z' & l_3 & m_3 & n_3 \end{array}$$

实际上很多情况下，坐标系中的点不是固定的，也可以旋转，对于混合坐标变换，由数学知识可知：

$$\begin{bmatrix} x \\ y \\ z \end{bmatrix} = \begin{bmatrix} l_1 & m_1 & n_1 \\ l_2 & m_2 & n_2 \\ l_3 & m_3 & n_3 \end{bmatrix} \begin{bmatrix} x_0 \\ y_0 \\ z_0 \end{bmatrix} \begin{bmatrix} l_1 & l_2 & l_3 \\ m_1 & m_2 & m_3 \\ n_1 & n_2 & n_3 \end{bmatrix} \tag{2.1.25}$$

故应力张量的坐标变换公式可以表示为

$$\begin{bmatrix} \sigma'_x & \tau'_{yx} & \tau'_{zx} \\ \tau'_{xy} & \sigma'_y & \tau'_{zy} \\ \tau'_{xz} & \tau'_{yz} & \sigma'_z \end{bmatrix} = \begin{bmatrix} l_1 & m_1 & n_1 \\ l_2 & m_2 & n_2 \\ l_3 & m_3 & n_3 \end{bmatrix} \begin{bmatrix} \sigma_x & \tau_{yx} & \tau_{zx} \\ \tau_{xy} & \sigma_y & \tau_{zy} \\ \tau_{xz} & \tau_{yz} & \sigma_z \end{bmatrix} \begin{bmatrix} l_1 & l_2 & l_3 \\ m_1 & m_2 & m_3 \\ n_1 & n_2 & n_3 \end{bmatrix} \tag{2.1.26}$$

式（2.1.26）可简写为

$$\boldsymbol{\sigma}'_{ij} = \boldsymbol{\lambda} \cdot \boldsymbol{\sigma}_{ij} \cdot \boldsymbol{\lambda}^{\mathrm{T}} \tag{2.1.27}$$

式中，$\boldsymbol{\lambda}$ 为坐标变换矩阵；$\boldsymbol{\lambda}^{\mathrm{T}}$ 为转置矩阵。

由上述可知，一点所受的应力情况或应力状态不会因坐标轴的转换而变化，该点的应力张量也不会因坐标轴转换而变，但应力张量分量会因坐标轴的转换而发生变换，这就是应力张量的不变性和应力张量分量的可变性。

知识运用：已知直角坐标系下的应力张量的九个分量表达式，试求该九个应力分量在柱坐

标系下的应力张量表达式。（温馨提示：x 轴对 r，y 对 θ，z 轴不变，θ 用切线表示矢量方向。）

知识拓展： 亨德里克·安东·洛仑兹（1853—1928），近代卓越的理论物理学家、数学家，经典电子论的创立者，洛仑兹变换创建者，诺贝尔物理奖获得者。他填补了经典电磁场理论与相对论之间的鸿沟，推导了爱因斯坦的狭义相对论基础的变换方程，即狭义相对论中关于不同惯性系之间物理事件时空坐标变换的基本关系式。洛仑兹富有国际性和开放性，他几乎成了 19 世纪末到 20 世纪初物理学界的领军人物，在担任一系列国际会议主席期间，大家对他渊博的学问、高明的技术、善于总结最复杂的争论以及无比精练的语言都非常佩服。爱因斯坦曾说"洛仑兹的成就对我产生了最伟大的影响，他是我们时代最伟大、最高尚的人。"

2.2　主应力与张量分解

由前述可知，在变换的坐标系中以及从不同的角度看某一点的应力张量的各分量不尽相同，这种变换导致工程问题分析复杂，如果能够找到一个典型、简便且受坐标变换影响较小的应力张量分量来描述点的应力状态，将大大降低力学问题分析难度，这便是主应力状态。所谓主应力是指如果某一个微分面上的剪应力为零，则该面上的正应力称为主应力，该平面称为主平面，该平面的法线方向为主方向。主应力能够直观简洁地描述金属塑性变形过程中的力能参数变化规律，因而是塑性工程问题数值分析中的重要参数之一。

2.2.1　主应力

根据定义，由于主应力面上的剪应力为零，可以假定图 2.1.9 中的 ACG 面为主平面，则此时全应力和主应力大小相等，即 $S=\sigma$，且方向相同，可表示为

$$\begin{cases} S_x = Sl = \sigma l \\ S_y = Sm = \sigma m \\ S_z = Sn = \sigma n \end{cases} \qquad (2.2.1)$$

联立式（2.1.16）和式（2.2.1）可得

$$\begin{cases} S_x = \sigma_x l + \tau_{yx} m + \tau_{zx} n = \sigma l \\ S_y = \tau_{xy} l + \sigma_y m + \tau_{zy} n = \sigma m \\ S_z = \tau_{xz} l + \tau_{yz} m + \sigma_z n = \sigma n \end{cases} \Rightarrow \begin{cases} (\sigma_x - \sigma) l + \tau_{yx} m + \tau_{zx} n = 0 \\ \tau_{xy} l + (\sigma_y - \sigma) m + \tau_{zy} n = 0 \\ \tau_{xz} l + \tau_{yz} m + (\sigma_z - \sigma) n = 0 \end{cases} \qquad (2.2.2)$$

可见式（2.2.2）中有四个未知量 σ、l、m、n，而仅有三个方程，对于线性齐次方程来说，由于 $l^2 + m^2 + n^2 = 1$，方向余弦不能同时为零，故系数行列式为 0，即

$$\begin{vmatrix} \sigma_x - \sigma & \tau_{yx} & \tau_{zx} \\ \tau_{xy} & (\sigma_y - \sigma) & \tau_{zy} \\ \tau_{xz} & \tau_{yz} & \sigma_z - \sigma \end{vmatrix} = 0 \qquad (2.2.3)$$

对式（2.2.3）进行展开，可得到主应力求解的应力特征方程：

$$\sigma^3 - I_1 \sigma^2 - I_2 \sigma - I_3 = 0 \qquad (2.2.4)$$

式中，I_1、I_2、I_3 分别为应力张量第一、第二、第三不变量，表达式为

$$\begin{cases} I_1 = \sigma_x + \sigma_y + \sigma_z \\ I_2 = -\left(\begin{vmatrix} \sigma_x & \tau_{yx} \\ \tau_{xy} & \sigma_y \end{vmatrix} + \begin{vmatrix} \sigma_y & \tau_{zy} \\ \tau_{yz} & \sigma_z \end{vmatrix} + \begin{vmatrix} \sigma_z & \tau_{zx} \\ \tau_{xz} & \sigma_x \end{vmatrix} \right) = -(\sigma_x \sigma_y + \sigma_x \sigma_z + \sigma_y \sigma_z) + \tau_{xy}^2 + \tau_{xz}^2 + \tau_{zy}^2 \\ I_3 = \begin{vmatrix} \sigma_x & \tau_{yx} & \tau_{zx} \\ \tau_{xy} & \sigma_y & \tau_{zy} \\ \tau_{xz} & \tau_{yz} & \sigma_z \end{vmatrix} = \sigma_x \sigma_y \sigma_z + 2\tau_{xy} \tau_{xz} \tau_{zy} - \sigma_x \tau_{zy}^2 - \sigma_y \tau_{xz}^2 - \sigma_z \tau_{xy}^2 \end{cases} \qquad (2.2.5)$$

知识运用： 已知 A 点的应力张量 $\boldsymbol{\sigma}_{ij} = \begin{bmatrix} a & 0 & 0 \\ 0 & b & 0 \\ 0 & 0 & 0 \end{bmatrix}$，$B$ 点的应力张量 $\boldsymbol{\sigma}_{ij} =$

$\begin{bmatrix} 0.5(a+b) & 0.5(a-b) & 0 \\ 0.5(a-b) & 0.5(a+b) & 0 \\ 0 & 0 & 0 \end{bmatrix}$，那么 A 和 B 点是否属于同一应力状态？（答案：相同，用应

力张量不变量判断。）

对于应力特征方程，一般存在不相等的三个实根 σ_1、σ_2、σ_3，根据数值由大到小进行排序，即 $\sigma_1 \geq \sigma_2 \geq \sigma_3$，三个根分别称为第一、第二、第三主应力，对于任意一个主应力，均可以根据式（2.2.2）和 $l^2 + m^2 + n^2 = 1$ 确定其一组方向余弦。

知识拓展： 三个主应力大小顺序由我国王仲仁教授率先提出，他一生一丝不苟，注重塑性力学工程实践。王仲仁（1934—2019）长期从事塑性成形力学方面的教学和科研工作，发展了塑性成形力学基本理论，创造性地将塑性力学基本理论用于解决复杂的塑性工程问题。他作为项目总工程师参与了载人航天用空间环境模拟器 KM6（当时的亚洲最大、世界第三大）的真空容器制造，用于神舟一号至六号飞船及嫦娥一号探测卫星及其他大型航天器升空前性能测试的模拟环境构建。他在 1985 年提出的无模液压胀形技术先后获得布鲁塞尔尤里卡世界发明博览会金奖和国家发明奖。美国 *American Machinst* 杂志在 1990 年报道了第 18 届北美加工研究会推选的 5 项新成果，无模液压胀形技术位列第一。

一般来说，应力特征方程的三个根为不相等的实根，可以证明三个主应力的作用面相互垂直，第一主应力和第三主应力是某一点应力状态无穷尽变化中正应力的极大值或极小

值，这便是主应力的正交性和极值性。

正交性：如果三个主应力 σ_1、σ_2、σ_3 不相同，则所有主平面正交。

证明：首先考虑第一主应力 σ_1 和第二主应力 σ_2，将 σ_1 和 σ_2 分别代入式 （2.1.16） 可得

$$\begin{cases} \sigma_x l_1 + \tau_{yx} m_1 + \tau_{zx} n_1 = \sigma_1 l_1 \\ \tau_{xy} l_1 + \sigma_y m_1 + \tau_{zy} n_1 = \sigma_1 m_1 \\ \tau_{xz} l_1 + \tau_{yz} m_1 + \sigma_z n_1 = \sigma_1 n_1 \end{cases} \tag{2.2.6a}$$

$$\begin{cases} \sigma_x l_2 + \tau_{yx} m_2 + \tau_{zx} n_2 = \sigma_2 l_2 \\ \tau_{xy} l_2 + \sigma_y m_2 + \tau_{zy} n_2 = \sigma_2 m_2 \\ \tau_{xz} l_2 + \tau_{yz} m_2 + \sigma_z n_2 = \sigma_2 n_2 \end{cases} \tag{2.2.6b}$$

对式 （2.2.6a） 左右两侧乘以 l_2，式 （2.2.6b） 两侧乘以 l_1，两式的各自分量左右分别相加，然后再用式 （2.2.6a） $-$ 式 （2.2.6b） 可得

$$\begin{aligned} & \left[(\sigma_x l_1 + \tau_{yx} m_1 + \tau_{zx} n_1) l_2 + (\tau_{xy} l_1 + \sigma_y m_1 + \tau_{zy} n_1) m_2 + (\tau_{xz} l_1 + \tau_{yz} m_1 + \sigma_z n_1) n_2 \right] - \\ & \left[(\sigma_x l_2 + \tau_{yx} m_2 + \tau_{zx} n_2) l_1 + (\tau_{xy} l_2 + \sigma_y m_2 + \tau_{zy} n_2) m_1 + (\tau_{xz} l_2 + \tau_{yz} m_2 + \sigma_z n_2) n_1 \right] \\ &= (\sigma_1 l_1 l_2 + \sigma_1 m_1 m_2 + \sigma_1 n_1 n_2) - (\sigma_2 l_1 l_2 + \sigma_2 m_1 m_2 + \sigma_2 n_1 n_2) \\ & \Rightarrow (\sigma_1 - \sigma_2)(l_1 l_2 + m_1 m_2 + n_1 n_2) = 0 \end{aligned} \tag{2.2.7}$$

假设第一主应力 σ_1 和第二主应力 σ_2 不相等，则由式 （2.2.7） 进一步化简为

$$\begin{bmatrix} l_1 & m_1 & n_1 \end{bmatrix} \begin{bmatrix} l_2 \\ m_2 \\ n_2 \end{bmatrix} = 0 \tag{2.2.8}$$

由式 （2.2.8） 不难看出，σ_1 作用面的方向矢量与 σ_2 作用面的方向矢量相互垂直，所以两个主应力作用面相互垂直。

同理，三个主应力作用面相互垂直，主应力正交性得证。

既然三个主应力相互垂直，如果取三个主方向为坐标轴，则一般用 1、2、3 代替 x、y、z，此时的坐标系称为主应力坐标系，在主应力坐标系下的应力张量可以表示为

$$\boldsymbol{\sigma}_{ij} = \begin{bmatrix} \sigma_1 & 0 & 0 \\ 0 & \sigma_2 & 0 \\ 0 & 0 & \sigma_3 \end{bmatrix}, (i, j = 1, 2, 3) \tag{2.2.9}$$

根据式 （2.2.5） 可得主应力坐标系下的应力不变量为

$$\begin{cases} I_1 = \sigma_1 + \sigma_2 + \sigma_3 \\ I_2 = -(\sigma_1 \sigma_2 + \sigma_1 \sigma_3 + \sigma_2 \sigma_3) \\ I_3 = \sigma_1 \sigma_2 \sigma_3 \end{cases} \tag{2.2.10}$$

将式 （2.2.10） 中的各应力张量分量代入式 （2.1.16）、式 （2.1.19）、式 （2.1.20），可得到主轴坐标系下微元斜面上的正应力和剪应力分别为

$$\begin{cases} S^2 = S_1^2 + S_2^2 + S_3^2 = (\sigma_1 l)^2 + (\sigma_2 m)^2 + (\sigma_3 n)^2 \\ \sigma_n = \sigma_1 l^2 + \sigma_2 m^2 + \sigma_3 n^2 \\ \tau_n = \sqrt{\sigma_1^2 l^2 + \sigma_2^2 m^2 + \sigma_3^2 n^2 - (\sigma_1 l^2 + \sigma_2 m^2 + \sigma_3 n^2)^2} \end{cases} \qquad (2.2.11)$$

极值性：通过一点的所有微分面中有很多正应力，第一主应力 σ_1 是所有斜面上正应力的极大值，第三主应力 σ_3 为极小值。

证明：如果应力主轴与坐标轴相同，则与坐标面平行的微分平面即主微分面，在这些面上分别作用着 σ_1、σ_2、σ_3，那么通过该点的任意微分面上的正应力为

$$\sigma_n = \sigma_1 l^2 + \sigma_2 m^2 + \sigma_3 n^2 \qquad (2.2.12)$$

依据 $l^2 + m^2 + n^2 = 1$，代入式（2.2.12）可得

$$\sigma_n = \sigma_1(1 - m^2 - n^2) + \sigma_2 m^2 + \sigma_3 n^2$$
$$= \sigma_1 - (\sigma_1 - \sigma_2)m^2 - (\sigma_1 - \sigma_3)n^2 \qquad (2.2.13)$$

由于 $\sigma_1 \geqslant \sigma_2 \geqslant \sigma_3$，故 $\sigma_1 - (\sigma_1 - \sigma_2)m^2 - (\sigma_1 - \sigma_3)n^2 \leqslant \sigma_1$，所以

$$\sigma_n \leqslant \sigma_1 \qquad (2.2.14)$$

同理

$$\sigma_n = \sigma_3 + (\sigma_1 - \sigma_3)l^2 + (\sigma_2 - \sigma_3)m^2 \geqslant \sigma_3 \qquad (2.2.15)$$

得证。

知识拓展： 基于应力特征方程求解主应力需要解一元三次方程，对于不能分解的一元三次方程，通常可采用高等代数法、卡尔丹公式和盛金公式求解。盛金公式是由我国一名中学教师范盛金（1955—2018）在 33 岁完成的，他用数学美的方法把复杂的数学问题变得简单和直观化，被誉为解高次方程的数学美大师。他酷爱数学，1969 年上初中时开始研究三次方程求解，后来入伍参军，1978 年转业到中学任教，继续推导并于 1988 年完成在数学界引起了轰动的盛金公式。

主坐标系中应力状态的定义与前述相同：在三个主应力中，两个主应力为零，称为单向应力状态，单向拉伸和压缩即为单向应力状态；如果有一个主应力为零，称为平面应力状态，如薄板拉伸、圆管拉伸扭转等为平面应力状态；三个主应力均不为零，称为三向应力状态，如锻造、轧制等属于三向应力状态。

主应力坐标系下应力状态只有三个分量，这可使运算大为简化，利用主应力表示的应力状态图称为主应力图，用主应力图除能直观分析质点的受力状态外，还能衡量金属塑性工艺优劣，故对研究塑性加工成形有很大的用处。由于主应力有拉应力和压应力之分，因此主应力图有 9 种，包括单向应力状态 2 种、平面应力状态 3 种和三向应力状态 4 种，如图 2.2.1 所示。①一维应力状态：一向拉、一向压；②二维应力状态：一向拉一向压、两向拉、两向压；③三维应力状态：一向拉两向压、两向拉一向压、三向拉、三向压。

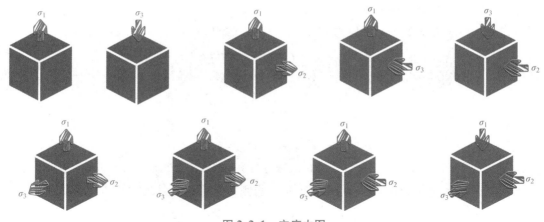

图 2.2.1　主应力图

知识运用： 请分别画出挤压、平辊轧制、拉拔三种塑性加工方法的主应力图。（答案：挤压为三向压应力，平辊轧制为三向压应力，拉拔为两向压应力一向拉应力。）

2.2.2　应力椭球面和三向应力莫尔圆

在主应力坐标系下，三个坐标面上只作用有正应力而无剪应力，此时全应力沿主轴方向的分量可表示为

$$\begin{cases} S_1 = \sigma_1 l \\ S_2 = \sigma_2 m \\ S_3 = \sigma_3 n \end{cases} \tag{2.2.16}$$

根据 $l^2 + m^2 + n^2 = 1$，可得

$$\left(\frac{S_1}{\sigma_1}\right)^2 + \left(\frac{S_2}{\sigma_2}\right)^2 + \left(\frac{S_3}{\sigma_3}\right)^2 = 1 \tag{2.2.17}$$

该方程为椭球面方程，如果三个主应力中任意两个主应力的绝对值相等，则该椭球面将变为旋转椭球面，第三个主方向为旋转轴；如果三个主应力的绝对值互等，那么该椭球面变为球面，如图 2.2.2 所示。需要注意的是，此时的三个主应力 σ_1、σ_2、σ_3 是微元体边界条件上所受的正应力，而全应力是微元体内任意斜面上全应力在三个主坐标系上的分量。

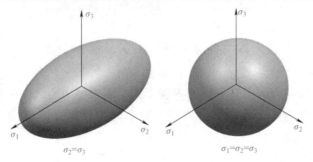

图 2.2.2　椭球面示意图

对于三向应力状态，由 $l^2+m^2+n^2=1$、$S^2=\sigma^2+\tau^2$ 以及式（2.2.11），可得到主坐标系下用正应力 σ、剪应力 τ 及三个主应力 σ_1、σ_2、σ_3 描述的 l^2、m^2、n^2，表达式为

$$\begin{cases} l^2=\dfrac{\tau^2+(\sigma-\sigma_2)(\sigma-\sigma_3)}{(\sigma_1-\sigma_2)(\sigma_1-\sigma_3)} \\[3mm] m^2=\dfrac{\tau^2+(\sigma-\sigma_3)(\sigma-\sigma_1)}{(\sigma_2-\sigma_3)(\sigma_2-\sigma_1)} \\[3mm] n^2=\dfrac{\tau^2+(\sigma-\sigma_2)(\sigma-\sigma_1)}{(\sigma_3-\sigma_1)(\sigma_3-\sigma_2)} \end{cases} \tag{2.2.18}$$

式（2.2.18）中，假设 $\sigma_1 \geqslant \sigma_2 \geqslant \sigma_3$，左右两侧为保持正负号相同，需要满足：

$$\begin{cases} \tau^2+(\sigma-\sigma_2)(\sigma-\sigma_3) \geqslant 0 \\ \tau^2+(\sigma-\sigma_3)(\sigma-\sigma_1) \leqslant 0 \\ \tau^2+(\sigma-\sigma_2)(\sigma-\sigma_1) \geqslant 0 \end{cases} \tag{2.2.19}$$

对式（2.2.19）进行进一步推导，可得到

$$\begin{cases} \left(\sigma-\dfrac{\sigma_2+\sigma_3}{2}\right)^2+\tau^2 \geqslant \left(\dfrac{\sigma_2-\sigma_3}{2}\right)^2 \\[3mm] \left(\sigma-\dfrac{\sigma_1+\sigma_3}{2}\right)^2+\tau^2 \leqslant \left(\dfrac{\sigma_1-\sigma_3}{2}\right)^2 \\[3mm] \left(\sigma-\dfrac{\sigma_1+\sigma_2}{2}\right)^2+\tau^2 \geqslant \left(\dfrac{\sigma_1-\sigma_2}{2}\right)^2 \end{cases} \tag{2.2.20}$$

式（2.2.20）表示在 $\sigma-\tau$ 坐标系中，σ 和 τ 满足圆的方程，而三个圆的几何方程构成一个面域，如图 2.2.3 所示。由式（2.2.20）和几何图形可知，主应力坐标系下圆的方程构成的图形包括平面应力条件下圆的方程，该三向应力莫尔圆表示的是一个面域（图 2.2.3），而平面应力莫尔圆是一个圆的曲线。

由前述分析可知，尽管在不同坐标系下或者从不同角度看应力张量，其应力张量分量的数值均发生了变化，但该点的应力状态并没有发生变化，这就是应力状态唯一性和应力张量分量的多样性。无论是直角坐标系还是主坐标系，实际上就是一个从应力张量普遍性到主应力特殊性的统一。受力微元体中各应力分量关系示意图如图 2.2.4 所示。

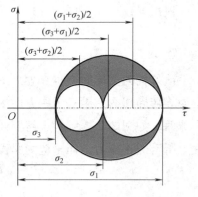

图 2.2.3　三向应力莫尔圆

应力在不同的坐标和方向上有不同的表现形式，而这些应力之间的联系是多样的，主应力和应力张量联系是应力张量不变量，主应力和全应力联系是剪应力为零的面，但究其本质，应力状态仍是唯一的，只是表现形式不同而已。

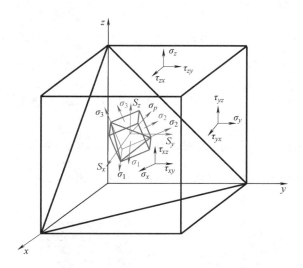

图 2.2.4 受力微元体中各应力分量关系示意图

知识运用： 已知直角坐标系中物体某点的应力张量 $\boldsymbol{\sigma}_{ij} = \begin{bmatrix} -10 & 0 & 0 \\ 0 & 10 & -10 \\ 0 & -10 & 10 \end{bmatrix}$ MPa，试求其

主应力，并绘制三向应力莫尔圆。（答案：$\sigma_1 = 20$MPa，$\sigma_2 = 0$，$\sigma_3 = -10$MPa。）

2.2.3 主剪应力与八面体应力

1. 主剪应力

当某一个微元斜面上的剪应力为驻值时，该剪应力称为主剪应力，该平面为主剪应力平面，从主应力极值性意义上说，主剪应力的本质意义和主应力是统一的。当某一个斜面上的正应力为零时，此时的剪应力称为纯剪应力。需要注意的是，主剪应力平面并非纯剪应力平面，而纯剪应力也不等同于主剪应力。

在主坐标系下，由式（2.2.11）可得

$$\tau_n^2 = \sigma_1^2 l^2 + \sigma_2^2 m^2 + \sigma_3^2 n^2 - (\sigma_1 l^2 + \sigma_2 m^2 + \sigma_3 n^2)^2 \tag{2.2.21}$$

依据主剪应力定义和 $n^2 = 1 - l^2 - m^2$，基于式（2.2.21）分别对 l 和 m 求导，可得

$$\begin{cases} l(\sigma_1^2 - \sigma_3^2) - 2[(\sigma_1 - \sigma_3)l^2 + (\sigma_2 - \sigma_3)m^2 + \sigma_3](\sigma_1 - \sigma_3)l = 0 \\ m(\sigma_2^2 - \sigma_3^2) - 2[(\sigma_1 - \sigma_3)l^2 + (\sigma_2 - \sigma_3)m^2 + \sigma_3](\sigma_2 - \sigma_3)m = 0 \end{cases} \tag{2.2.22}$$

假设 $\sigma_1 \neq \sigma_2 \neq \sigma_3$，式（2.2.22）进一步简化为

$$\begin{cases} \{(\sigma_1 - \sigma_3) - 2[(\sigma_1 - \sigma_3)l^2 + (\sigma_2 - \sigma_3)m^2]\}l = 0 \\ \{(\sigma_2 - \sigma_3) - 2[(\sigma_1 - \sigma_3)l^2 + (\sigma_2 - \sigma_3)m^2]\}m = 0 \end{cases} \tag{2.2.23}$$

满足式（2.2.23）的解有如下推论：

1）当 $l = m = 0$，由式 $l^2 + m^2 + n^2 = 1$ 可得：$n = \pm 1$，此时剪应力平面为主平面，$\tau = 0$。

2）同理，$l = n = 0$，$m = \pm 1$ 或 $m = n = 0$，$l = \pm 1$，此时剪应力平面仍为主平面。

3）当 $l \neq 0$，$m = 0$，由 $1 - 2l^2 = 0$ 可得：$l = \pm \dfrac{\sqrt{2}}{2}$，$n = \pm \dfrac{\sqrt{2}}{2}$，此时剪应力平面为 σ_1 和 σ_3 平面所夹角的平分角平面。

4）同理，$l = 0$，$m = n = \pm \dfrac{\sqrt{2}}{2}$，此时剪应力平面为 σ_2 和 σ_3 平面所夹角的平分角平面。

5）同理，$n = 0$，$l = m = \pm \dfrac{\sqrt{2}}{2}$，此时剪应力平面为 σ_1 和 σ_2 平面所夹角的平分角平面。

所以，主剪应力平面共有 6 组，12 个平面，如图 2.2.5 所示。图示为 6 组中的其中一个，每一组的另一个与显示的面对称分布。

 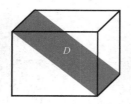 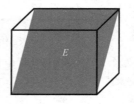 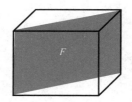

图 2.2.5　主剪应力平面示意图

将以上所得到的 l、m、n 代入式（2.2.21）中，可以得到所求方向的剪应力的极值，这时在主应力坐标系下，主剪应力发生在主平面和主平面平分角平面上，其值为

$$\tau_{12} = \pm \frac{\sigma_1 - \sigma_2}{2}, \quad \tau_{23} = \pm \frac{\sigma_2 - \sigma_3}{2}, \quad \tau_{13} = \pm \frac{\sigma_1 - \sigma_3}{2} \qquad (2.2.24)$$

由式（2.2.24）和主应力顺序可得最大剪应力为

$$\tau_{\max} = \frac{\sigma_1 - \sigma_3}{2}, \quad (\sigma_1 \geqslant \sigma_2 \geqslant \sigma_3) \qquad (2.2.25)$$

根据主应力顺序和最大剪应力表达式，最大剪应力的作用面有两个，分别是第一主应力和第三主应力作用面夹角平分角平面。

2. 八面体应力

在主应力坐标系中，分别过微元体八个顶点作八个微元斜面组成八面体，假设每一个斜面的方向余弦相等，即 $l = m = n = \pm \dfrac{\sqrt{3}}{3}$，则此时的八面体为正八面体，如图 2.2.6 所示。

将正八面体的方向余弦分别代入式（2.2.11）中，可得八面体斜面上的正应力和剪应力分别为

$$\begin{cases} \sigma_8 = \dfrac{1}{3}(\sigma_1 + \sigma_2 + \sigma_3) = \sigma_m = \dfrac{1}{3}(\sigma_x + \sigma_y + \sigma_z) \\ \tau_8 = \dfrac{1}{3}\sqrt{(\sigma_1 - \sigma_2)^2 + (\sigma_2 - \sigma_3)^2 + (\sigma_1 - \sigma_3)^2} \end{cases} \qquad (2.2.26)$$

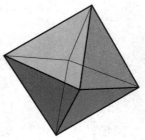

图 2.2.6　正八面体

式中，σ_8、σ_m、τ_8 分别为八面体正应力、平均主应力和八面体剪应力。

　　知识运用：试证明在主应力坐标系下，正八面体剪应力大小可用应力张量不变量表示为 $\tau_8 = \dfrac{1}{3}\sqrt{2I_1^2 + 6I_2}$。

2.2.4　应力张量分解

　　金属塑性加工过程中，变形体一般发生形状变化和体积变化，应力张量 σ_{ij} 可分解为应力偏张量和应力球张量。一般认为应力偏张量只能使物体产生形状变化而不能产生体积变化；应力球张量不能使物体产生形状变化，只能使物体产生体积变化。应力张量分解方程表示为

$$\sigma_{ij} = \begin{bmatrix} \sigma_x & \tau_{yx} & \tau_{zx} \\ \tau_{xy} & \sigma_y & \tau_{zy} \\ \tau_{xz} & \tau_{yz} & \sigma_z \end{bmatrix} = \begin{bmatrix} \sigma_x - \sigma_m & \tau_{yx} & \tau_{zx} \\ \tau_{xy} & \sigma_y - \sigma_m & \tau_{zy} \\ \tau_{xz} & \tau_{yz} & \sigma_z - \sigma_m \end{bmatrix} + \begin{bmatrix} \sigma_m & & \\ & \sigma_m & \\ & & \sigma_m \end{bmatrix} = \sigma_{ij}' + \delta_{ij}\sigma_m \qquad (2.2.27)$$

式中，σ_{ij}' 为应力偏张量；$\delta_{ij}\sigma_m$ 为应力球张量；δ_{ij} 为克罗内克符号，$i=j$ 时 $\delta_{ij}=1$，$i \neq j$ 时 $\delta_{ij}=0$；σ_m 为平均应力，$\sigma_m = \dfrac{1}{3}(\sigma_x + \sigma_y + \sigma_z)$。

　　参照应力张量表示方法，令 $|\sigma_{ij}'| = 0$，则可得到应力偏张量三个不变量，表达式为

$$\begin{cases} I_1' = \sigma_x - \sigma_m + \sigma_y - \sigma_m + \sigma_z - \sigma_m = 0 \\[2mm] I_2' = \begin{vmatrix} \sigma_x - \sigma_m & \tau_{yx} \\ \tau_{xy} & \sigma_y - \sigma_m \end{vmatrix} + \begin{vmatrix} \sigma_y - \sigma_m & \tau_{zy} \\ \tau_{yz} & \sigma_z - \sigma_m \end{vmatrix} + \begin{vmatrix} \sigma_z - \sigma_m & \tau_{zx} \\ \tau_{xz} & \sigma_x - \sigma_m \end{vmatrix} \\[4mm] I_3' = \begin{vmatrix} \sigma_x - \sigma_m & \tau_{yx} & \tau_{zx} \\ \tau_{xy} & \sigma_y - \sigma_m & \tau_{zy} \\ \tau_{xz} & \tau_{yz} & \sigma_z - \sigma_m \end{vmatrix} \end{cases} \qquad (2.2.28)$$

　　在主应力坐标系下，式（2.2.28）可简化为

$$\begin{cases} I_1' = 0 \\[2mm] I_2' = \dfrac{1}{6}\left[(\sigma_1 - \sigma_2)^2 + (\sigma_2 - \sigma_3)^2 + (\sigma_3 - \sigma_1)^2 \right] \\[2mm] I_3' = (\sigma_1 - \sigma_m)(\sigma_2 - \sigma_m)(\sigma_3 - \sigma_m) \end{cases} \qquad (2.2.29)$$

式中，I_1' 为应力偏张量第一不变量，与变形无关，值恒等于 0；I_2' 为应力偏张量第二不变量，与屈服准则有关（参见第 4 章）；I_3' 为应力偏张量第三不变量，与变形类型有关。

　　主应力坐标系下，依据 $\sigma_1 \geqslant \sigma_2 \geqslant \sigma_3$ 顺序，主偏差应力图有三种，如图 2.2.7 所示。其中，第一种情况为 $\sigma_2' = \sigma_2 - \sigma_m = 0$，对应 $I_3' = 0$，表示平面变形；第二种情况为 $\sigma_2' < 0$，对应 $I_3' > 0$，表示为广义拉伸；第三种情况为 $\sigma_2' > 0$，对应 $I_3' < 0$，表示为广义压缩。

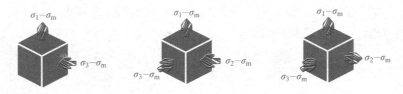

图 2.2.7 主偏差应力图

知识运用：给定的应力张量，表示为 $\boldsymbol{\sigma}_{ij}=\begin{bmatrix} \dfrac{3}{2} & -\dfrac{1}{2\sqrt{2}} & -\dfrac{1}{2\sqrt{2}} \\[2mm] -\dfrac{1}{2\sqrt{2}} & \dfrac{11}{4} & -\dfrac{5}{4} \\[2mm] -\dfrac{1}{2\sqrt{2}} & -\dfrac{5}{4} & \dfrac{11}{4} \end{bmatrix}$ MPa，试求：①张量分

解方程；②主应力 σ_1、σ_2、σ_3；③八面体剪应力 τ_8 和最大剪应力。（答案：$\sigma_{\mathrm{m}}=\dfrac{7}{3}$MPa，

$\boldsymbol{\sigma}_{ij}=\boldsymbol{\sigma}'_{ij}+\delta_{ij}\sigma_{\mathrm{m}}$；$\sigma_1=4$MPa，$\sigma_2=2$MPa，$\sigma_3=1$MPa；$\tau_8=\dfrac{\sqrt{14}}{3}$MPa，$\tau_{\max}=\dfrac{3}{2}$MPa。）

2.3 应变分析

2.3.1 变形表示法

1. 名义应变与真实应变

金属在外力作用下产生塑性变形时，变形体内产生质点的金属流动，各质点在所有方向上都会产生应变。假设：一个圆棒原始长度为 l_0，经过一次拉伸变形后长度为 l_1，经过二次拉伸变形后长度为 l_2，如图 2.3.1 所示。

为了表示外力作用下塑性变形问题的变形规律，工程生产中，为了简单直观地表述变形体变形量大小，通常运用工程应变（也称相对变形或名义应变）来表示：

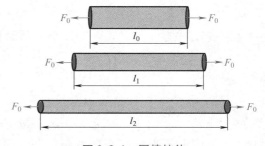

图 2.3.1 圆棒拉伸

$$\varepsilon=\frac{l-l_0}{l_0} \tag{2.3.1}$$

式中，l、l_0 分别为变形后尺寸与变形前尺寸。按照式（2.3.1）定义，该圆棒一次拉伸的名义应变 $\varepsilon_1=(l_1-l_0)/l_0$，二次拉伸的名义应变 $\varepsilon_2=(l_2-l_1)/l_1$。

知识拓展： 应变本身没有单位，但近年来有些文献在描述应变时却加了百分号单位，加百分号后，更准确的应该称为应变率（Strain rate），也可以用 $\varepsilon = \dfrac{|l - l_0|}{l_0} \times 100\%$ 来表示。

尽管工程应变能够简单快捷地计算出变形量的大小，但工程应变由于不具备应变可加性、可比性等，对变形的计算要求较高时，计算精度受限。例如图 2.3.1 所示的圆棒，两次拉伸后，其总应变与两次拉伸应变之和并不相等，即

$$\varepsilon = \frac{l_2 - l_0}{l_0} \neq \left(\frac{l_2 - l_1}{l_1} + \frac{l_1 - l_0}{l_0} \right) \tag{2.3.2}$$

可见，工程应变不能准确反映真实的变形程度，随着变形量增加，误差会变得更大，因而引入真实应变（对数应变）来表示变形，即

$$\delta = \ln \frac{l_1}{l_0} \tag{2.3.3}$$

很容易证明，真实应变不仅可以满足变形可加性，也可以满足可比性。

知识拓展： 苏格兰数学家约翰·纳皮尔（1550—1617）于 1613 年发明了对数，在积分学中没有对数（自然对数）运算就无法进行。例如 $\mathrm{d}y = y\mathrm{d}x$ 这样一个极简单的微分方程，如果没有对数概念就表达不出它的原函数（积分式），所以对数的发明为高等数学的诞生做了直接的准备，也助推了力学的准确数学表达。

假设把 l_1/l_0 作为横坐标，把应变作为纵坐标，可以得到变化曲线如图 2.3.2 所示。可以看出：当 $l_1 = l_0$ 时，真实应变和名义应变的值相同，由于没有发生变形，故应变值为 0；变形量越小，名义应变与真实应变越接近，当变形量非常小时，真实应变和名义应变计算值可近似相同；随着变形量的增加，无论是拉伸变形还是缩短变形，真实应变和名义应变差值变大。

经过数学推导，可得出在一次变形过程计算中，名义应变和真实应变之间关系满足：

$$\varepsilon = e^{\delta} - 1 \tag{2.3.4}$$

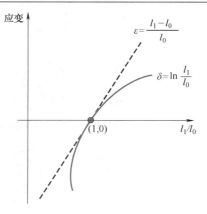

图 2.3.2　名义应变和真实应变对比

知识运用： 将长度为 20mm 的杆料均匀压缩至 16mm，如图 2.3.3 所示，此杆料变形过程的名义应变和真实应变分别为多少？（答案：-0.2，-0.22。）

一般情况下，金属发生塑性变形时，三个方向的尺寸均会发生变化，此时，通常以变形量最大的方向为主要参考方向进行工程应变计算。图 2.3.4 所示为棒材压缩和等径角挤压过

程。对于压缩过程，虽然径向和周向尺寸均有所增加，但仍以高度（压缩）方向的应变表示变形规律；而对于等径角挤压，虽然棒材通过通道时角度发生了 90° 的变化，剪切变形较为强烈，但仍以轴向应变简单描述其宏观变形规律，周向和径向应变认为近似为 0。

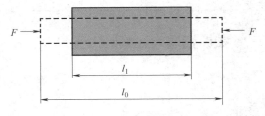

图 2.3.3　受压缩杆件示意图

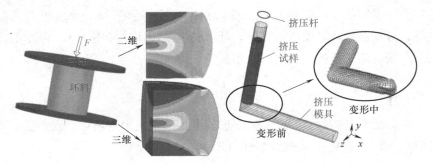

图 2.3.4　棒材压缩和等径角挤压（ECAP）过程示意图

2. 应变张量

名义应变和真实应变描述的是宏观或整体变形规律，对于金属材料实际塑性变形过程中的质点来说，其变形规律并不相同，如图 2.3.5 所示。棒材单道次压缩过程可以大致分为黏着区（Ⅰ）、易变形区（Ⅱ）和自由变形区（Ⅲ），虽然整体变形为一向压缩两向拉伸，但点 a 在周向和径向的应变为 0，轴向为压缩，点 b 的应变为一向压缩两向拉伸。另外，侧边边界发生弯曲，同样表现了不同的应变特性，所以质点的应变有较大区别。

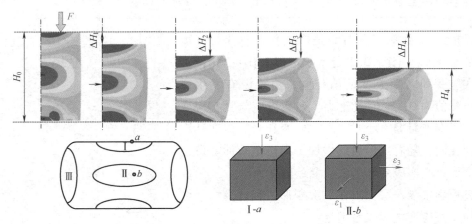

图 2.3.5　棒材镦粗过程变形规律示意图

为表示塑性变形过程点的变形规律，和应力状态一样，引入点的应变状态。在直角坐标系下，一点的应变状态可由对称应变张量 $\boldsymbol{\varepsilon}_{ij}$ 表示：

$$\boldsymbol{\varepsilon}_{ij} = \begin{bmatrix} \varepsilon_x & \dfrac{1}{2}\gamma_{yx} & \dfrac{1}{2}\gamma_{zx} \\[2mm] \dfrac{1}{2}\gamma_{xy} & \varepsilon_y & \dfrac{1}{2}\gamma_{zy} \\[2mm] \dfrac{1}{2}\gamma_{xz} & \dfrac{1}{2}\gamma_{yz} & \varepsilon_z \end{bmatrix} \qquad (2.3.5)$$

　　单元体变形可分为两种形式：一种是单元体尺寸的伸长缩短（正变形或线变形），称为正应变，一般规定伸长为正，缩短为负，用式（2.3.5）中的 ε_x、ε_y 和 ε_z 表示；一种是单元体发生偏斜（剪变形或角变形），称为剪应变，用式（2.3.5）中的 γ_{yx}、γ_{zx}、γ_{zy} 表示，一般规定角度减小为正，增大为负，如图 2.3.6a 所示，变形前为直角，变形后为锐角，所以角度减小，剪应变为正值。角变形只引起单元体形状的改变而不引起体积的变化。

　　应当指出，物体变形时，单元体一般发生平移、转动、正变形和剪变形，平移和转动不代表变形，只表示刚体位移，如图 2.3.6b 所示，变形前后 ABCD 只是绕着 A 点进行了旋转，形状和角度并未发生变化，所以 γ_{yx} 或 γ_{xy} 为 0。

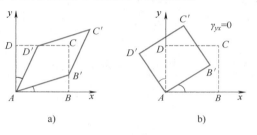

图 2.3.6　剪应变说明示意图

　　为了准确描述剪应力作用下对应的剪应变，必须把刚性转动分量从角变形中去除，故引入理论剪应变 $\varepsilon_{xy} = \varepsilon_{yx} = \dfrac{1}{2}\gamma_{yx}$、$\varepsilon_{xz} = \varepsilon_{zx} = \dfrac{1}{2}\gamma_{zx}$、$\varepsilon_{yz} = \varepsilon_{zy} = \dfrac{1}{2}\gamma_{zy}$ 作为应变张量分量，所以一点的应变张量可以描述为

$$\boldsymbol{\varepsilon}_{ij} = \begin{bmatrix} \varepsilon_x & \varepsilon_{yx} & \varepsilon_{zx} \\ \varepsilon_{xy} & \varepsilon_y & \varepsilon_{zy} \\ \varepsilon_{xz} & \varepsilon_{yz} & \varepsilon_z \end{bmatrix} = \begin{bmatrix} \varepsilon_x & \dfrac{1}{2}\gamma_{yx} & \dfrac{1}{2}\gamma_{zx} \\[2mm] \dfrac{1}{2}\gamma_{xy} & \varepsilon_y & \dfrac{1}{2}\gamma_{zy} \\[2mm] \dfrac{1}{2}\gamma_{xz} & \dfrac{1}{2}\gamma_{yz} & \varepsilon_z \end{bmatrix} \qquad (2.3.6)$$

> **知识拓展：** 根据剪应变正负号规定，一般认为理论剪应变的下标没有明确的物理意义。一些文献中将第一个下标表示剪应变起点方向，第二个下标表示角度旋转方向。例如：ε_{yx} 表示一条指向 y 方向的边向 x 方向旋转形成的一个角度，起始指向（根据坐标轴正方向判断）和旋转后的指向（根据坐标轴正方向判断）同号为正，异号为负。

2.3.2　几何方程

　　为确定式（2.3.5）中应变张量中各应变分量，首先应明确应变的直接影响变量。在物体中，若任意两个点的相对位置有了变化，则认为物体有了变形，假设在物体未变形前有相

邻的 A 和 B 两个点（图 2.3.7a），变形后 A 点变到 A' 点，而 B 点变到 B' 点。AA' 是 A 点的位移，BB' 是 B 点的位移，如果长度 $A'B'$ 不等于 AB，则 B 点相对于 A 点将发生相对位移，物体中将出现应变状态。在均匀应变情况下，变形前相互平行的两条直线在变形后仍为平行直线，而一般来说，应变并不是均匀的，即不同点的位移是不同的。

为了确定正应变的定义，假设在受拉杆上有线段 AB（图 2.3.7b），变形后，此线段成为 $A'B'$，若线段 AB 的长度是 Δx，变形后 A 点的位移是 u，而 B 点的位移是 $u+\Delta u$，即 B 点的位移比 A 点的位移大 Δu，线段 Δx 增加了 Δu，沿 x 方向的正应变定义为

$$\varepsilon_x = \lim_{\Delta x \to 0} \frac{\Delta u}{\Delta x} = \frac{\mathrm{d}u}{\mathrm{d}x} \tag{2.3.7}$$

当 Δx 无限缩短并趋近于一点时，式（2.3.7）即为一点处的正应变。如果变形的分布是均匀的，这时正应变可以写为

$$\varepsilon_x = \frac{l-l_0}{l_0} = \frac{\Delta l}{l_0} \tag{2.3.8}$$

式中，l_0 为初始长度；l 为变形后的长度；Δl 为长度的变化。

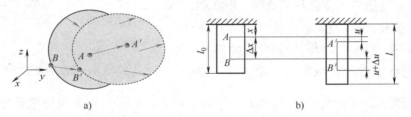

图 2.3.7　物体变形与杆受拉变形示意图

假设在直角坐标系中，在变形前，变形体质点 a 的坐标是 (x, y, z)，变形后该质点的坐标是 $(x+u_x, y+u_y, z+u_z)$，这里 u_x、u_y、u_z 是 a 点位移在 x、y、z 轴上的投影，它们都是 x、y、z 的连续函数，而且位移的导数也是连续的。

从变形的物体中取出一个微小的平行六面体，在研究微小六面体的变形时，最简单的分析方法是将六面体的各面投影到直角坐标系的各个坐标面上（图 2.3.8），然后研究这些平面投影的变形，并根据这些投影的变形规律来判断整个平行六面体的变形。由于变形很微小，可以认为两个平行面在坐标上的投影只相差高阶的微量，因而两个平行面的投影可以合并为一个。

首先研究平行六面体在 xOy 面上的投影 $abcd$（图 2.3.9）。变形前六面体 a 点的坐标为 (x, y, z)。六面体变形时，投影上的 a 点移到 a_1 点，b 点移到 b_1 点，c 点移到 c_1 点，d 点移到 d_1 点，整个矩形 $abcd$ 移到 $a_1b_1c_1d_1$ 的位置，a 点的位移在 x 和 y 方向上的位移是 u_x 和 u_y，它们是坐标的函数。

假设 a 点到 a_1 点的位移函数为

$$u_x = f_1(x,y), \quad u_y = f_2(x,y) \tag{2.3.9}$$

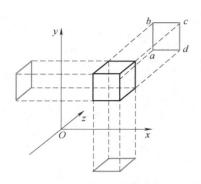

图 2.3.8　变形体的投影

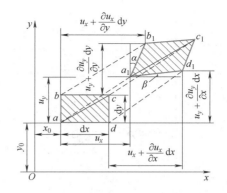

图 2.3.9　应变和位移关系示意图

由于 d 点的 x 坐标和 a 点的 x 坐标不同，$ad=\mathrm{d}x$，因此 d 点到 d_1 点的位移也将与 a 点的位移不同，可以用增量表示为

$$u_x=f_1(x+\mathrm{d}x,y)\ ,u_y=f_2(x+\mathrm{d}x,y)\qquad(2.3.10)$$

即 $u_x+\dfrac{\partial u_x}{\partial x}\mathrm{d}x$ 和 $u_y+\dfrac{\partial u_y}{\partial x}\mathrm{d}x$。

同理，b 点的 y 坐标和 a 点的 y 坐标不同，$ab=\mathrm{d}y$，因此 b 点到 b_1 点位移也将与 a 点的位移不同，可用其增量表示为

$$u_x=f_1(x,y+\mathrm{d}y)\ ,u_y=f_2(x,y+\mathrm{d}y)\qquad(2.3.11)$$

即 $u_x+\dfrac{\partial u_x}{\partial y}\mathrm{d}y$ 和 $u_y+\dfrac{\partial u_y}{\partial y}\mathrm{d}y$。

由于变形是微小的，真实应变和名义应变值相近，x 方向和 y 方向的正应变可以通过式（2.3.8）求得，即

$$\begin{cases}\varepsilon_x=\dfrac{a_1d_1-ad}{ad}=\dfrac{dd_1+ad-aa_1-ad}{ad}=\dfrac{u_x+\dfrac{\partial u_x}{\partial x}\mathrm{d}x+\mathrm{d}x-u_x-\mathrm{d}x}{\mathrm{d}x}=\dfrac{\partial u_x}{\partial x}\\[4mm]\varepsilon_y=\dfrac{a_1b_1-ab}{ab}=\dfrac{u_y+\dfrac{\partial u_y}{\partial y}\mathrm{d}y+\mathrm{d}y-u_y-\mathrm{d}y}{\mathrm{d}y}=\dfrac{\partial u_y}{\partial y}\end{cases}\qquad(2.3.12)$$

变形前的直角 bad 在变形过程中，棱边 ab 转动一个角度 α，棱边 ad 转动一个角度 β（图 2.3.9），在 xOy 平面内，角应变用 γ_{yx} 表示，其值为角 α 和角 β 之和，即

$$\gamma_{yx}=\alpha+\beta\qquad(2.3.13)$$

根据几何关系可以求得角 α 和角 β 为

$$\begin{cases} \alpha \approx \tan\alpha = \dfrac{u_x + \dfrac{\partial u_x}{\partial y}dy - u_x}{u_y + \dfrac{\partial u_y}{\partial y}dy + dy - u_y} = \dfrac{\dfrac{\partial u_x}{\partial y}}{\dfrac{\partial u_y}{\partial y}+1} = \dfrac{\partial u_x}{\partial y}\left(略去高阶量\dfrac{\partial u_y}{\partial y}\right) \\[6mm] \beta \approx \tan\beta = \dfrac{u_y + \dfrac{\partial u_y}{\partial x}dx - u_y}{u_x + \dfrac{\partial u_x}{\partial x}dx + dx - u_x} = \dfrac{\partial u_y}{\partial x} \end{cases} \tag{2.3.14}$$

所以

$$\gamma_{xy} = \frac{\partial u_x}{\partial y} + \frac{\partial u_y}{\partial x} \tag{2.3.15}$$

采用相同的方法，便可得到用位移表示应变的几何关系式为

$$\begin{cases} \varepsilon_x = \dfrac{\partial u_x}{\partial x}, & \varepsilon_{xy} = \dfrac{1}{2}\gamma_{xy} = \dfrac{1}{2}\left(\dfrac{\partial u_y}{\partial x}+\dfrac{\partial u_x}{\partial y}\right) \\[4mm] \varepsilon_y = \dfrac{\partial u_y}{\partial y}, & \varepsilon_{yz} = \dfrac{1}{2}\gamma_{yz} = \dfrac{1}{2}\left(\dfrac{\partial u_z}{\partial y}+\dfrac{\partial u_y}{\partial z}\right) \\[4mm] \varepsilon_z = \dfrac{\partial u_z}{\partial z}, & \varepsilon_{zx} = \dfrac{1}{2}\gamma_{zx} = \dfrac{1}{2}\left(\dfrac{\partial u_z}{\partial x}+\dfrac{\partial u_x}{\partial z}\right) \end{cases} \tag{2.3.16}$$

式（2.3.16）称为柯西（Cauchy）几何关系方程。

知识拓展： 奥古斯丁路易斯柯西（1789—1857）是法国数学家、物理学家、天文学家。他在单复变函数、分析基础、极限论的功能、常微分方程、弹性力学数学理论等方面均有突出贡献。他是弹性力学数学理论的奠基人，在1823年发表的《弹性体及流体（弹性或非弹性）平衡和运动的研究》一文中，提出弹性体平衡和运动的一般方程，给出应力和应变的严格定义，提出它们可分别用六个分量表示。柯西的至理名言就是"人总是要死的，但他们的功绩永存"。

利用类似的方法，可以导出在柱坐标系下的变形几何方程为

$$\begin{cases} \varepsilon_r = \dfrac{\partial u_r}{\partial r}, & \varepsilon_{r\theta} = \dfrac{1}{2}\gamma_{r\theta} = \dfrac{1}{2}\left(\dfrac{\partial u_\theta}{\partial r}+\dfrac{\partial u_r}{r\partial\theta}-\dfrac{u_\theta}{r}\right) \\[4mm] \varepsilon_\theta = \dfrac{u_r}{r}+\dfrac{\partial u_\theta}{r\partial\theta}, & \varepsilon_{\theta z} = \dfrac{1}{2}\gamma_\theta = \dfrac{1}{2}\left(\dfrac{\partial u_\theta}{\partial z}+\dfrac{\partial u_z}{r\partial\theta}\right) \\[4mm] \varepsilon_z = \dfrac{\partial u_z}{\partial z}, & \varepsilon_{zr} = \dfrac{1}{2}\gamma_{zr} = \dfrac{1}{2}\left(\dfrac{\partial u_z}{\partial r}+\dfrac{\partial u_r}{\partial z}\right) \end{cases} \tag{2.3.17}$$

式中，u_r、u_θ、u_z 分别表示一点位移在径向（r 方向）和周向（θ 方向）以及高度方向（z 方向）的分量（即投影）；而 ε_r、ε_θ、ε_z 则分别表示在 r 方向、θ 方向和 z 方向的正应变；

$\gamma_{r\theta}$、$\gamma_{\theta z}$、γ_{zr} 则表示剪应变。

在平面极坐标系的情况下，将有

$$\varepsilon_r = \frac{\partial u_r}{\partial r}, \varepsilon_\theta = \frac{1}{r}\frac{\partial u_\theta}{\partial \theta} + \frac{u_r}{r}, \varepsilon_{r\theta} = \frac{1}{2}\gamma_{r\theta} = \frac{1}{2}\left(\frac{\partial u_\theta}{\partial r} + \frac{1}{r}\frac{\partial u_r}{\partial \theta} - \frac{u_\theta}{r}\right) \qquad (2.3.18)$$

式（2.3.18）与直角坐标系中位移与应变之间的关系相比，其主要差别在于 ε_θ 和 $\gamma_{r\theta}$ 中各多出一项，下面将说明这两项的几何意义。

假定平面物体的半径为 r，圆周上的微圆弧段发生了相同的位移 u_r（图 2.3.10a），则变形后该微单元弧段的长度为 $(r+u_r)\,\mathrm{d}\theta$，而原始长度为 $r\mathrm{d}\theta$，所以相对伸长为

$$\varepsilon = \frac{(r+u_r)\,\mathrm{d}\theta - r\mathrm{d}\theta}{r\mathrm{d}\theta} = \frac{u_r}{r} \qquad (2.3.19)$$

由式（2.3.19）可知，在式（2.3.18）和式（2.3.19）中，$\frac{u_r}{r}$ 表示由于发生径向位移所引起的周向应变分量。由上可见，在轴对称问题中，即使周向对称，位移为 0，但径向位移依然引起周向应变变化，使得周向应变不为 0。

如果平面变形体某一微元线段 AB 发生了下列形式的位移，即在变形后线段上各点沿其周向移动了相同的距离 u_θ（图 2.3.10b），这样变形前与半径重合的直线段 AB，变形后移动到 CD 位置，不再与 C 点的半径方向 CE 相重合，而彼此的夹角为 $\frac{u_\theta}{r}$，于是微元线段 AB 变形后的 CD 与 C 点圆周切线（θ 坐标线正方向）夹角为 $\frac{\pi}{2} + \frac{u_\theta}{r}$，夹角比 $\frac{\pi}{2}$ 增大了 $\frac{u_\theta}{r}$，根据剪应变的定义，即发生了剪应变 $\gamma_{r\theta} = -\frac{u_\theta}{r}$。

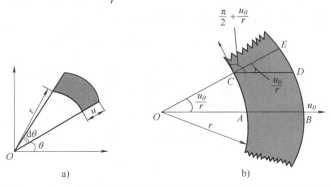

图 2.3.10 具有相同径向位移的微元弧和具有周向移动的圆弧

知识运用： 一变形体位移函数为：$u_x = (1+xy+0.5z) \times 10^{-2}$，$u_y = (0.5-0.5x+yz) \times 10^{-2}$，$u_z = (1-xyz) \times 10^{-2}$，变形体中，某点 A 在 x、y 和 z 方向上的坐标为（1，1，2），试求该变形 A 点的应变状态。（答案：$\varepsilon_{ij}^A = \begin{bmatrix} 0.01 & 0.0025 & -0.0075 \\ 0.0025 & 0.02 & -0.005 \\ -0.0075 & -0.005 & -0.01 \end{bmatrix}$。）

2.3.3 主应变

在研究一点的应力状态时，可以找到 3 个互相垂直的没有剪应力作用的平面，将这些面称为主平面，而这些主平面的法线方向称为主方向。同样，研究应变问题时，也可以找到 3 个互相垂直的平面，在这些平面上没有剪应变，这样的平面称为主应变平面，而这些平面的法线方向称为主应变方向，对应于主应变方向的正应变则称为主应变。

前已述知，由于位移函数 u_x 是 x、y、z 的连续函数，因此 $u_x+\mathrm{d}u_x$ 也将是 $(x+\mathrm{d}x)$、$(y+\mathrm{d}y)$、$(z+\mathrm{d}z)$ 的连续函数，即如果有 $u_x=f(x,y,z)$，则

$$u_x+\mathrm{d}u_x=f((x+\mathrm{d}x),(y+\mathrm{d}y),(z+\mathrm{d}z)) \tag{2.3.20}$$

对式（2.3.20）利用泰勒级数展开，将有

$$u_x+\mathrm{d}u_x=f(x,y,z)+\frac{\partial f}{\partial x}\mathrm{d}x+\frac{\partial f}{\partial y}\mathrm{d}y+\frac{\partial f}{\partial z}\mathrm{d}z+$$

$$\frac{1}{2!}\left[\frac{\partial^2 f}{\partial x^2}(\mathrm{d}x)^2+\frac{\partial^2 f}{\partial y^2}(\mathrm{d}y)^2+\frac{\partial^2 f}{\partial z^2}(\mathrm{d}z)^2+\frac{\partial^2 f}{\partial x\partial y}(\mathrm{d}x)(\mathrm{d}y)+\cdots\right]+\cdots+o^n \tag{2.3.21}$$

由于 $u_x=f(x,y,z)$ 是很小的量，因此高阶项都可以忽略掉，于是有

$$\begin{aligned}
\mathrm{d}u_x &=\frac{\partial u_x}{\partial x}\mathrm{d}x+\frac{\partial u_x}{\partial y}\mathrm{d}y+\frac{\partial u_x}{\partial z}\mathrm{d}z \\
&=\frac{\partial u_x}{\partial x}\mathrm{d}x+\frac{1}{2}\left(\frac{\partial u_x}{\partial y}+\frac{\partial u_y}{\partial x}\right)\mathrm{d}y+\frac{1}{2}\left(\frac{\partial u_x}{\partial z}+\frac{\partial u_z}{\partial x}\right)\mathrm{d}z+ \\
&\quad \frac{1}{2}\left(\frac{\partial u_x}{\partial y}-\frac{\partial u_y}{\partial x}\right)\mathrm{d}y+\frac{1}{2}\left(\frac{\partial u_x}{\partial z}-\frac{\partial u_z}{\partial x}\right)\mathrm{d}z
\end{aligned} \tag{2.3.22}$$

式（2.3.22）中后两项表示刚体转动，并不引起应变，故在计算应变时可以略去，这样，式（2.3.22）以及另外两个方向上的位移增量可写为

$$\begin{cases}
\mathrm{d}u_x=\varepsilon_x\mathrm{d}x+\varepsilon_{xy}\mathrm{d}y+\varepsilon_{xz}\mathrm{d}z \\
\mathrm{d}u_y=\varepsilon_{yx}\mathrm{d}x+\varepsilon_y\mathrm{d}y+\varepsilon_{yz}\mathrm{d}z \\
\mathrm{d}u_z=\varepsilon_{zx}\mathrm{d}x+\varepsilon_{zy}\mathrm{d}y+\varepsilon_z\mathrm{d}z
\end{cases} \tag{2.3.23}$$

如果用张量表示，则有

$$\mathrm{d}u_i=\varepsilon_{ij}\mathrm{d}j \quad (i,j=x,y,z) \tag{2.3.24}$$

> **知识拓展：** 1712 年，英国数学家泰勒（B. Taylor，1685—1731）在给他的老师梅钦（J. Machin，1680—1751）的一封信中给出了著名的泰勒展开定理。1772 年，拉格朗日强调了泰勒定理在微分学中的重要性。19 世纪 20 年代，柯西在考虑级数收敛性条件下完成泰勒定理的证明。泰勒级数展开定理将一些复杂的函数近似表示为简单的多项式函数，这种化繁为简的功能，使得它成为分析和研究许多自然科学问题的有力工具。

假设有一线单元 r 垂直于主平面 123（图 2.3.11），设定该线单元增加了一个长度 dr，但其方向不变，此时 r 和 dr 在 Ox、Oy、Oz 方向的投影是成比例的，应变表达式为

$$\varepsilon = \frac{dr}{r} = \frac{du_x}{dx} = \frac{du_y}{dy} = \frac{du_z}{dz} \qquad (2.3.25)$$

因此，可得

$$du_x = \varepsilon dx, du_y = \varepsilon dy, du_z = \varepsilon dz \qquad (2.3.26)$$

将式（2.3.23）代入式（2.3.26）后，则可得

$$\begin{cases} du_x = \varepsilon dx = \varepsilon_x dx + \varepsilon_{xy} dy + \varepsilon_{xz} dz \\ du_y = \varepsilon dy = \varepsilon_{yx} dx + \varepsilon_y dy + \varepsilon_{yz} dz \\ du_z = \varepsilon dz = \varepsilon_{zx} dx + \varepsilon_{zy} dy + \varepsilon_z dz \end{cases} \qquad (2.3.27)$$

图 2.3.11　垂直于主平面的线单元

经变化可得

$$\begin{cases} (\varepsilon_x - \varepsilon) dx + \varepsilon_{xy} dy + \varepsilon_{xz} dz = 0 \\ \varepsilon_{yx} dx + (\varepsilon_y - \varepsilon) dy + \varepsilon_{yz} dz = 0 \\ \varepsilon_{zx} dx + \varepsilon_{zy} dy + (\varepsilon_z - \varepsilon) dz = 0 \end{cases} \qquad (2.3.28)$$

发生变形时，微元增量 dx、dy、dz 不能同时为 0，所以式（2.3.28）的系数行列式应为零，则此式将具有非零解，此时

$$\begin{vmatrix} \varepsilon_x - \varepsilon & \varepsilon_{xy} & \varepsilon_{xz} \\ \varepsilon_{yx} & \varepsilon_y - \varepsilon & \varepsilon_{yz} \\ \varepsilon_{zx} & \varepsilon_{zy} & \varepsilon_z - \varepsilon \end{vmatrix} = 0 \qquad (2.3.29)$$

将此行列式展开后，则可得到与应力特征方程相同表达式的应变特征方程为

$$\varepsilon^3 - J_1 \varepsilon^2 - J_2 \varepsilon - J_3 = 0 \qquad (2.3.30)$$

式中，J_1、J_2、J_3 为应变张量第一、第二、第三不变量，相应可写为

$$\begin{cases} J_1 = \varepsilon_x + \varepsilon_y + \varepsilon_z \\ J_2 = -(\varepsilon_x \varepsilon_y + \varepsilon_y \varepsilon_z + \varepsilon_z \varepsilon_x) + \varepsilon_{xy}^2 + \varepsilon_{yz}^2 + \varepsilon_{zx}^2 \\ J_3 = \varepsilon_x \varepsilon_y \varepsilon_z + 2\varepsilon_{xy} \varepsilon_{yz} \varepsilon_{zx} - (\varepsilon_x \varepsilon_{yz}^2 + \varepsilon_y \varepsilon_{zx}^2 + \varepsilon_z \varepsilon_{xy}^2) \end{cases} \qquad (2.3.31)$$

如果方程式（2.3.30）的根是 3 个主应变，而 123 是主平面，此时则有

$$(\varepsilon - \varepsilon_1)(\varepsilon - \varepsilon_2)(\varepsilon - \varepsilon_3) = 0 \qquad (2.3.32)$$

式（2.3.32）中，ε_1、ε_2、ε_3 为主应变，以主应变表示的应变张量不变量为

$$\begin{cases} J_1 = \varepsilon_1 + \varepsilon_2 + \varepsilon_3 \\ J_2 = -(\varepsilon_1 \varepsilon_2 + \varepsilon_2 \varepsilon_3 + \varepsilon_3 \varepsilon_1) \\ J_3 = \varepsilon_1 \varepsilon_2 \varepsilon_3 \end{cases} \qquad (2.3.33)$$

需要注意，式中用 γ 代替理论剪应变时，则应考虑二倍关系，此时应变张量不变量式（2.3.31）描述为

$$\begin{cases} J_1 = \varepsilon_x + \varepsilon_y + \varepsilon_z \\ J_2 = -(\varepsilon_x \varepsilon_y + \varepsilon_y \varepsilon_z + \varepsilon_z \varepsilon_x) + \frac{1}{4}(\gamma_{xy}^2 + \gamma_{yz}^2 + \gamma_{zx}^2) \\ J_3 = \varepsilon_x \varepsilon_y \varepsilon_z + \frac{1}{4}\gamma_{xy}\gamma_{yz}\gamma_{zx} - \frac{1}{4}(\varepsilon_x \gamma_{yz}^2 + \varepsilon_y \gamma_{zx}^2 + \varepsilon_z \gamma_{xy}^2) \end{cases} \tag{2.3.34}$$

知识运用： 已知一变形体中某点在 x 和 y 方向上的坐标为（1，1），而该变形体的位移函数为：$u_x = (3x^2 + 4y) \times 10^{-2}$，$u_y = (2xy+1) \times 10^{-2}$，试求该点在 xOy 面内的主应变。（答案：$\varepsilon_1 = 0.076$，$\varepsilon_2 = 0.004$。）

2.3.4 应变张量分解及相关参量

与应力张量相似，应变张量也可以分解为两部分，即与体积变化成正比的球应变张量以及表示物体形状变化的偏应变张量。球形应变张量计算式为

$$\varepsilon_m \delta_{ij} = \begin{bmatrix} \varepsilon_m & 0 & 0 \\ 0 & \varepsilon_m & 0 \\ 0 & 0 & \varepsilon_m \end{bmatrix} \tag{2.3.35}$$

式中，$\varepsilon_m = \varepsilon_0 = \frac{1}{3}(\varepsilon_1 + \varepsilon_2 + \varepsilon_3)$ 为平均应变；δ_{ij} 为克罗内克符号。

偏应变张量则为

$$\varepsilon_{ij}' = \begin{bmatrix} \varepsilon_x - \varepsilon_m & \frac{1}{2}\gamma_{yx} & \frac{1}{2}\gamma_{zx} \\ \frac{1}{2}\gamma_{xy} & \varepsilon_y - \varepsilon_m & \frac{1}{2}\gamma_{zy} \\ \frac{1}{2}\gamma_{xz} & \frac{1}{2}\gamma_{yz} & \varepsilon_z - \varepsilon_m \end{bmatrix} = \begin{bmatrix} \dfrac{2\varepsilon_x - \varepsilon_y - \varepsilon_z}{3} & \frac{1}{2}\gamma_{yx} & \frac{1}{2}\gamma_{zx} \\ \frac{1}{2}\gamma_{xy} & \dfrac{2\varepsilon_y - \varepsilon_x - \varepsilon_z}{3} & \frac{1}{2}\gamma_{zy} \\ \frac{1}{2}\gamma_{xz} & \frac{1}{2}\gamma_{yz} & \dfrac{2\varepsilon_z - \varepsilon_x - \varepsilon_y}{3} \end{bmatrix} \tag{2.3.36}$$

用主应变表示偏应变张量时，则有

$$\varepsilon_{ij}' = \begin{bmatrix} \dfrac{2\varepsilon_1 - \varepsilon_2 - \varepsilon_3}{3} & 0 & 0 \\ 0 & \dfrac{2\varepsilon_2 - \varepsilon_1 - \varepsilon_3}{3} & 0 \\ 0 & 0 & \dfrac{2\varepsilon_3 - \varepsilon_1 - \varepsilon_2}{3} \end{bmatrix} \tag{2.3.37}$$

考虑塑性变形时，经常采用体积不变的假设，这时球应变张量为零，偏应变张量等于应变张量，即应变张量与应变偏量的分量相等，进一步简化了工程问题分析。

参照应力张量和应力偏张量表示方法，令 $|\varepsilon_{ij}'| = 0$，则可得到应变偏张量三个不变量，表达式为

$$\begin{cases} J'_1 = \varepsilon_x - \varepsilon_m + \varepsilon_y - \varepsilon_m + \varepsilon_z - \varepsilon_m = 0 \\ J'_2 = \begin{vmatrix} \varepsilon_x - \varepsilon_m & \varepsilon_{yx} \\ \varepsilon_{xy} & \varepsilon_y - \varepsilon_m \end{vmatrix} + \begin{vmatrix} \varepsilon_y - \varepsilon_m & \varepsilon_{zy} \\ \varepsilon_{yz} & \varepsilon_z - \varepsilon_m \end{vmatrix} + \begin{vmatrix} \varepsilon_z - \varepsilon_m & \varepsilon_{zx} \\ \varepsilon_{xz} & \varepsilon_x - \varepsilon_m \end{vmatrix} \\ J'_3 = \begin{vmatrix} \varepsilon_x - \varepsilon_m & \varepsilon_{yx} & \varepsilon_{zx} \\ \varepsilon_{xy} & \varepsilon_y - \varepsilon_m & \varepsilon_{zy} \\ \varepsilon_{xz} & \varepsilon_{yz} & \varepsilon_z - \varepsilon_m \end{vmatrix} \end{cases} \tag{2.3.38}$$

在主应变坐标系下，式（2.3.38）可简化为

$$\begin{cases} J'_1 = 0 \\ J'_2 = \dfrac{1}{6} [(\varepsilon_1 - \varepsilon_2)^2 + (\varepsilon_2 - \varepsilon_3)^2 + (\varepsilon_3 - \varepsilon_1)^2] \\ J'_3 = (\varepsilon_1 - \varepsilon_m)(\varepsilon_2 - \varepsilon_m)(\varepsilon_3 - \varepsilon_m) \end{cases} \tag{2.3.39}$$

式中，J'_1 为应变偏张量第一不变量，值恒等于 0；J'_2 为应力偏张量第二不变量，与等效应变有关（参见第 4 章）；J'_3 为应变偏张量第三不变量，在理想塑性条件下与变形类型有关，$J'_3 = 0$ 表示平面变形，$J'_3 > 0$ 表示广义拉伸，$J'_3 < 0$ 表示广义压缩。

与主应力一样，主剪应变为

$$\begin{cases} \gamma_1 = \pm(\varepsilon_2 - \varepsilon_3) \\ \gamma_2 = \pm(\varepsilon_3 - \varepsilon_1) \\ \gamma_3 = \pm(\varepsilon_1 - \varepsilon_2) \end{cases}$$

如果 $\varepsilon_1 > \varepsilon_2 > \varepsilon_3$，则最大剪应变为

$$\gamma_{max} = \varepsilon_1 - \varepsilon_3 \tag{2.3.40}$$

由式（2.3.40）可见，最大剪应变等于最大主应变与最小主应变之差。

八面体应变是在与 3 个应变主轴方向具有相同倾角平面上的正应变和剪应变，八面体正应变为

$$\varepsilon_8 = \varepsilon_m = \frac{\varepsilon_1 + \varepsilon_2 + \varepsilon_3}{3} \tag{2.3.41}$$

塑性变形过程中，由于体积不可压缩，所以八面体正应变恒为 0。

八面体剪应变用 γ_8 表示，有

$$\gamma_8 = \frac{2}{3}\sqrt{(\varepsilon_1 - \varepsilon_2)^2 + (\varepsilon_2 - \varepsilon_3)^2 + (\varepsilon_3 - \varepsilon_1)^2} \tag{2.3.42}$$

主应变坐标轴中，八面体上的剪应变也可用应变不变量来表示，即

$$\gamma_8 = \frac{2\sqrt{2}}{3}(J'^2_1 + 3J_2)^{\frac{1}{2}} \tag{2.3.43}$$

由此可见，正八面体剪应变 γ_8 也是个不变量。

> **知识拓展：** 诺贝尔物理学奖获得者布里奇曼（Bridgman，1882—1961）利用发明的超高压装置开展高压物理学实验过程中，基于金属材料静水压力实验中的体积应变与静水压力关系，证实了金属材料在塑性变形阶段体积保持不变。金属材料在塑性变形过程中，由于弹塑性共存，变形体在受载变形且未卸载的情况下，体积是有一定变化的，但弹性变形引起的体积变化会因卸载后弹性变形的复原而消失，而实验表明金属塑性变形过程中密度的变化极小，冷加工成形工件只有 $\pm(0.1\% \sim 0.2\%)$，可忽略不计。

2.3.5　体积不变条件及主应变图

前已提及塑性变形过程中体积基本不发生变化，即塑性变形体积不可压缩（体积不变）。假设某一微元体变形前边长为 $\mathrm{d}x$、$\mathrm{d}y$、$\mathrm{d}z$，初始体积 $V_0 = \mathrm{d}x\mathrm{d}y\mathrm{d}z$，当发生微小变形时，剪应变引起的边长变化和体积变化可作为高阶微量，忽略不计，三个方向上的正应变量分别为 ε_x、ε_y、ε_z，如图 2.3.12 所示。

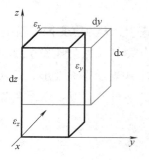

图 2.3.12　微元体塑性变形示意图

那么根据应变定义，变形后的体积为

$$V_1 = (1+\varepsilon_x)\mathrm{d}x(1+\varepsilon_y)\mathrm{d}y(1+\varepsilon_z)\mathrm{d}z \qquad (2.3.44)$$

展开后略去高阶量，式（2.3.44）简化为

$$V_1 = (1+\varepsilon_x+\varepsilon_y+\varepsilon_z)\mathrm{d}x\mathrm{d}y\mathrm{d}z \qquad (2.3.45)$$

体积变化量为

$$\varepsilon_V = \frac{V_1 - V_0}{V_0} = \varepsilon_x+\varepsilon_y+\varepsilon_z = 0 \qquad (2.3.46)$$

所以塑性变形体积不变条件为

$$\varepsilon_x+\varepsilon_y+\varepsilon_z = 0 \qquad (2.3.47)$$

或

$$\varepsilon_1+\varepsilon_2+\varepsilon_3 = 0 \qquad (2.3.48)$$

由塑性变形体积不变条件关系式（2.3.47）和式（2.3.48）可以看出，塑性变形时，3 个应变分量不可能同号，且 3 个应变之和等于 0。依据塑性变形体积不变条件可知，应变张量第一不变量恒为 0。

根据塑性变形体积不变条件可以确定主变形图或主应变图与主偏差应力图相同，只有三种可能，如图 2.3.13 所示。第一类为两向压缩、一向伸长（图 2.3.13a），如挤压和拉拔过程；第二类为一向压缩、两向伸长（图 2.3.13b），如轧制和自由锻过程；第三类为一向压缩、一向伸长（图 2.3.13c），如宽板、带材轧制或宽板挤压、拉拔过程。

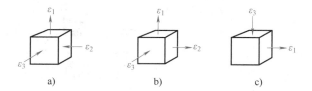

图 2.3.13　塑性变形主应变图

知识运用：对于给定的应变张量表示为 $\boldsymbol{\varepsilon}_{ij} = \begin{bmatrix} -0.005 & -0.004 & 0 \\ -0.004 & 0.001 & 0 \\ 0 & 0 & 0.001 \end{bmatrix}$，试求：①偏应变张量 $\boldsymbol{\varepsilon}'_{ij}$ 和球应变张量 $\boldsymbol{\varepsilon}_{m}\delta_{ij}$；②主应变 ε_1、ε_2、ε_3 及最大剪应变 γ_{max}；③单位体积变化 ε_V 及变形类型。（答案：$\varepsilon_{m} = -0.001$，$\boldsymbol{\varepsilon}_{ij} = \boldsymbol{\varepsilon}'_{ij} + \delta_{ij}\boldsymbol{\varepsilon}_{m}$；$\varepsilon_1 = 0.003$，$\varepsilon_2 = 0.001$，$\varepsilon_3 = -0.007$，$\gamma_{max} = 0.01$；$\varepsilon_V = -0.003 \neq 0$，为弹性变形。）

2.4　应变速率及平均应变速率

应变速率是应变对时间的导数或者单位时间内应变的改变量，又称为应变速度。一般情况下，作用于某一物体上相同大小的静力和冲击力对物体产生的效果并不相同，和力的效应一样，对于相同的塑性变形过程，物体变形速度的快慢不仅对材料的硬化有影响，且对变形体组织和性能也有直接影响，因此，在金属变形过程中，考虑变形时间效应的质点变形速度也是分析和优化塑性变形过程的重要参数。由于应变与位移有直接关系，故应变速率与位移速度有关。

2.4.1　应变速率

根据应变速率定义，应变速率可表示为

$$\dot{\varepsilon} = \frac{\mathrm{d}\varepsilon}{\mathrm{d}t} \tag{2.4.1}$$

由 $\varepsilon_x = \dfrac{\partial u_x}{\partial x}$，可得

$$\dot{\varepsilon}_x = \frac{\mathrm{d}\varepsilon_x}{\mathrm{d}t} = \frac{\mathrm{d}\left(\dfrac{\partial u_x}{\partial x}\right)}{\mathrm{d}t} = \frac{\partial\left(\dfrac{\mathrm{d}u_x}{\mathrm{d}t}\right)}{\partial x} = \frac{\partial v_x}{\partial x} \tag{2.4.2}$$

于是利用应变与位移关系的几何方程，可得应变速率表达式为

$$\begin{cases} \dot{\varepsilon}_x = \dfrac{\partial v_x}{\partial x}, \dot{\varepsilon}_{xy} = \dfrac{1}{2}\dot{\gamma}_{xy} = \dfrac{1}{2}\left(\dfrac{\partial v_x}{\partial y}+\dfrac{\partial v_y}{\partial x}\right) \\[3mm] \dot{\varepsilon}_y = \dfrac{\partial v_y}{\partial x}, \dot{\varepsilon}_{yz} = \dfrac{1}{2}\dot{\gamma}_{yz} = \dfrac{1}{2}\left(\dfrac{\partial v_y}{\partial z}+\dfrac{\partial v_z}{\partial y}\right) \\[3mm] \dot{\varepsilon}_z = \dfrac{\partial v_z}{\partial x}, \dot{\varepsilon}_{zx} = \dfrac{1}{2}\dot{\gamma}_{zx} = \dfrac{1}{2}\left(\dfrac{\partial v_z}{\partial x}+\dfrac{\partial v_x}{\partial z}\right) \end{cases} \tag{2.4.3}$$

写成张量形式，某点处无刚性转动和平移的应变速率张量表达式为

$$\dot{\varepsilon}_{ij} = \begin{bmatrix} \dot{\varepsilon}_x & \dot{\varepsilon}_{yx} & \dot{\varepsilon}_{zx} \\ \dot{\varepsilon}_{xy} & \dot{\varepsilon}_y & \dot{\varepsilon}_{zy} \\ \dot{\varepsilon}_{xz} & \dot{\varepsilon}_{yz} & \dot{\varepsilon}_z \end{bmatrix} \tag{2.4.4}$$

2.4.2 平均应变速率

对于一般塑性变形，根据体积不可压缩条件，各个方向均有变形，为方便起见，通常用最大主要变形方向的应变速率来表示该变形过程的应变速率。图2.4.1所示为矩形件压缩过程中变形体形状、尺寸变化，假设任意时刻试样高度为 h_z，长度为 l_y，宽度为 w_x，此时主要变形方向是高度方向，因此用高向应变速率表示应变速率，即

$$\dot{\varepsilon} = \frac{\mathrm{d}\varepsilon}{\mathrm{d}t} = \frac{\mathrm{d}h_z}{\mathrm{d}z}\bigg/\mathrm{d}t = \frac{1}{h_z}\frac{\mathrm{d}h_z}{\mathrm{d}t} = \frac{v_z}{h_z} \tag{2.4.5}$$

由上可见，应变速率不仅和工具瞬间移动速度有关，还与工件瞬时尺寸（h_z）有关，因此应变速率或变形速度不能简单等同于工具移动速度。

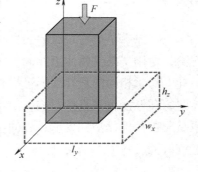

图 2.4.1 矩形件压缩过程

实际生产中，基于位移函数或速度函数，研究各种塑性加工过程中的应变速率对组织性能的影响相对比较困难，因此通常需求出平均应变速率 $\bar{\dot{\varepsilon}}$ 进行等效分析。下面介绍常见的锻压（压缩）、拉伸、板材轧制等几种简单塑性加工工艺的平均应变速率计算公式。

1. 锻压

锻压过程主变形方向平均应变速率表达式为

$$\dot{\varepsilon} = \frac{\bar{v}_y}{\bar{h}} = \frac{\bar{v}_y}{\dfrac{H+h}{2}} = \frac{2\bar{v}_y}{H+h} \tag{2.4.6}$$

或用真实应变表示为

$$\bar{\dot{\varepsilon}} = \frac{\varepsilon}{t} = \frac{\ln\dfrac{H}{h}}{\dfrac{H-h}{\bar{v}_y}} \tag{2.4.7}$$

式中，$\bar{v}_y$ 为工具平均压下速度。如果压下速度是变化的，可由厚度变化和时间关系式 $\bar{v}_y = \dfrac{H-h}{t}$ 计算出平均速度。

知识运用：已知某工件压缩前后厚度分别为 $H = 10\text{mm}$、$h = 8\text{mm}$，压下速度为 90mm/s。求平均应变速率。（答案：10s^{-1}。）

2. 拉伸

假设拉伸前后试样长度尺寸分别为 l_0 和 l_1，则其平均应变速率用真实应变表示的计算公式为

$$\bar{\dot{\varepsilon}} = \frac{\varepsilon}{t} = \frac{\ln \dfrac{l_1}{l_0}}{\dfrac{l_1-l_0}{\bar{v}_y}} = \left(\frac{\bar{v}_y}{l_1-l_0}\right)\ln\frac{l_1}{l_0} \tag{2.4.8}$$

3. 板材轧制

如图 2.4.2 所示，假设接触弧中点压下速度等于平均压下速度 $\bar{v}_y$，即由图 2.4.2a 和 $\sin\dfrac{\alpha}{2} \approx \dfrac{\alpha}{2}$ 可得，$\bar{v}_y = 2v\sin\dfrac{\alpha}{2} = v\alpha$，则平均应变速率为

$$\bar{\dot{\varepsilon}} = \frac{\bar{v}_y}{h} = \frac{2v\alpha}{H+h} \tag{2.4.9}$$

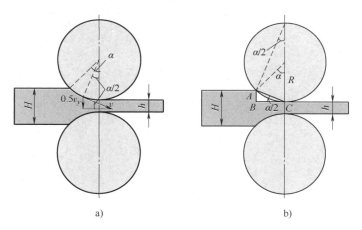

图 2.4.2　轧制过程示意图

又由图 2.4.2b 可知，$AB = (H-h)/2$，$AC \approx R\alpha$，$\sin\dfrac{\alpha}{2} \approx \dfrac{\alpha}{2}$，故

$$R\alpha\sin\frac{\alpha}{2} = \frac{H-h}{2} \Rightarrow \alpha = \sqrt{\frac{H-h}{R}} \tag{2.4.10}$$

将式（2.4.10）代入式（2.4.9），板材轧制过程平均应变速率为

$$\bar{\dot{\varepsilon}} = \frac{\bar{v}_y}{\bar{h}} = \frac{2v\sqrt{\dfrac{H-h}{R}}}{H+h} \tag{2.4.11}$$

这便是著名的艾克隆多公式。

知识运用：已知板带轧制时轧制前后的轧件厚度分别为 $H=8\text{mm}$，$h=6\text{mm}$，工作辊线速度为 1000mm/s，工作辊半径 R 为 200mm，试求该轧制条件下板带轧制过程的平均应变速率。（答案：14.3s^{-1}。）

第 3 章

平衡微分方程与边界条件

 知识速递

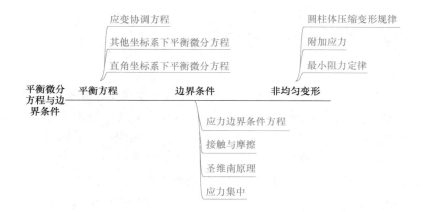

3.1 平衡微分方程及应变协调方程

研究金属塑性加工过程中变形体内各部分应力和变形规律，首先应清楚质点的应力状态、应变状态及各部分质点流动的关联情况。一般情况下，变形体在外力的作用下，内部各质点产生的应力状态和变形规律不一样，且各点间应力状态变化也不是随意的，变形体内各点的应力分量必须满足静力平衡关系，即力的平衡方程。所以说，力的平衡方程和应变协调方程是研究和确定变形体内应力分布和变形规律的重要依据。不同的变形过程具有不同的几何特点，有的适用于直角坐标系（如矩形件压缩），有的适用于柱坐标系或球坐标系（如回转体的镦粗、挤压、拉拔等）。

3.1.1 平衡微分方程

首先研究相邻两点的平衡问题，将物体置于直角坐标系中，物体内部各点的应力分量是坐标的连续函数。假设过物体内部任一点的正应力和剪应力函数为 $\sigma_x(x, y, z)$、$\tau_{xy}(x, y, z)$ 和 $\tau_{xz}(x, y, z)$，如图 3.1.1 所示。

如果点 $P(x, y, z)$ 与 x 轴方向相关的应力为 σ_x、τ_{xy}、τ_{xz}，那么，根据函数连续性点 $P_1(x+\mathrm{d}x, y+\mathrm{d}y, z+\mathrm{d}z)$ 与 x 轴方向相关的应力为

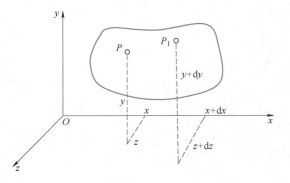

图 3.1.1　相邻两点应力平衡示意图

$$\begin{cases} \sigma_x^1 = \sigma_x + \dfrac{\partial \sigma_x}{\partial x}\mathrm{d}x \\[3mm] \tau_{xy}^1 = \tau_{xy} + \dfrac{\partial \tau_{xy}}{\partial x}\mathrm{d}x \\[3mm] \tau_{xz}^1 = \tau_{xz} + \dfrac{\partial \tau_{xz}}{\partial x}\mathrm{d}x \end{cases} \tag{3.1.1}$$

1. 直角坐标系下平衡微分方程

参照上述思想，将相邻两点的应力分布情况取一个平面应力微元体板来研究平面应力状态下力的平衡问题。将平面应力板置于直角坐标系中，物体内部各点的应力分量是坐标的连续函数，平面应力微元体板的单位体积力为 K_x 和 K_y，板厚为 t，应力分量沿坐标系方向设置增量，如图 3.1.2 所示。

塑性力学的平衡关系仍属于经典力学体系，经典力学体系的平衡理论主要基于牛顿三定律。根据力的平衡，$\sum F_x = 0$，可得

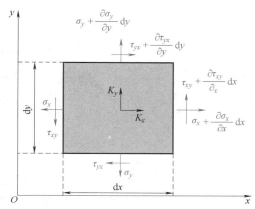

图 3.1.2　直角坐标系下平面应力
微元体板静力平衡示意图

$$\sigma_x t \mathrm{d}y + \tau_{yx}\mathrm{d}xt = \left(\sigma_x + \dfrac{\partial \sigma_x}{\partial x}\mathrm{d}x\right)t\mathrm{d}y + \left(\tau_{yx} + \dfrac{\partial \tau_{yx}}{\partial y}\mathrm{d}y\right)\mathrm{d}xt + K_x t\mathrm{d}x\mathrm{d}y \tag{3.1.2}$$

对式（3.1.2）化简后可得

$$\frac{\partial \sigma_x}{\partial x} + \frac{\partial \tau_{yx}}{\partial y} + K_x = 0 \tag{3.1.3}$$

惯性力与物体质量及加速度有关，如果考虑惯性力，则平面条件下平衡微分方程表示为

$$\frac{\partial \sigma_x}{\partial x} + \frac{\partial \tau_{yx}}{\partial y} + K_x = \rho \frac{\partial^2 u_x}{\partial t^2} \tag{3.1.4}$$

通常，材料塑性加工中，体积力（惯性力和重力）远小于所需的变形力，所以在力平衡方程中可将体积力忽略（对于高速材料加工工艺，不应忽略惯性力）。如果忽略体积力，则平面条件下力的平衡方程式（3.1.4）可以表述为

$$\begin{cases} \dfrac{\partial \sigma_x}{\partial x} + \dfrac{\partial \tau_{yx}}{\partial y} = 0 \\[3mm] \dfrac{\partial \tau_{yx}}{\partial x} + \dfrac{\partial \sigma_y}{\partial y} = 0 \end{cases} \tag{3.1.5}$$

采用相同的方法，从变形体内取出微元六面体，其侧面平行于相应的坐标面，利用式（3.1.1）可写出微元体各侧面上的应力分量及增量，如图 3.1.3 所示。

如果变形处于平衡状态，则从中取出的微元体也处于平衡状态，微元体在坐标轴方向上和转矩上应满足静力平衡方程

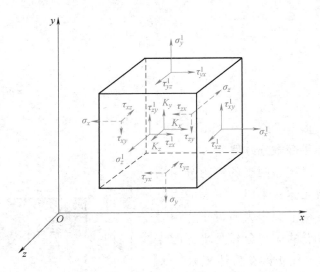

图 3.1.3　直角坐标系下三维静力平衡示意图

$$\begin{cases} \sum F_x = 0, \ \sum F_y = 0, \ \sum F_z = 0 \\ \sum M_x = 0, \ \sum M_y = 0, \ \sum M_z = 0 \end{cases} \tag{3.1.6}$$

依据 x 方向的平衡条件 $\sum F_x = 0$，可得

$$\left(\sigma_x + \frac{\partial \sigma_x}{\partial x} \mathrm{d}x \right) \mathrm{d}y\mathrm{d}z - \sigma_x \mathrm{d}y\mathrm{d}z + \left(\tau_{yx} + \frac{\partial \tau_{yx}}{\partial y} \mathrm{d}y \right) \mathrm{d}x\mathrm{d}z - \tau_{yx} \mathrm{d}x\mathrm{d}z +$$
$$\left(\tau_{zx} + \frac{\partial \tau_{zx}}{\partial z} \mathrm{d}z \right) \mathrm{d}x\mathrm{d}y - \tau_{zx} \mathrm{d}x\mathrm{d}y + K_x \mathrm{d}x\mathrm{d}y = 0 \tag{3.1.7}$$

对式（3.1.7）进行化简，可得

$$\frac{\partial \sigma_x}{\partial x} + \frac{\partial \tau_{yx}}{\partial y} + \frac{\partial \tau_{zx}}{\partial z} + K_x = 0 \tag{3.1.8}$$

采用同样的方法，由 $\sum F_y = 0$ 和 $\sum F_z = 0$ 可得

$$\begin{cases} \dfrac{\partial \tau_{xy}}{\partial x} + \dfrac{\partial \sigma_y}{\partial y} + \dfrac{\partial \tau_{zy}}{\partial z} + K_y = 0 \\[3mm] \dfrac{\partial \tau_{xz}}{\partial x} + \dfrac{\partial \tau_{yz}}{\partial y} + \dfrac{\partial \sigma_z}{\partial z} + K_z = 0 \end{cases} \tag{3.1.9}$$

如果忽略体积力，则依据式（3.1.8）和式（3.1.9）可得直角坐标系中三维条件下力的平衡微分方程为

$$\begin{cases} \dfrac{\partial \sigma_x}{\partial x} + \dfrac{\partial \tau_{yx}}{\partial y} + \dfrac{\partial \tau_{zx}}{\partial z} = 0 \\[3mm] \dfrac{\partial \tau_{xy}}{\partial x} + \dfrac{\partial \sigma_y}{\partial y} + \dfrac{\partial \tau_{zy}}{\partial z} = 0 \\[3mm] \dfrac{\partial \tau_{xz}}{\partial x} + \dfrac{\partial \tau_{yz}}{\partial y} + \dfrac{\partial \sigma_z}{\partial z} = 0 \end{cases} \tag{3.1.10}$$

对式（3.1.10）用张量符号可以简化为

$$\frac{\partial \sigma_{ij}}{\partial j} = 0 \qquad (3.1.11)$$

平衡微分方程式（3.1.10）反映了变形体内描述质点应力状态的应力张量中正应力与剪应力的内在联系和平衡关系，可分析和求解变形区的应力分布。

依据力矩平衡条件，$\sum M_x = 0$。为方便计算，以过微元体中心的轴线 MN 为转轴，如图 3.1.4 所示。此时只有四个面上的剪应力分量对此轴有力矩作用，于是可得

$$\left(\tau_{zy} + \frac{\partial \tau_{zy}}{\partial z}\mathrm{d}z\right)\mathrm{d}x\mathrm{d}y\,\frac{\mathrm{d}z}{2} + \tau_{zy}\mathrm{d}x\mathrm{d}y\,\frac{\mathrm{d}z}{2} - \left(\tau_{yz} + \frac{\partial \tau_{yz}}{\partial y}\mathrm{d}y\right)\mathrm{d}x\mathrm{d}z\,\frac{\mathrm{d}y}{2} - \tau_{yz}\mathrm{d}x\mathrm{d}z\,\frac{\mathrm{d}y}{2} = 0 \qquad (3.1.12)$$

对式（3.1.12）进行化简，并略去四阶无穷小量后可得 $\tau_{yz} = \tau_{zy}$。同理，取 $\sum M_y = 0$ 和 $\sum M_z = 0$ 可得 $\tau_{xy} = \tau_{yx}$、$\tau_{zx} = \tau_{xz}$。所以两个相互垂直的微平面上的剪应力，大小相等，正负号相同，这便是剪应力互等定理。

知识运用：已知应力分量 $\sigma_x = -Qxy^2 + c_1 x^3$，$\sigma_y = -\frac{3}{2}c_2 xy^2$，$\tau_{xy} = -c_2 y^3 - c_3 x^2 y$，其他应力分量为零，试求系数 c_1、c_2、c_3。（答案：$c_1 = \frac{Q}{6}$，$c_2 = -\frac{Q}{3}$，$c_3 = \frac{Q}{2}$。）

2. 极坐标系下平衡微分方程

当所分析的变形体是圆形、环形、扇形和楔形时，平面问题的力平衡方程用极坐标来表示更为方便。在变形体内取一微元体 $abcd$，如图 3.1.5 所示，该微元体是由两个圆柱面和两个径向平面截割而得，中心角为 $\mathrm{d}\theta$，内半径为 r，外半径为 $r + \mathrm{d}r$，各边的长度分别是 $ab = cd = \mathrm{d}r$，$bc = (r + \mathrm{d}r)\mathrm{d}\theta$，$ad = r\mathrm{d}\theta$。图中各应力下标是相对于过 $abcd$ 中心的径向轴线 r 和切向轴线 θ 写出的，其意义和在直角坐标系中的 x 和 y 相当，θ 轴的正向由 $\mathrm{d}\theta$ 规定的正向决定。根据剪应力互等定理，可得 $\tau_{r\theta} = \tau_{\theta r}$。

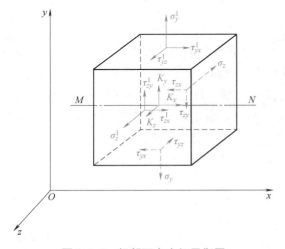

图 3.1.4　相邻两点力矩平衡图

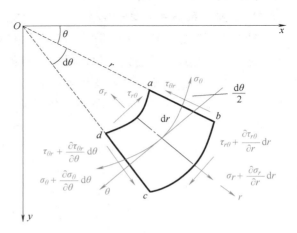

图 3.1.5　极坐标系下平衡时的应力图

将极坐标系下微元体各侧面上的力分别投影到径向轴线 r 和切向轴线 θ 上，忽略体积

力，依据 $\sum F_r = 0$ 可得

$$\left(\sigma_r + \frac{\partial \sigma_r}{\partial r}dr\right)(r+dr)d\theta - \sigma_r r d\theta - \left(\sigma_\theta + \frac{\partial \sigma_\theta}{\partial \theta}d\theta\right)dr\sin\left(\frac{d\theta}{2}\right) - \sigma_\theta dr\sin\left(\frac{d\theta}{2}\right) +$$

$$\left(\tau_{\theta r} + \frac{\partial \tau_{\theta r}}{\partial \theta}d\theta\right)dr\cos\left(\frac{d\theta}{2}\right) - \tau_{\theta r}dr\left(\cos\frac{d\theta}{2}\right) = 0 \tag{3.1.13}$$

由于 $d\theta$ 是微小量，故取 $\sin(d\theta/2) \approx d\theta/2$、$\cos(d\theta/2) \approx 1$，将式（3.1.13）化简，并略去高阶量后为

$$\frac{\partial \sigma_r}{\partial r} + \frac{1}{r}\frac{\partial \tau_{\theta r}}{\partial \theta} + \frac{\sigma_r - \sigma_\theta}{r} = 0 \tag{3.1.14}$$

同理，依据 $\sum F_\theta = 0$，可得

$$\left(\sigma_\theta + \frac{\partial \sigma_\theta}{\partial \theta}d\theta\right)dr\cos\left(\frac{d\theta}{2}\right) - \sigma_\theta dr\cos\left(\frac{d\theta}{2}\right) + \left(\tau_{\theta r} + \frac{\partial \tau_{\theta r}}{\partial \theta}d\theta\right)dr\sin\left(\frac{d\theta}{2}\right) +$$

$$\tau_{\theta r}dr\sin\left(\frac{d\theta}{2}\right) + \left(\tau_{r\theta} + \frac{\partial \tau_{r\theta}}{\partial r}dr\right)(r+dr)d\theta - \tau_{r\theta}rd\theta = 0 \tag{3.1.15}$$

化简和略去高阶量后可得

$$\frac{\partial \tau_{r\theta}}{\partial r} + \frac{1}{r}\frac{\partial \sigma_\theta}{\partial \theta} + \frac{2\tau_{r\theta}}{r} = 0 \tag{3.1.16}$$

所以，极坐标系下力的平衡微分方程为

$$\begin{cases} \dfrac{\partial \sigma_r}{\partial r} + \dfrac{1}{r}\dfrac{\partial \tau_{\theta r}}{\partial \theta} + \dfrac{\sigma_r - \sigma_\theta}{r} = 0 \\[3mm] \dfrac{\partial \tau_{r\theta}}{\partial r} + \dfrac{1}{r}\dfrac{\partial \sigma_\theta}{\partial \theta} + \dfrac{2\tau_{r\theta}}{r} = 0 \end{cases} \tag{3.1.17}$$

式（3.1.17）的第三项反映极性的影响，当微元体接近原点时，第三项趋于无穷大，故该式在非常接近原点时不适宜使用。

3. 柱坐标系下平衡微分方程

针对工程问题分析中轴对称应力状态的变形体，其 θ 平面上的剪应力为零，如果仍按直角坐标系来描述应力状态的变化，可能使问题复杂化，此时，选用柱坐标系则可大为简化。图 3.1.6 所示是按柱坐标系从变形体内取出的微元体。图中仅标出了与径向 σ_r 有平衡关系的各应力分量，与直角坐标系下微元体不同的是：两个 r 面是曲面，且面上的应力不相等（有增量）；两个 θ 面不平行，因此 σ_r 和 σ_θ 不互相垂直，同时两个 z 平面为扇形。

采用与极坐标系相同的推导方法，可得柱坐标系下力的平衡微分方程为

$$\begin{cases} \dfrac{\partial \sigma_r}{\partial r} + \dfrac{1}{r}\dfrac{\partial \tau_{\theta r}}{\partial \theta} + \dfrac{\partial \tau_{zr}}{\partial z} + \dfrac{\sigma_r - \sigma_\theta}{r} = 0 \\[3mm] \dfrac{\partial \tau_{r\theta}}{\partial r} + \dfrac{1}{r}\dfrac{\partial \sigma_\theta}{\partial \theta} + \dfrac{\partial \tau_{z\theta}}{\partial z} + \dfrac{2\tau_{r\theta}}{r} = 0 \\[3mm] \dfrac{\partial \tau_{rz}}{\partial r} + \dfrac{1}{r}\dfrac{\partial \tau_{\theta z}}{\partial \theta} + \dfrac{\partial \sigma_z}{\partial z} + \dfrac{\tau_{rz}}{r} = 0 \end{cases} \tag{3.1.18}$$

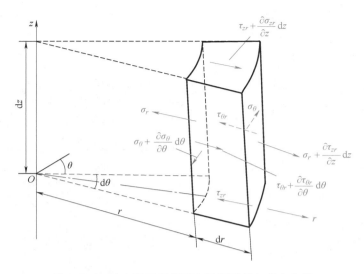

图 3.1.6 柱坐标系相邻两点平衡时径向应力分量

4. 球坐标系下平衡微分方程

当研究和处理诸如球面液压胀形等塑性加工问题时,采用球坐标系相对较方便。假设变形体中任意一点的位置,在球坐标系中可由径向半径及决定该半径空间位置的两个极角 φ 和 θ 来表明,如图 3.1.7a 所示。极角 φ 是两个极射平面间的夹角,即两个极射平面与水平面交线的夹角,而 θ 是指由 z 轴算起与任意 r 在极射平面上的夹角。

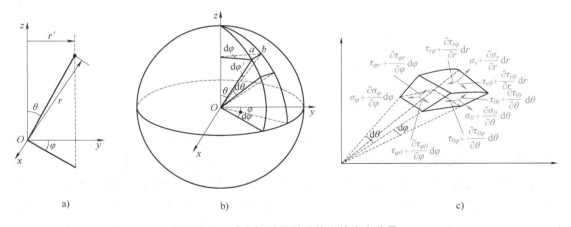

图 3.1.7 球坐标系及微元体上的应力分量

如图 3.1.7b 所示,因为 $ab=r'\mathrm{d}\varphi$,$r'=r\sin\theta$,故 $ab=r\sin\theta\mathrm{d}\varphi$ 或 $ab=r\mathrm{d}\varphi'$,所以可得

$$\mathrm{d}\varphi'=\sin\theta\mathrm{d}\varphi \tag{3.1.19}$$

从球坐标系中取出微元六面体,并将可见的三个面上的应力分量标出,如图 3.1.7c 所示。微元体由两个部分球面和四个扇形面构成,其中 r 面、φ 面、θ 面互相不垂直,两个 φ 面的夹角为 $\mathrm{d}\varphi$,两个 θ 面的夹角为 $\mathrm{d}\theta$,两个 r 面的面积不相等。

按照力的平衡关系投影,可以导出球坐标系下力的平衡微分方程为

$$\begin{cases}\dfrac{\partial \sigma_r}{\partial r}+\dfrac{1}{r\sin\theta}\dfrac{\partial \tau_{\varphi r}}{\partial \varphi}+\dfrac{1}{r}\dfrac{\partial \tau_{\theta r}}{\partial \theta}+\dfrac{1}{r}\Big[2\sigma_r-(\sigma_\varphi+\sigma_\theta)+\tau_{\theta r}\cot\theta\Big]=0\\[3mm]\dfrac{\partial \tau_{r\theta}}{\partial r}+\dfrac{1}{r}\dfrac{\partial \sigma_\theta}{\partial \theta}+\dfrac{1}{r\sin\theta}\dfrac{\partial \tau_{\varphi\theta}}{\partial \varphi}+\dfrac{1}{r}\Big[3\tau_{r\theta}+(\sigma_\theta-\sigma_\varphi)\cot\theta\Big]=0\\[3mm]\dfrac{\partial \tau_{r\varphi}}{\partial r}+\dfrac{1}{r}\dfrac{\partial \tau_{\theta\varphi}}{\partial \theta}+\dfrac{1}{r\sin\theta}\dfrac{\partial \tau_\varphi}{\partial \varphi}+\dfrac{1}{r}\Big[3\tau_{r\varphi}+2\tau_{\theta\varphi}\cot\theta\Big]=0\end{cases} \tag{3.1.20}$$

知识拓展： 工程问题分析中，坐标系选择有时往往决定了结果正确与否。例如：一长度较长的圆环管道，在外侧表面受到压应力作用下产生变形，加载条件及不同坐标系下径向应力分布如图 3.1.8 所示。由于圆环截面是轴对称的，可构建四分之一模型，通过计算结果可推断柱坐标系才能准确反映该圆环管道在图示受力条件下的应力分布规律。

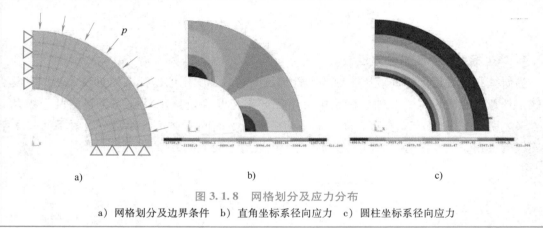

图 3.1.8　网格划分及应力分布

a）网格划分及边界条件　b）直角坐标系径向应力　c）圆柱坐标系径向应力

3.1.2　应变协调方程

通过上述平衡微分方程可知点的应力状态张量中的应力分量需满足一定的关系。同样，塑性变形过程中，几何方程的位移函数应该是连续的，从数学观点看，要求几何方程中的位移参数 u_x、u_y、u_z 在其定义域内单值连续，如果位移函数不连续，从工程的观点可以说明塑性变形过程中变形体产生了裂纹或折叠等缺陷。因此，如果变形体没有产生塑性实效，则变形前后函数仍然连续。为保证变形连续性，点的应变张量分量同样必须满足变形协调性，即应变协调方程。

首先研究平面问题，根据柯西几何方程中与 x 和 y 有关的应变与位移关系式

$$\begin{cases}\varepsilon_x=\dfrac{\partial u_x}{\partial x}\\[3mm]\varepsilon_y=\dfrac{\partial u_y}{\partial y}\\[3mm]\varepsilon_{xy}=\dfrac{1}{2}\gamma_{xy}=\dfrac{1}{2}\left(\dfrac{\partial u_x}{\partial y}+\dfrac{\partial u_y}{\partial x}\right)\end{cases} \tag{3.1.21}$$

式（3.1.21）中第一项 ε_x 对 y 求二阶导数，可得

$$\frac{\partial \varepsilon_x}{\partial y} = \frac{\partial^2 u_x}{\partial x \partial y} \Rightarrow \frac{\partial^2 \varepsilon_x}{\partial y^2} = \frac{\partial^3 u_x}{\partial x \partial y^2} \tag{3.1.22}$$

式（3.1.21）中第二项 ε_y 对 x 求二阶导数，可得

$$\frac{\partial \varepsilon_y}{\partial x} = \frac{\partial^2 u_y}{\partial x \partial y} \Rightarrow \frac{\partial^2 \varepsilon_y}{\partial x^2} = \frac{\partial^3 u_y}{\partial x^2 \partial y} \tag{3.1.23}$$

式（3.1.21）中第三项 ε_{xy} 分别对 x 和 y 求导，可得

$$\frac{\partial^2 \gamma_{xy}}{\partial x \partial y} = \frac{\partial^2}{\partial x \partial y}\left(\frac{\partial u_x}{\partial y} + \frac{\partial u_y}{\partial x}\right) = \frac{\partial^3 u_x}{\partial x \partial y^2} + \frac{\partial^3 u_y}{\partial x^2 \partial y} \tag{3.1.24}$$

由式（3.1.22）~式（3.1.24）可得平面条件下应变协调方程为

$$\frac{\partial^2 \varepsilon_x}{\partial y^2} + \frac{\partial^2 \varepsilon_y}{\partial x^2} = \frac{\partial^2 \gamma_{xy}}{\partial x \partial y} \tag{3.1.25}$$

按照同样的方法，可得到同一平面内的应变分量间满足的协调方程表达式为

$$\begin{cases} \dfrac{\partial^2 \varepsilon_x}{\partial y^2} + \dfrac{\partial^2 \varepsilon_y}{\partial x^2} = \dfrac{2\partial^2 \varepsilon_{xy}}{\partial x \partial y} = \dfrac{\partial^2 \gamma_{xy}}{\partial x \partial y} \\[3mm] \dfrac{\partial^2 \varepsilon_y}{\partial z^2} + \dfrac{\partial^2 \varepsilon_z}{\partial y^2} = \dfrac{2\partial^2 \varepsilon_{yz}}{\partial y \partial z} = \dfrac{\partial^2 \gamma_{yz}}{\partial y \partial z} \\[3mm] \dfrac{\partial^2 \varepsilon_z}{\partial x^2} + \dfrac{\partial^2 \varepsilon_x}{\partial z^2} = \dfrac{2\partial^2 \varepsilon_{zx}}{\partial z \partial x} = \dfrac{\partial^2 \gamma_{zx}}{\partial z \partial x} \end{cases} \tag{3.1.26}$$

不同平面内的应变分量间需要满足

$$\begin{cases} \dfrac{\partial}{\partial x}\left(\dfrac{\partial \varepsilon_{zx}}{\partial y} + \dfrac{\partial \varepsilon_{xy}}{\partial z} - \dfrac{\partial \varepsilon_{yz}}{\partial x}\right) = \dfrac{\partial^2 \varepsilon_x}{\partial y \partial z} \\[3mm] \dfrac{\partial}{\partial y}\left(\dfrac{\partial \varepsilon_{xy}}{\partial z} + \dfrac{\partial \varepsilon_{yz}}{\partial x} - \dfrac{\partial \varepsilon_{zx}}{\partial y}\right) = \dfrac{\partial^2 \varepsilon_y}{\partial x \partial z} \\[3mm] \dfrac{\partial}{\partial z}\left(\dfrac{\partial \varepsilon_{yz}}{\partial x} + \dfrac{\partial \varepsilon_{zx}}{\partial y} - \dfrac{\partial \varepsilon_{xy}}{\partial z}\right) = \dfrac{\partial^2 \varepsilon_z}{\partial x \partial y} \end{cases} \ 或 \ \begin{cases} \dfrac{\partial}{\partial x}\left(\dfrac{\partial \gamma_{zx}}{\partial y} + \dfrac{\partial \gamma_{xy}}{\partial z} - \dfrac{\partial \gamma_{yz}}{\partial x}\right) = 2\dfrac{\partial^2 \varepsilon_x}{\partial y \partial z} \\[3mm] \dfrac{\partial}{\partial y}\left(\dfrac{\partial \gamma_{xy}}{\partial z} + \dfrac{\partial \gamma_{yz}}{\partial x} - \dfrac{\partial \gamma_{zx}}{\partial y}\right) = 2\dfrac{\partial^2 \varepsilon_y}{\partial x \partial z} \\[3mm] \dfrac{\partial}{\partial z}\left(\dfrac{\partial \gamma_{yz}}{\partial x} + \dfrac{\partial \gamma_{zx}}{\partial y} - \dfrac{\partial \gamma_{xy}}{\partial z}\right) = 2\dfrac{\partial^2 \varepsilon_z}{\partial x \partial y} \end{cases} \tag{3.1.27}$$

当 6 个应变分量满足式（3.1.26）和式（3.1.27）时，就能保证单值函数连续性。应变协调方程也称变形协调方程或变形连续方程或相容方程，如果应变分量满足应变协调方程关系，则变形前后物体是连续的，否则会出现裂纹或折叠。通过该方程可检验应变状态是否存在。

知识运用：已知位移分量 $u_x = \dfrac{z^2 + \mu\,(x^2 - y^2)}{2a}$，$u_y = \dfrac{\mu xy}{a}$，式中，$a$ 是常数，试求应变分量，并指出在 xOy 坐标面内是否满足应变连续方程。（答案：$\varepsilon_x = \dfrac{\mu x}{a}$，$\varepsilon_y = \dfrac{\mu x}{a}$，$\varepsilon_{xy} = 0$；满足应变协调方程。）

3.2 边界条件

平衡微分方程和应变协调方程描述了变形体内部应力应变平衡条件，而这种内部平衡体系受边界条件直接影响。所谓边界条件是指在塑性变形过程中变形体某边界上的参数为已知或者可以判断的，该已知或可判断的边界条件对数值分析过程中的载荷施加以及数值分析结果评价非常重要。通常可以分为位移边界条件、应力边界条件和速度边界条件。一般条件下常用的边界条件可以是位移已知、速度已知或者外力已知，由式（3.2.1）描述：

$$u_s = \overline{u}(x, y, z, t) \ , \ v_s = \overline{v}(x, y, z, t) \ , \ F_s = \overline{F}(x, y, z, t) \tag{3.2.1}$$

式中，位移、速度或者力的条件可以是常数，也可以是与坐标和时间有关的变化函数。如图3.2.1所示，对于金属圆柱体压缩过程，边界施加的载荷有三种形式：①位移边界已知，DC 面 y 方向位移值为 $h_0 - h_1$；②速度边界已知，DC 面 y 方向速度已知，速度值是 DC 面下行的位移与时间的比值；③力的边界条件已知，作用在上砧或 DC 面上的力或压力值为已知值。另外，无论载荷边界通过何种形式加载，下砧或者 AB 面上 y 方向的位移恒为 0。

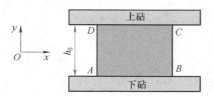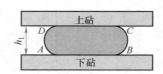

图 3.2.1　圆柱体镦粗示意图

对于位移函数，当某一端固定时，该端位移为 0，依据几何方程，应变也为 0；对于载荷已知表面，可通过载荷、面积与应力的关系求出应力边界。大多数情况下，由于大部分塑性变形过程中工具与试样直接接触，应力边界条件更为复杂。

知识运用：某物体受侧面均匀压力 p 的作用发生塑性变形（如图 3.2.2 所示，接触面摩擦力为 τ），则 DC 面应力和 AD 面位移边界有何特点？（温馨提示：DC 面为自由表面，AD 面在 x 方向固定。）

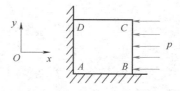

图 3.2.2　受压物体示意图

3.2.1 应力边界条件方程

全应力分量方程表达式（2.1.16）表示了过一点任意斜面上的应力分量与已知坐标面上应力分量之间的关系。假设将图 2.1.9 所示微元体的 $ABCDEFG$ 切除仅留下四面体 $ACOG$，此时，斜面 ACG 便成为四面体的表面，此时，该面素上作用的单位面积力在各坐标轴方向上的分量即为应力边界条件，其值可通过其他三个面上的应力分量求得，所以应力边界条件方程可表示为

$$\begin{cases} p_x = \sigma_x l + \tau_{yx} m + \tau_{zx} n \\ p_y = \tau_{xy} l + \sigma_y m + \tau_{zy} n \\ p_z = \tau_{xz} l + \tau_{yz} m + \sigma_z n \end{cases} \qquad (3.2.2)$$

该应力边界条件方程是以静力平衡为出发点得到的，所以对于外力作用下处于平衡状态的变形体，不论弹性变形还是塑性变形，其应力分布都必须满足此边界条件。

实际塑性加工过程中经常出现的应力边界条件通常有三种情况，即自由表面、工具与工件的接触表面、变形区与非变形区的分界面。

1）自由表面。一般可以认为在工件的自由表面上，既没有法向正应力，也没有剪应力作用。

2）工具与工件的接触表面。在此边界上，既有压缩正应力 σ_n 的作用，也存在摩擦剪应力 τ_f 的作用，如图 3.2.3a 所示轧制过程的轧辊表面 ab 和 cd，图 3.2.3b 所示挤压过程的挤压筒与坯料的接触表面 ab。剪应力大小与摩擦有关，有时 $\tau_f = f\sigma_n$ 或 $\tau_f = mk$，有时 $\tau_f = k$。

3）变形区与非变形区的分界面。在此界面上作用的应力，可能来自两区本身的相互作用，如轧制过程前、后端交界面（如图 3.2.3a 中的 bd 和 ac），挤压时变形区与死区之间（如图 3.2.3b 中的 cd 和 ef），既有压缩正应力 σ_n 也有剪应力 τ_f，而且近似取 $\tau_f = k$。也可能存在来自特意施加的外力作用，如线材连续拉拔时的反拉力（作用在模子入口的线材断面上）以及轧制过程中轧件两端施加的张力。

由上述分析可知，图 3.2.1 中 AD 和 BC 侧表面均为自由表面，正应力和剪应力均为 0，坯料与工具接触面 AB 和 CD 面上的剪应力主要由摩擦产生。可见，实际塑性加工过程中摩擦存在使边界条件确定变得更为复杂，如果这些边界条件处理得恰当，与实际变形过程相近，则所求解的力能参数可能符合实际，否则，将造成较大误差。

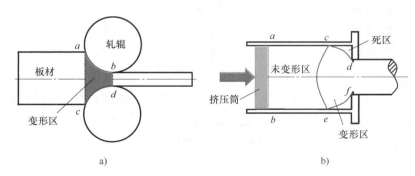

a)　　　　　　　　　　　　　　　　b)

图 3.2.3　应力边界条件及种类

a）轧制过程的边界　b）挤压过程的边界

3.2.2　接触与摩擦

金属塑性加工过程中，由于变形金属与工具之间存在正压力及相对滑动（或相对滑动趋势），使得两者之间产生摩擦力作用，这种接触摩擦不仅是变形力学计算的主要参数或接触边界条件之一，而且有时是决定塑性变形能否进行的关键因素。关于摩擦力与正压力间的关系，目前多数仍采用库仑摩擦定律：

$$T=fP \text{ 或 } \tau_f=f\sigma_n \tag{3.2.3}$$

式中，T 为摩擦力（kN）；P 为正压力（kN）；τ_f 为摩擦剪应力（也称单位摩擦力，MPa）；σ_n 为压缩正压力（MPa）；f 为摩擦系数。

> **知识拓展：** 查利·奥古斯丁·库仑（1736—1806），法国工程师、物理学家，"土力学之始祖"，主要贡献有扭秤实验、库仑定律、库仑土压力理论等。1777 年法国科学院悬赏，征求改良航海指南针中的磁针的方法，库仑认为磁针支架在轴上，必然会带来摩擦，于是，1785 年库仑用自己发明的扭秤建立了静电学中著名的库仑定律。巴黎科学院于 1781 年以"摩擦定律和绳的倔强性"为题，进行了一次有奖竞赛，库仑在总结了达·芬奇和阿蒙顿的实验和理论之后，做了大量的实验，提出了库仑摩擦定律。

图 3.2.4 所示为正压力 σ_n 对摩擦系数 f 和 τ_f 的影响规律实验曲线。当 σ_n 值在某一范围内时，f 近似为一常数，τ_f 随 σ_n 线性增加；当 σ_n 值很小时，f 值随 σ_n 的降低而升高；当 σ_n 值很大时，此时 τ_f 已达到变形金属的抗剪强度极限，τ_f 不再随 σ_n 的增加而增加，保持常数，故 f 将随 σ_n 的升高而降低。对金属塑性加工，高摩擦系数区很少出现，而另外两种情况则随变形条件不同表现出不同的摩擦条件。

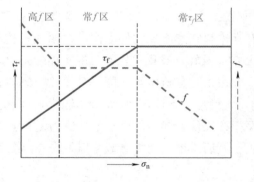

图 3.2.4　摩擦过程中正压力 σ_n 对摩擦系数 f 和 τ_f 的影响规律实验曲线

在常摩擦系数范围内，影响摩擦系数的因素如下：

1）工具与变形材料的性质及表面状态。一般来说，工具与工件表面越粗糙，则摩擦系数越大；相同材料间的摩擦系数比不能同材料间的大，而彼此能形成合金或化合物的两种材料间的摩擦系数，比不能形成合金或化合物的摩擦系数大。

2）工具与变形金属间的相对运动速度。静摩擦的摩擦系数大于动摩擦，且相对滑动速度越大，摩擦系数越小。

3）变形温度。一般来说，变形材料的温度越高，摩擦系数越大。但例外的是铜在 800℃ 以上和钢在 900℃ 以上时，其摩擦系数反而随温度升高而降低。

4）接触润滑。工具与工件之间有润滑剂时，则摩擦系数变小。在润滑条件下，工具与工件间的滑动速度对摩擦系数也有重要影响。当速度较低时，接触间隙处于半干摩擦状态，摩擦系数随相对滑动速度的增加而减小；当接触间隙形成完整的润滑油膜后，接触间隙达到湿摩擦状态，摩擦系数随滑动速度的增加而增加。

塑性加工一般采用润滑油或固体润滑膜对工件进行润滑处理，干摩擦定律作为理解润滑条件下摩擦行为的基础，可通过类金刚石镀膜镀层模具与板材进行侧拉摩擦试验和高面压摩擦试验来确定，如图 3.2.5 所示。

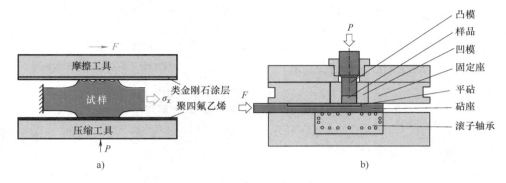

图 3.2.5　摩擦系数试验示意图
a）侧拉摩擦试验　b）高面压摩擦试验

塑性加工成形过程中，工具与工件接触情况实时变化，摩擦系数很难精准确定。为此，许多研究学者建议采用如下的摩擦关系，即

$$\tau_f = mk \tag{3.2.4}$$

式中，τ_f 为摩擦剪应力（MPa）；m 为摩擦因子，$m = 0 \sim 1.0$，当 $m = 1.0$ 时为最大黏着摩擦；k 为接触层金属的剪切屈服强度（MPa）。采用这种摩擦关系，可使塑性力学求解相对简单，且摩擦因子 m 也容易由试验确定。

已知摩擦系数 f 时，摩擦因子 m 可按 Й. Я. 塔尔诺夫斯基（Тарновский）的经验公式近似确定

$$\begin{cases} 镦粗时\ \ m = f + \dfrac{1}{8}\dfrac{R}{h}(1-f)\sqrt{f} \\[3mm] 轧制时\ \ m = f\left[1 + \dfrac{1}{4}n(1-f)\sqrt[4]{f}\right] \end{cases} \tag{3.2.5}$$

式中，R 和 h 分别为镦粗圆柱体的半径和高度（mm）；n 为 $l/\overline{h}$ 或 $\overline{b}/\overline{h}$ 的较小者；l 为轧制时接触弧长的水平投影（mm）；$\overline{h}$ 和 $\overline{b}$ 分别为轧制时变形区内工件的平均厚度和平均宽度（mm）。

塑性加工过程中的干摩擦力大小与接触压力及材料的流动应力直接相关，如图 3.2.6a 所示。当接触压力与材料流动应力比值较低时，接触摩擦力大小可由库仑摩擦定律确定，当这一比值较高时，接触摩擦力大小的确定更符合剪切摩擦定律。而在油润滑条件下，库仑摩擦定律比较适合摩擦规律，而摩擦系数大小和规律依然取决于接触压力和材料流动应力，如图 3.2.6b 所示。

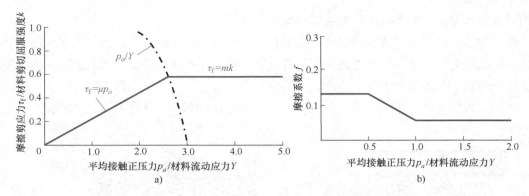

图 3.2.6 摩擦力及摩擦系数与接触压力的关系

3.2.3 圣维南原理和应力集中

圣维南原理是法国力学家圣维南于 1855 年提出的用于弹性力学分析的基础性原理，其内容可以描述为：如果把物体一小部分边界上的面力，变换为分布不同但静力等效的面力（主矢量相同，对于同一点的主矩也相同），那么，近处的应力分布将有显著的改变，远处所受的影响可以不计。

应力集中也是弹性力学中的一类重要问题，主要指结构或构件局部区域的最大应力值比平均应力值高的现象，一般出现在物体形状急剧变化的地方，如缺口、孔洞、沟槽以及有刚性约束处，其应力集中程度主要由理论应力集中系数来反映，计算公式为

$$a = \frac{\sigma_{\max}}{\sigma_0}$$
(3.2.6)

式中，a 为应力集中系数，反映了应力集中的程度；$\sigma_{\max}$ 是局部最大正应力；σ_0 是整体平均正应力。

知识拓展： 材料的不均匀或者材料中微裂纹的存在，都会导致应力集中和宏观裂纹的形成、扩展，直至构件的破坏，所以在设计构件时，应尽量避免几何形状的突然变化，尽可能做到光滑、逐渐过渡。如果日常工作中不注意解决产品零部件中的应力集中问题，将会产生不可挽回的严重后果。1985 年日本航空 123 号班机空难事件，波音 747-100SR 飞机从日本东京的羽田机场飞往大阪伊丹机场过程中坠毁，520 人罹难。经调查，事故原因是该飞机机尾在 1978 年伊丹机场曾受到损伤，但波音公司没有妥善修补，正常需要两排铆钉，但维修人员只是将损伤部分补了一排铆钉，所以增加了接合点附近金属蒙皮所承受的局部剪力，这种应力集中最终导致金属疲劳，进而使压力壁损坏后，造成四组液压系统液压油泄漏，机师无法正常操控飞机。

圣维南原理和应力集中主要应用于弹性力学的求解和分析，圣维南原理中的"局部变化对远处影响较小"思想对塑性力学分析实际工程问题同样有效。图 3.2.7 所示为带孔薄板

受拉过程变形分析。带孔薄板（长 1000mm、宽 600mm、厚 2mm）两端受到 0.5MPa 拉应力作用，平板无小圆孔时属于单向均匀受拉应力状态，板内应力分布均匀，值为 0.5MPa。当中心存在小孔时，应力分布状态将发生显著变化。由图 3.2.7b、c 可以看出：由于孔的存在板内产生应力集中，最大应力产生于圆孔内表面与拉伸方向成 90°和 270°处，最小应力产生于圆孔内表面与拉伸方向成 0°和 180°处；随着孔径的增加，应力集中现象越加严重，分析结果与相关数学解析解吻合。由图 3.2.7c 可以看出，当孔径较小时，除了圆孔附近的应力大于或小于 0.5MPa，其余部分应力基本等于 0.5MPa，所以当孔的尺寸远小于板的尺寸时，几何尺寸的微小变化只会影响局部的应力分布和应力状态，而对较远处没有显著影响。尽管圣维南原理和应力集中更多属于弹性力学范畴，但在塑性加工问题力学分析中，对模型简化和塑性失效分析具有重要意义，特别是应力集中是导致塑性加工模具失效的主要根源之一。

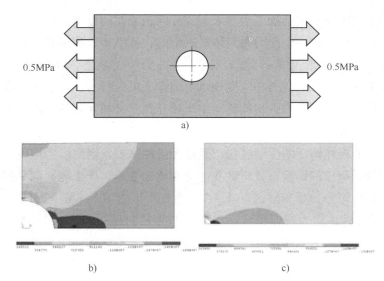

图 3.2.7 圣维南原理及应力集中

a) 带孔薄板受力示意 b) 孔径 200mm 等效应力分布 c) 孔径 2mm 等效应力分布

知识拓展： 圣维南（1797—1886），法国力学家。圣维南的研究领域主要集中于固体力学和流体力学，特别是在材料力学和弹性力学方面做出了很大贡献，提出和发展了求解弹性力学的半逆解法，并首次提出应力主轴和应变增量主轴这一假设，奠定了塑性增量理论发展的基础。他一生重视将理论研究成果应用于工程实际，他认为只有理论与实际相结合，才能促进理论研究和工程进步。

3.3 非均匀变形

　　金属体积发生塑性变形过程中，若变形区内金属质点的应变状态相同，即它们相应的各个轴向上变形的发生情况、发展方向及应变量的大小都相同，这个体积的变形可视为均匀变形。要实现均匀变形必须满足：①变形物体物理性质均匀且各向同性；②变形物体内各点处物理状态相同，特别是热加工时，任一点温度应相同，变形抗力须相等；③接触面上任一点的绝对压下量和相对压下量相同，即整个物体任何变形瞬间承受相等的变形量；④接触表面没有外摩擦，或没有接触摩擦引起的阻力；⑤整个变形体处于工具的直接接触下，无外端和刚端的情况。由此可见，影响变形均匀性的因素众多，现实生活中实现均匀变形几乎是不可能的，故不均匀变形规律是塑性加工力学求解实际问题关注的重点。

　　从点的应力状态看，每一个受力微元体是平衡的，从平衡方程来看，整个塑性变形过程中，相邻质点的应力和变形又是不同的。无论是应力应变状态，还是平衡方程和协调方程，从某种意义上来说质点的应力和应变规律更侧重于微观行为，从宏观来看金属塑性变形过程中受各种因素影响使得各质点塑性流动中既相互独立又相互制约，而这种独立性的运动规律便是塑性变形的非均匀性表现。

　　图 3.3.1 所示为圆柱体压缩变形过程，假设无接触摩擦，则变形为均匀变形，侧面保持直线形状，而在接触摩擦的影响下，塑性变形为非均匀变形，产生侧面翻平和单鼓现象。压缩后非均匀变形试件可分为难变形区（Ⅰ）、自由变形区（Ⅱ）、易变形区（Ⅲ）和剪切变形区（Ⅳ）。靠近接触端面为难变形区，应力状态为三向压应力，三个方向应变基本为 0；中心处为易变形区，应力为三向压应力，轴向为负应变，径向和周向为正应变；外侧表面为

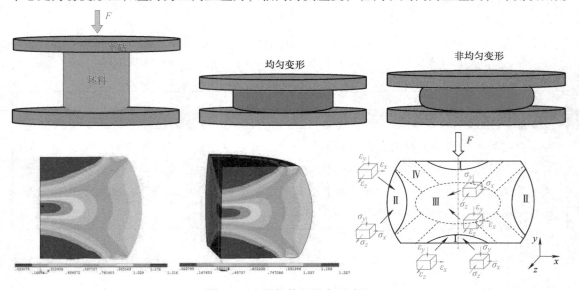

图 3.3.1　圆柱体压缩变形过程

自由变形区，径向应力为 0，周向为拉应力，轴向为压应力，应变为一向压缩两向拉伸；剪切变形区位于难变形区、自由变形区和易变形区交接区。

塑性变形过程中，变形体各质点将向阻力最小的方向移动，即做最少的功，走最短的路，这便是最小阻力定律。最小阻力定律是力学中质点流动的普遍原理，且金属塑性变形过程满足体积不变条件，因此根据体积不变条件和最小阻力定律可以简单推断金属流动规律，进而选择坯料截面形状、尺寸、加工工具形状和尺寸。图 3.3.2 所示为矩形件压缩变形过程，根据最小阻力定律，为克服摩擦影响，金属质点首先向摩擦距离短的边界流动，压缩过程截面形状由矩形逐渐变为多边形，塑性变形继续进行，截面形状趋于圆形。

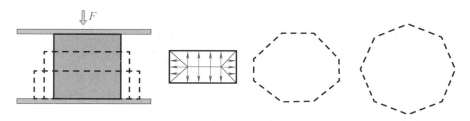

图 3.3.2　矩形件压缩变形过程截面变化示意

知识运用：请用最小阻力定律解释为什么平辊轧制宽板过程可以简化为平面应变问题，而平辊轧制窄件却不能够简化。

变形量增加引起的变形不均匀性加剧会导致塑性失效，图 3.3.3 所示为圆环压缩过程。无摩擦时金属流动呈发射状；有摩擦或者摩擦较大时流动受到阻碍，当摩擦力大于某值时，出现分流面，使其外径扩大，内径缩小；接触面上摩擦越大，阻力越大，越不易产生滑动，因而侧面金属转移到接触表面上的数量增加，"侧面翻平"现象严重。随着塑性变形量增加，变形不均匀性增加，分流面区域变大，在分流面附近产生裂纹的趋势增加。

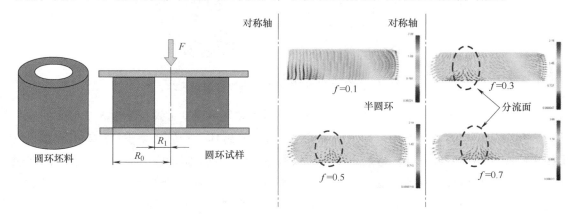

图 3.3.3　圆环压缩过程不均匀变形示意

从深层次上看物体变形中的非均匀性与变形体质点的基本应力、附加应力、工作应力等应力分布有直接关系。由外力作用引起的应力称为基本应力，当使物体产生塑性变形的外力去除后弹性变形恢复，基本应力消失，故物体在塑性变形状态中，基本应力可完全根据弹性状态测出，主应力图表示的便是基本应力状态图。附加应力是由于物体不均匀变形受到其整体性限制而引起物体内相互平衡的应力，当外力去除后附加应力不能消失，形成残余应力。工作应力是基本应力与附加应力之和，变形均匀时，工作应力与基本应力相同（相等），变形不均匀时，工作应力等于两者之和。

附加应力与塑性变形连续性、平衡性及缺陷产生关系密切，是塑性加工力学分析中应力分布和变形规律分析的关键。根据分析问题的宏观和微观性，将附加应力分为三类：整个变形区的几个区域之间的不均匀变形所引起的彼此平衡牵制的附加应力称为第一类附加应力；晶粒之间的不均匀变形所引起的附加应力称为第二类附加应力；晶粒内部滑移面附近或滑移带中由各变形不均匀而引起的附加应力称为第三类附加应力。

附加应力是变形体为保持自身完整性和连续性，约束不均匀性变形而产生的内应力，故附加应力是互相平衡、成对出现的。附加应力产生的根源主要是塑性体变形过程中金属质点变形速度不尽相同。如图 3.3.4 所示，对于凸辊轧制过程，b 点相比 a 点单位时间的压下量大，变形速度或应变速率更快，使得 b 点对 a 点附近金属质点产生附加拉应力，而 a 点附近金属对 b 点产生附加压应力；对于矩形件压缩过程，o 点位于心部易变形区，c 点位于黏着区，a 点和 b 点位于自由变形区，因此 o 点变形更大，对 a、b 和 c 点产生附加拉应力，反过来 o 点产生附加压应力。

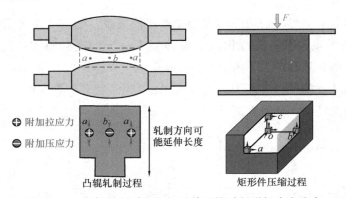

图 3.3.4　凸辊轧制过程和矩形件压缩过程附加应力分布

不均匀变形引起的附加应力会对金属塑性变形造成许多不良后果：①引起变形体的应力状态变化，加剧应力分布不均匀性；②造成物体开裂和破坏，降低产品质量；③引起材料变形抗力提高，塑性降低；④塑性变形结束后保留在变形体内的附加应力为残余应力，而残余应力不仅影响物体尺寸和形状变化，而且缩短零件的使用寿命，降低金属的塑性加工性能。因此，实际生产中要尽可能克服或减轻变形及应力不均匀的有害影响，包括：正确选定变形温度-速度-变形量制度；尽量减小接触面上的外摩擦；合理设计加工工具和坯料形状；尽可能保证金属变形坯料的成分和组织性能均匀。

知识运用：请分析平辊分别轧制厚件和薄件时，前滑区和后滑区表面和心部附加应力分布情况。（温馨提示：轧制薄件时，变形能够深入到心部，摩擦影响下前滑区表面速度小于心部速度，后滑区表面速度大于心部速度；轧制厚件时，变形不能够深入到心部，后滑区表面速度小于心部，前滑区表面速度大于心部。）

知识拓展： 将两层或多层不同性能的材料叠放在一起进行轧制的层状复合材料具备表面质量高、结合性能稳定及易于实现自动化的优势，而通过轧制技术制备的 Al/Mg/Al 层状复合板通过外层铝对中心镁层包覆产生的三向压应力能够减缓轧制过程中镁合金的开裂倾向，且制备的层状复合板材兼具镁合金的高比强度和铝合金优良的耐蚀性能。当塑性变形压下率过大时，异质材料难以协同变形，变形不均匀性急剧增加，变形量较大区域由于受到摩擦作用金属质点不能迅速补充，易导致结合面及中心镁层开裂，其结合形貌如图 3.3.5 所示。

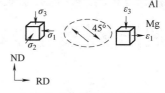

图 3.3.5　复合板材轧后（压下率 83%）微观结合形貌

第4章

屈服准则及应力-应变关系方程

知识速递

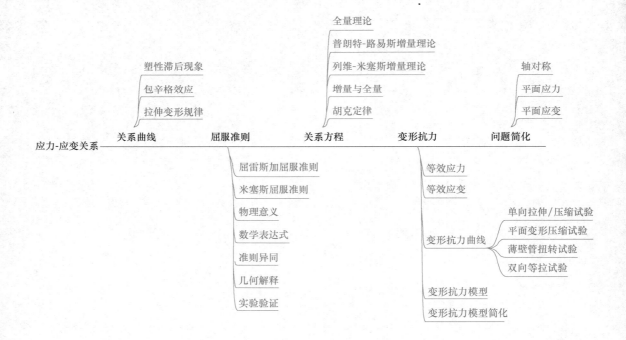

⚙ **学习目标**

- ◆ 理解屈服准则的物理意义、几何意义，理解增量应变和全量应变的区别
- ◆ 理解变形抗力的意义、影响因素以及平面问题与轴对称问题简化方法
- ◆ 掌握屈服准则数学表达式、几何轨迹以及等效应力、等效应变数学表达式
- ◆ 掌握应力-应变曲线关系以及胡克定律、增量理论的数学表达式和变形抗力简化形式
- ◆ 能够利用常规试验方法获得应力-应变关系曲线，并进行材料性能分析
- ◆ 能够运用屈服准则、应力-应变关系方程求解分析实际塑性工程问题
- ◆ 能够利用等效应力应变以及问题简化方法对三维工程问题进行合理简化和分析

📋 **学习要点**

- ◆ 屈雷斯加和米塞斯屈服准则数学表达式及几何轨迹
- ◆ 胡克定律、列维-米塞斯增量理论、普朗特-路易斯增量理论
- ◆ 等效应力、等效应变以及关系曲线试验方法及含义
- ◆ 平面问题和轴对称问题简化

4.1 应力-应变关系曲线

在外力作用下，变形体由弹性变形过渡到塑性变形（即发生屈服），主要取决于变形体的力学性能和所受的应力状态。变形体本身的力学性能是决定其屈服的内因，而所受的应力状态乃是变形体发生屈服的外部条件。对于同一金属材料，在相同的变形条件下（如变形温度、变形速度、变形量等），可以认为材料屈服只取决于所受的应力状态。塑性理论的重要研究方向之一就是找出变形体由弹性状态过渡到塑性状态的条件，即要确定变形体受外力后产生的应力分量与材料物理常数间的一定关系，这种关系标志着塑性状态的存在。

以金属棒材单向拉伸过程为例，塑性变形过程中，通常经历弹性变形、塑性变形（包括均匀塑性变形和非均匀塑性变形）和断裂三个阶段，如图 4.1.1 所示。在弹性变形阶段，应力和应变成正比；在塑性变形初始阶段，如果变形温度较低，则随着变形量增加，产生显著加工硬化，即强度和硬度升高而塑性和韧性降低；如果变形温度高于再结晶温度，则会发生动态再结晶或者动态回复等软化现象，应力下降或者保持稳定状态；当变形量较大时，试样出现显著颈缩现象，材料内部出现微裂纹，此时均匀塑性变形结束，继续变形会引起微裂纹快速扩展直到出现宏观裂纹。

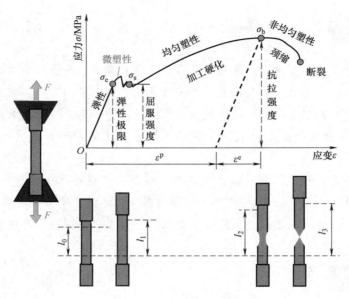

图 4.1.1 应力-应变关系曲线

在材料拉伸或压缩变形过程中卸载，然后在相反方向施加作用载荷使其变形，此时屈服极限明显降低，这种现象是包辛格（Bauschinger）于 1886 年在金属材料的力学性能试验中发现的，称为包辛格效应（图 4.1.2）。这种现象不仅在拉伸或压缩过程出现，而且在扭转过程中也有发生，理解包辛格效应对从本质上理解加工硬化现象及合理解释疲劳效应有重要意义。包辛格效应使得塑性力学实际问题分析更为复杂，一般塑性理论分析时不考虑包辛格效应。另外，材料拉伸或压缩变形过程中卸载后，如果继续在相同方向施加作用，则此时由于加工硬化作用（冷变形条件）会出现屈服强度显著增加的现象，称之为塑性滞后现象。

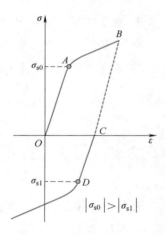

图 4.1.2　包辛格效应

大量试验研究表明，与单调加载相比，通过非对称循环加载进行正向变形时，包辛格效应不明显。与单调加载变形相比，包辛格效应的这种差异归因于非对称循环加载过程中发生的低回弹应力。布里奇曼等人在不同的静水压力容器中进行单向拉伸试验发现，静水压力只引起物体的体积弹性变形，在静水压力不很大的情况下（与屈服极限同数量级）所得拉伸曲线与简单拉伸几乎一致，说明静水压力对塑性变形的影响可以忽略，也进一步说明了球应力张量主要反映的是体积变化。

试样发生塑性屈服后，假设由于加工硬化作用应力逐渐增加，此时如果想使试样继续塑性变形，外加载荷必须进一步增加。因此，屈服准则是描述不同应力状态下变形体某点进入塑性状态和使塑性变形继续进行的一个判据。通俗地讲，就是变形过程中材料内部应力达到初始屈服强度时，材料发生塑性变形，而如果希望使塑性变形继续发生，则需进一步施加外力保证内部应力值达到屈服强度。所以严格来说，任何一种材料的屈服强度都不是固定的，屈服强度值随着塑性变形过程的进行可能增加（加工硬化作用），也可能降低（软化作用），而通常说的屈服强度仅表示某一种材料常温条件下的初始屈服强度。单向拉伸时，这个条件就是 $\sigma = \sigma_s$，即拉应力 σ 达到 σ_s 时就发生屈服，σ_s 是材料的一个物理常数，它可以由拉伸试验得到。而在复杂的三向应力状态下，该如何表达这种屈服条件？

试验表明，对处于复杂应力状态的各向同性体，某向正应力可能远远超过屈服极限 σ_s，却并没有发生塑性变形，所以塑性变形的发生可能不取决于某个应力分量，而取决于一点的各应力分量的某种组合。既然塑性变形是在一定的应力状态下发生的，而任何应力状态最简便的是用 3 个主应力表示，如果寻找的条件成立，那么这个条件应该是应力分量的函数：

$$f(\sigma_1, \sigma_2, \sigma_3) = C \tag{4.1.1}$$

式中，C 是材料的物理常数。塑性状态是一种物理状态，它与坐标轴的选择无关，因此，可以用应力张量的不变量来表示塑性条件或屈服准则，即

$$f(I_1, I_2, I_3) = C \tag{4.1.2}$$

考虑球应力张量体现的是体积变化，而塑性变形体积不发生变化，故屈服准则可描述为应力偏差张量不变量的函数式，并且应力偏张量第一不变量恒等于 0，因此函数可描述为

$$f(I_2', I_3') = C \tag{4.1.3}$$

由于材料塑性变形过程中屈服强度随着不同变形条件的进行而发生变化，为了区分传统意义上的屈服强度，大部分参考文献将应力-应变曲线上的应力也称为流动应力，用 Y 表示。

4.2　屈服准则

4.2.1　屈雷斯加屈服准则

1864 年，法国工程师屈雷斯加（Tresca）在软钢等金属的挤压变形试验中，观察到金属屈服时出现吕德斯带，且吕德斯带与主应力方向约成 45°角，于是设想塑性变形的开始与最大剪应力有关。他在研究库仑提出的岩石失效准则的基础上，提出了最大剪应力准则，即同一金属在同样的变形条件下，无论是简单应力状态还是复杂应力状态，只要最大剪应力达到某一极值，其就发生屈服。

$$\tau_{\max} = \frac{\sigma_1 - \sigma_3}{2} = C \tag{4.2.1}$$

其中，C 为常数，通常由单向拉伸或者薄壁管扭转试验确定，拉伸和薄壁管扭转示意图如图 4.2.1 所示。

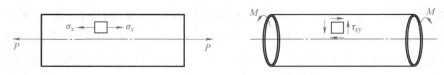

图 4.2.1　拉伸和薄壁管扭转示意图

1）当材料常数由单向拉伸试验确定时，应力状态为一维单向受力，假设拉伸方向为 x 方向，$\sigma_x \neq 0$，其余应力分量均为 0，即 $\sigma_y = \sigma_z = \tau_{xy} = \tau_{yz} = \tau_{zx} = 0$。

此时，如果发生屈服，则主应力状态为

$$\begin{cases} \sigma_1 = \sigma_x = \sigma_s \\ \sigma_2 = \sigma_3 = 0 \end{cases} \tag{4.2.2}$$

将式（4.2.2）代入式（4.2.1），可得 $C = 0.5\sigma_s$，于是拉伸试验下屈雷斯加屈服准则可描述为

$$\sigma_1 - \sigma_3 = \sigma_s \tag{4.2.3}$$

2）当材料常数由薄壁管扭转试验确定时，薄壁管受力过程中管内质点应力状态为平面纯剪应力状态（管厚方向尺寸较薄，可以看作自由表面，法线方向应力为零），所以 $\sigma_x = \sigma_y = \sigma_z = 0$，$\tau_{yz} = \tau_{zx} = 0$。

如果发生剪切屈服，通过应力特征方程或者平面应力条件下主应力计算公式可以得到主应力状态的三个主应力：

$$\begin{cases} \sigma_1 = \tau = k \\ \sigma_2 = 0 \\ \sigma_3 = -\tau = -k \end{cases} \tag{4.2.4}$$

式中，k 为剪切屈服强度。将式（4.2.4）代入式（4.2.1），此时 $C = k$，因此剪切试验下屈雷斯加屈服准则描述为

$$\sigma_1 - \sigma_3 = 2k \tag{4.2.5}$$

根据不同试验条件下的屈雷斯加屈服准则表达式（4.2.3）和式（4.2.5），可得

$$k = \frac{\sigma_s}{2} \tag{4.2.6}$$

尽管屈雷斯加屈服准则形式上比较简单，且 1900 年，格斯特通过薄壁管拉扭试验证明了其塑性力学工程问题分析的有效性，但该准则没有考虑第二主应力，因此在判断变形体塑性屈服时精度略低。

知识运用：已知某一方向立方块屈服应力为 σ_s，该立方块在三个方向的正应力分为 $-0.5\sigma_s$、$-1.5\sigma_s$ 和 $-\sigma_s$，利用屈雷斯加屈服准则判断该立方块是弹性状态还是塑性状态。

4.2.2　米塞斯屈服准则

由于金属屈服是物理现象，因而对于各向同性材料，不管采用什么样的变形方式，在变形体内某质点发生屈服的条件应当仅仅是该点处各应力分量的函数，即

$$f(\sigma_{ij}) = 0 \tag{4.2.7}$$

由前述可知，金属的塑性屈服与偏差应力有关，与球应力张量无关，而偏差应力的一次不变量为零，所以变形体的屈服可能与不随坐标选择而变的偏差应力张量二次不变量有关。根据这一假想，1913 年冯·米塞斯（Von. Mises）从数学角度推导了米塞斯屈服准则表达式。

米塞斯认为，同一金属在相同的变形温度、应变速率和预先加工硬化条件下，不管采用什么样的变形方式，也不管如何选择坐标系，只要偏差应力张量二次不变量 I_2' 达到某一值时，金属便由弹性变形过渡到塑性变形，即

$$f(\sigma_{ij}) = I_2' - C = 0 \tag{4.2.8}$$

式中，I_2' 为偏差应力张量第二不变量。

一般坐标系下表达式为

$$I_2' = \frac{1}{6}\left[(\sigma_x - \sigma_y)^2 + (\sigma_y - \sigma_z)^2 + (\sigma_z - \sigma_x)^2 + 6(\tau_{xy}^2 + \tau_{yz}^2 + \tau_{zx}^2)\right] = C \tag{4.2.9}$$

在主坐标系下，式（4.2.9）变为

$$I_2' = \frac{1}{6}\left[(\sigma_1 - \sigma_2)^2 + (\sigma_2 - \sigma_3)^2 + (\sigma_3 - \sigma_1)^2\right] = C \tag{4.2.10}$$

按照米塞斯提出的假设，C 为常数，同样可由单向拉伸或者薄壁管扭转试验确定。

1）当材料常数由单向拉伸试验确定时，$\sigma_1 = \sigma_s$，$\sigma_2 = \sigma_3 = 0$，代入式（4.2.10），可得 $C = \sigma_s^2/3$，所以拉伸条件下米塞斯屈服准则为

$$(\sigma_1 - \sigma_2)^2 + (\sigma_2 - \sigma_3)^2 + (\sigma_3 - \sigma_1)^2 = 2\sigma_s^2 \tag{4.2.11}$$

2）当材料常数由薄壁管扭转试验确定时，$\sigma_1 = \tau$，$\sigma_2 = 0$，$\sigma_3 = -\tau$，代入式（4.2.10），可得 $C = k^2$，所以剪切试验条件下米塞斯屈服准则为

$$(\sigma_1 - \sigma_2)^2 + (\sigma_2 - \sigma_3)^2 + (\sigma_3 - \sigma_1)^2 = 6k^2 \tag{4.2.12}$$

根据米塞斯屈服准则表达式（4.2.3）和式（4.2.5），可得

$$k = \frac{\sigma_s}{\sqrt{3}} = 0.557\sigma_s \tag{4.2.13}$$

其中，式（4.2.11）和式（4.2.12）称为米塞斯屈服准则。

按屈雷斯加屈服准则，屈服剪应力为 $\dfrac{\sigma_s}{2}$，而米塞斯屈服准则在纯剪切时（平面变形）屈服剪应力增大至 $\dfrac{2}{3}\sqrt{3}$ 倍，说明两个准则在判断金属塑性变形状态时有所差异。

实际上，早在 1904 年就由波兰人胡博（Huber）提出了这一屈服条件，胡博指出，当弹性变形能达到一个临界值时，金属的屈服就开始发生。非常遗憾的是，以波兰文发表的该论文并没引起普遍的注意，而由米塞斯在 1913 年用与塑性理论更为相关的形式重新提出来，因此该准则早期被称为胡博-米塞斯准则。

1913 年米塞斯从数学角度推导这个公式时并不确定该公式的物理意义及应用，他一直

认为自己提出的塑性准则是近似的，直到 1924 年汉基从能量角度证明了该式可以用作塑性变形过程判据，并通过实验证明了该理论的准确性。因此，米塞斯屈服准则的物理意义可以描述为：对于各向同性材料，当变形体内部所积累的单位体积弹性变形能达到一定值时材料发生屈服且该变形能只与材料性质有关，而与应力状态无关。

除此之外，1937 年纳达依认为屈服时不是最大剪应力为常数，而是正八面体面上的剪应力达到一定的极限值。因为八面体上的剪应力 τ_8 也是与坐标轴选择无关的常数，所以同一种金属在同样的变形条件下，τ_8 达到一定值时便发生塑性屈服，而与应力状态无关，根据这一描述，有

$$\tau_8 = \frac{1}{3}\sqrt{(\sigma_1-\sigma_2)^2+(\sigma_2-\sigma_3)^2+(\sigma_3-\sigma_1)^2} = C \tag{4.2.14}$$

单向拉伸条件下，$\sigma_1=\sigma_s$，其他应力分量为零，代入式（4.2.14）可得

$$\tau_8 = \frac{\sqrt{2}}{3}\sigma_s \tag{4.2.15}$$

式（4.2.15）与米塞斯屈服准则代入八面体剪应力所得表达式完全一致，再次解释了米塞斯屈服准则的合理性和有效性。

知识运用：2021 年 10 月初，美国核潜艇在南海触及岛礁受损，这一事件再次反映潜艇基本在海下较深区域活动，承受超高静水压力作用。假设核潜艇材质的屈服强度是 Y，在海底受到三向等压超高静水压力 $3Y$ 作用，如果该潜艇是一个受力微元体，判断它是否发生塑性变形。（答案：不发生变形。）

知识拓展：理查德·冯·米塞斯（1883—1953），德国数学家和力学家，一生经历两次世界大战。他在 1913 年公开发表的《塑性变形理论》中详细描述了屈服准则。1933 年，他受纳粹迫害，被迫从柏林出走，在土耳其伊斯坦布尔大学任职并建立了数学系，尔后辗转到哈佛大学，在一个无薪职位任教，直到 1945 年才成为哈佛大学的带薪教授。他的科学成就几乎均在德国取得，后半生飘摇不定的生活使其不能潜心研究。回顾基于畸变能的屈服准则发展历程，麦克斯韦于 1856 年最早提出畸变效应思想，胡博于 1904 年建立理论体系（用波兰语发表没有引起过大影响），米塞斯 1913 年独立提出的塑性变形理论工作被广泛引用，1924 年汉基对畸变能理论开展了深入解释工作，并完善塑性变形理论。

4.2.3　屈服准则数学比较

屈雷斯加和米塞斯屈服准则同样用 σ_s 表示的条件下形式差别较大，为了能够将屈服准则的数学形式统一，罗德（Lode）在考虑中间主应力 σ_2 变化范围（$\sigma_1 \sim \sigma_3$）中间值 $\frac{\sigma_1+\sigma_3}{2}$ 的基础上，引入了罗德系数：

$$\mu_{d}=\left(\sigma_{2}-\frac{\sigma_{1}+\sigma_{3}}{2}\right)\Bigg/\left(\frac{\sigma_{1}-\sigma_{3}}{2}\right) \tag{4.2.16}$$

由该系数可得第二主应力 σ_2 表达式为

$$\sigma_{2}=\frac{\sigma_{1}+\sigma_{3}}{2}+\frac{\mu_{d}}{2}(\sigma_{1}-\sigma_{3}) \tag{4.2.17}$$

将式（4.2.17）代入米塞斯屈服准则可得

$$\left[\sigma_{1}-\frac{\sigma_{1}+\sigma_{3}}{2}-\frac{\mu_{d}}{2}(\sigma_{1}-\sigma_{3})\right]^{2}+\left[\frac{\sigma_{1}+\sigma_{3}}{2}+\frac{\mu_{d}}{2}(\sigma_{1}-\sigma_{3})-\sigma_{3}\right]^{2}+(\sigma_{1}-\sigma_{3})^{2}=2\sigma_{s}^{2} \tag{4.2.18}$$

进一步化简为

$$(3+\mu_{d}^{2})(\sigma_{1}-\sigma_{3})^{2}=4\sigma_{s}^{2} \tag{4.2.19}$$

令，$\sigma_{1}\geqslant\sigma_{2}\geqslant\sigma_{3}$，$\beta=2/\sqrt{3+\mu_{d}^{2}}$，则式（4.2.19）可变为

$$\sigma_{1}-\sigma_{3}=\frac{2}{\sqrt{3+\mu_{d}^{2}}}\sigma_{s}=\beta\sigma_{s} \tag{4.2.20}$$

根据式（4.2.20）可以得到以下几个结论：

1）当 $\sigma_{1}=\sigma_{2}$ 时，$\mu_{d}=1$，$\beta=1$，$\sigma_{1}-\sigma_{3}=\sigma_{s}$，此时为轴对称应力状态，如棒材单向压缩过程。

2）当 $\sigma_{2}=(\sigma_{1}+\sigma_{3})/2$ 时，$\mu_{d}=0$，$\sigma_{1}-\sigma_{3}=2\sigma_{s}/\sqrt{3}$，此时为平面应变状态或纯剪应力状态（平面纯剪），如薄壁管扭转。

3）当 $\sigma_{2}=\sigma_{3}$ 时，$\mu_{d}=-1$，$\beta=1$，$\sigma_{1}-\sigma_{3}=\sigma_{s}$，此时为轴对称应力状态，如棒材单向拉伸过程。

需要注意的是，在轴对称应力状态下，两个准则数学表达式一致，这一结论是建立在用 σ_s 描述屈服准则基础之上的，假设用 k 描述，则两个准则的差异化规律恰恰相反，所以每个准则下的 σ_s 和 k 值关系不同使其实际应用时的意义不同。

知识运用：已知某物体内 a 点的应力张量为 $\sigma_{x}=30\mathrm{MPa}$，$\sigma_{y}=30\mathrm{MPa}$，$\tau_{xy}=10\mathrm{MPa}$。如果材料的屈服强度为 40MPa，分别利用屈雷斯加和米塞斯屈服准则判断该点是否发生塑性变形。（答案：利用屈雷斯加屈服准则为塑性变形，利用米塞斯屈服准则为弹性变形。）

4.2.4　屈服准则几何解释

如果能找到屈服准则中应力分量的几何性质，那么对深入理解和应用屈服准则解析工程问题具有实际意义。

1. 平面应力条件下米塞斯屈服准则

对于米塞斯屈服准则，假定在主应力坐标系下，$\sigma_{3}=0$，将其代入准则表达式可以得到

$$\left(\sigma_{1}-\frac{\sigma_{2}}{2}\right)^{2}+3\cdot\left(\frac{\sigma_{2}}{2}\right)^{2}=\sigma_{s}^{2} \tag{4.2.21}$$

令 $\sigma_{1}-\sigma_{2}/2=x$，$\sigma_{2}/2=y$，则式（4.2.21）变为

$$\frac{x^{2}}{\sigma_{s}^{2}}+\frac{3y^{2}}{\sigma_{s}^{2}}=1 \tag{4.2.22}$$

式（4.2.22）所示几何图形为标准椭圆，长半轴为 σ_s，短半轴为 $\dfrac{\sigma_s}{\sqrt{3}}$。又由假设可知，$\sigma_1 = x + y$，$\sigma_2 = 2y$，由解析几何数学关系不难理解米塞斯屈服准则平面条件下，σ_1 和 σ_2 在 $\sigma_3 = 0$ 平面内是椭圆，与标准椭圆相比，轴向旋转 45°（图 4.2.2a），旋转后长半轴变为 $\sqrt{2}\,\sigma_s$，短半轴变为 $\sqrt{2/3}\,\sigma_s$。

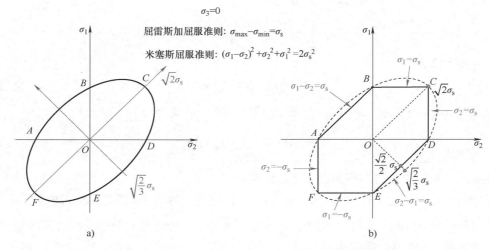

图 4.2.2　平面应力条件下米塞斯屈服准则和屈雷斯加屈服准则的几何图形

通过图 4.2.2a 可以看出，米塞斯屈服准则在平面应力面上的投影是椭圆，为进一步表述和分析，从平面直角坐标系出发，对该椭圆方程进行证明。

证明：假设坐标系 XOY 和坐标系 $X'O'Y'$ 的关系如图 4.2.3 所示。

对于以上坐标系，进行如下描述：坐标系 XOY 逆时针方向旋转 θ 后与坐标系 $X'O'Y'$ 重合，或者表述为坐标系 $X'O'Y'$ 顺时针方向旋转 θ 后与坐标系 XOY 重合，利用坐标系变换的相关知识可以得到

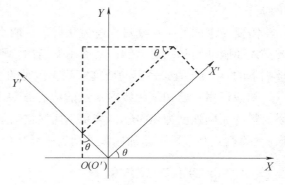

图 4.2.3　旋转矩阵与坐标系变换

$$\begin{bmatrix} X' \\ Y' \end{bmatrix} = \begin{bmatrix} \cos\theta & \sin\theta \\ -\sin\theta & \cos\theta \end{bmatrix}\begin{bmatrix} X \\ Y \end{bmatrix} \text{或} \begin{bmatrix} X \\ Y \end{bmatrix} = \begin{bmatrix} \cos\theta & -\sin\theta \\ \sin\theta & \cos\theta \end{bmatrix}\begin{bmatrix} X' \\ Y' \end{bmatrix} \tag{4.2.23}$$

对于米塞斯屈服准则的几何变换，坐标系变换关系表述为

$$\begin{bmatrix} \sigma_1 \\ \sigma_2 \end{bmatrix} = \begin{bmatrix} \cos\theta & -\sin\theta \\ \sin\theta & \cos\theta \end{bmatrix}\begin{bmatrix} \sigma_1' \\ \sigma_2' \end{bmatrix} \tag{4.2.24}$$

由式（4.2.24）可得新坐标系下应力表达式为

$$\begin{cases} \sigma_1 = \sigma_1'\cos\theta - \sigma_2'\sin\theta \\ \sigma_2 = \sigma_1'\sin\theta + \sigma_2'\cos\theta \end{cases} \tag{4.2.25}$$

将式（4.2.25）代入到平面应力条件下的米塞斯屈服准则表达式（4.2.21）中，可得

$$\sigma_1'^2\cos^2\theta + \sigma_2'^2\sin^2\theta - 2\sigma_1'\sigma_2'\sin\theta\cos\theta + \sigma_1'^2\sin^2\theta + \sigma_2'^2\cos^2\theta + 2\sigma_1'\sigma_2'\sin\theta\cos\theta -$$

$$\sigma_1'^2\sin\theta\cos\theta - \sigma_1'\sigma_2'\cos^2\theta + \sigma_1'\sigma_2'\sin^2\theta + \sigma_2'^2\sin\theta\cos\theta = \sigma_s^2 \tag{4.2.26}$$

$$\Rightarrow \sigma_1'^2 + \sigma_2'^2 - \cos2\theta \cdot \sigma_1'\sigma_2' - \frac{1}{2}\sin2\theta(\sigma_1'^2 - \sigma_2'^2) = \sigma_s^2$$

令 $\cos2\theta = 0$，$\theta = \dfrac{\pi}{4}$，$\sin2\theta = 1$ 即 $\theta = 45°$，则得到

$$\sigma_1'^2 + \sigma_2'^2 - \frac{1}{2}(\sigma_1'^2 - \sigma_2'^2) = \sigma_s^2 \tag{4.2.27}$$

将式（4.2.27）进行标准化处理后得到

$$\frac{\sigma_1'^2}{2\sigma_s^2} + \frac{\sigma_2'^2}{(2/3)\sigma_s^2} = 1 \tag{4.2.28}$$

式（4.2.28）为标准的椭圆方程，由矩阵变换条件可知，平面应力状态的下米塞斯屈服准则是由标准椭圆逆时针方向旋转 45° 得到，其长半轴及短半轴长度分别为 $\sqrt{2}\sigma_s$ 和 $\sqrt{2/3}\sigma_s$。

2. 平面应力条件下屈雷斯加屈服准则

对于屈雷斯加屈服准则，不考虑其三个主应力根的大小顺序时，可以描述为 $\sigma_{max} - \sigma_{min} = \sigma_s$。假定 $\sigma_s > 0$，某一个主应力为零，如 $\sigma_3 = 0$，则该准则将出现以下六种情况：

1）$\sigma_1 > 0$，$\sigma_2 < 0$，σ_1 为最大主应力，σ_2 为最小主应力，屈服准则表达式为 $\sigma_1 - \sigma_2 = \sigma_s$。

2）$\sigma_1 < 0$，$\sigma_2 > 0$，σ_2 为最大主应力，σ_1 为最小主应力，屈服准则表达式为 $\sigma_2 - \sigma_1 = \sigma_s$。

3）$\sigma_1 > \sigma_2 > 0$，σ_1 为最大主应力，σ_3 为最小主应力，屈服准则表达式为 $\sigma_1 = \sigma_s$。

4）$\sigma_2 > \sigma_1 > 0$，σ_2 为最大主应力，σ_3 为最小主应力，屈服准则表达式为 $\sigma_2 = \sigma_s$。

5）$0 > \sigma_1 > \sigma_2$，σ_3 为最大主应力，σ_2 为最小主应力，屈服准则表达式为 $\sigma_2 = -\sigma_s$。

6）$0 > \sigma_2 > \sigma_1$，此时 σ_3 为最大主应力，σ_1 为最小主应力，屈服准则表达式为 $\sigma_1 = -\sigma_s$。

将上述六种情况下 σ_1 和 σ_2 的变化规律绘制在 σ_1-σ_2 坐标系下，可得到屈雷斯加屈服准则在平面应力条件下的几何投影图形如图 4.2.2b 所示。图中六边形 *ABCDEF* 为屈雷斯加屈服准则，外接椭圆轨迹为米塞斯屈服准则。

需要注意的是，图 4.2.2 所示为用拉伸试验所得 σ_s 描述常数的 *C* 条件下的屈服准则几何轨迹，而如果采用剪切试验所得 k 描述常数的 *C* 条件时，由式（4.2.6）和式（4.2.13）不难得到此时平面应力条件下的屈服准则几何轨迹如图 4.2.4 所示。屈雷斯加屈服准则仍然为六边形，米塞斯屈服准则为椭圆，椭圆内切于六边形。

前述讲解了平面应力状态下米塞斯屈服准则和屈雷

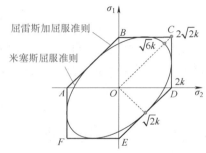

图 4.2.4　剪应力描述常数时平面应力条件下的屈服准则几何轨迹

斯加屈服准则几何图形为椭圆和六边形，那么空间图形是什么样的呢？如果一个空间面在某一个平面坐标系上的图形为椭圆，一般来说，这个空间面应该是圆柱面或者椭圆面。

假设一点 P 的应力状态（σ_1，σ_2，σ_3）可用矢量 OP 来表示，如图 4.2.5a 所示。

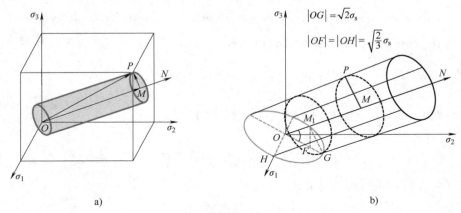

图 4.2.5　矢量 OP 及平面几何图形示意图

过坐标原点 O 作与坐标轴成等倾角的直线 ON，矢量 OP 在该直线上的投影为 $\overrightarrow{OM}$，由此矢量 OP 可分解为矢量 OM 与 MP 且有

$$OP = OM + MP \tag{4.2.29}$$

由图 4.2.5 所示很容易得到 $\overrightarrow{OP}$ 的模 $|OP|^2 = \sigma_1^2 + \sigma_2^2 + \sigma_3^2$，所以 MP 的模为

$$|MP| = \sqrt{|OP|^2 - |OM|^2} \tag{4.2.30}$$

为了得到 OM 的模，可以假设 M 点的坐标为 x、y 和 z，OM 矢量为（x，y，z），根据矢量关系，MP 矢量为（$\sigma_1 - x$，$\sigma_2 - y$，$\sigma_3 - z$），由于 $OM \perp MP$，所以

$$\begin{bmatrix} \sigma_1 - x & \sigma_2 - y & \sigma_3 - z \end{bmatrix} \begin{bmatrix} x \\ y \\ z \end{bmatrix} = 0 \Rightarrow x = y = z = \frac{1}{3}(\sigma_1 + \sigma_2 + \sigma_3) \tag{4.2.31}$$

这样，矢量 OM 的模 $|OM| = \dfrac{1}{\sqrt{3}}$（$\sigma_1 + \sigma_2 + \sigma_3$）。

于是，代入 OP 和 OM 矢量的模到式（4.2.30）后，可得矢量 MP 的模为

$$|MP| = \sqrt{\sigma_1^2 + \sigma_2^2 + \sigma_3^2 - \frac{1}{3}(\sigma_1 + \sigma_2 + \sigma_3)^2} = \sqrt{\frac{2}{3}}\,\sigma_s \tag{4.2.32}$$

由式（4.2.32）可以看出，以 OM 为轴线、MP 为半径，旋转形成一个圆柱面，该圆柱面的半径与平面应力条件下米塞斯屈服准则椭圆的短半轴相等。

由图 4.2.5 可知，OM 与三个坐标轴成等倾角，方向余弦为 $\dfrac{\sqrt{3}}{3}$，过 M_1 点作 σ_1-σ_2 平面的垂线，交点为 F，连接 OF 并延伸至 G。

根据 M 点和 F 点坐标能够得到线段 OF 的长度为 $\dfrac{\sqrt{2}}{3}$（$\sigma_1 + \sigma_2 + \sigma_3$），于是：

$$\cos\angle MOF=\frac{OF}{OM}=\frac{\sqrt{6}}{3}\Rightarrow\sin\angle MOF=\frac{\sqrt{3}}{3}=\frac{MG}{OG} \tag{4.2.33}$$

将 MG 长度 $\sqrt{2/3}\,\sigma_\text{s}$ 代入式（4.2.33）可得到线段 OG 长度为 $\sqrt{2}\,\sigma_\text{s}$，符合平面应力条件下的长半轴。

所以，米塞斯屈服准则的空间图形是以直线 ON 为轴线，以 $\sqrt{2/3}\,\sigma_\text{s}$ 为半径的圆柱面，该圆柱面轴线方向与三个主坐标轴夹角相同。根据米塞斯屈服准则和屈雷斯加屈服准则关系可知，屈雷斯加屈服准则的空间图形为正六棱柱面，内接于米塞斯屈服准则的圆柱面。

由前面分析可知，射线 ON 与三个坐标轴成等倾角，假设取一个平面过原点，并且将该射线作为过原点的平面的法线，那么该平面的方程可描述为

$$\sigma_1+\sigma_2+\sigma_3=0 \tag{4.2.34}$$

式（4.2.34）表示的平面称为 π 平面，法线方向与三个坐标轴成等倾角，且过原点。

不难证明，屈服准则的几何图形圆柱面和正六棱柱面与 π 平面的交点为圆和正六边形，圆的半径为 $\sqrt{2/3}\,\sigma_\text{s}$，且正六边形内接于圆，如图 4.2.6 所示。

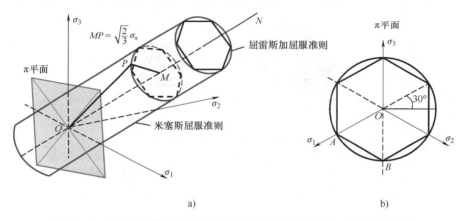

a)　　　　　　　　　　　　b)

图 4.2.6　米塞斯屈服准则和屈雷斯加屈服准则空间及 π 平面几何轨迹

综上所述，屈服准则几何轨迹意义可以描述为：一点 P 的应力状态（σ_1，σ_2，σ_3），若该点端点位于几何轨迹以内，则该点处于弹性状态；若 P 位于几何轨迹上，则处于塑性状态；若 P 位于 ON 线上，即为三向等拉或三向等压状态，其应力绝对值无论多大，该点都不可能发生塑性变形。

一般情况下，如果塑性不失效，则实际的应力状态不可能处于轨迹之外，这是由于屈服准则是某点进入塑性变形并且保持塑性继续的一个判据，冷变形过程中，材料通常发生加工硬化，此时米塞斯屈服圆柱面的半径也会增大，这便是硬化材料屈服情况，如图 4.2.7 所示的后继屈服轨迹。在后继塑性变形过程中，在塑性

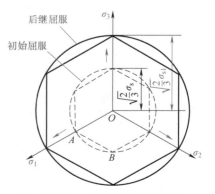

图 4.2.7　π 平面上后继屈服的
几何轨迹变化

变形过程中屈服强度由初始值 σ_{s0} 变化为 σ_{s1}，当然这个屈服半径可能变大，也可能变小（热加工成形软化过程）。

知识拓展： 屈服准则最早起源于岩土、岩石研究，屈服准则有很多，常见的有用于金属塑性屈服的米塞斯和屈雷斯加准则，还有用于岩土屈服的德鲁克-布拉格（Drucker-Prager）、莫尔-库仑（Mohr-Coulomb）和辛凯维奇-潘德（Zienkiewicz-Pande）准则，除此之外，还有应用于金属损伤和断裂分析的格森（Gerson）准则模型。不同准则的几何轨迹如图 4.2.8 所示。

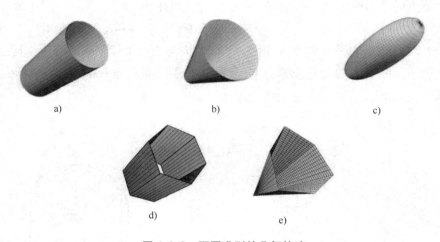

图 4.2.8　不同准则的几何轨迹

a）金属塑性屈服：米塞斯　b）岩土屈服：德鲁克-布拉格　c）金属损伤：格森

d）金属塑性屈服：屈雷斯加　e）岩土屈服：莫尔-库仑

4.2.5　屈服准则实验验证

为验证屈服准则的有效性，泰勒（Taylor）和奎奈（Quinney）在 1931 年开展了薄壁管在轴向拉伸和横向扭转联合作用下的力学实验，如图 4.2.9 所示。由于是薄壁管，所以可以认为厚度方向应力为 0，简化为平面应力问题，而拉应力 σ_x 和剪应力 τ_{xy} 在整个壁管上是常数。其应力状态如图 4.2.9b 所示。

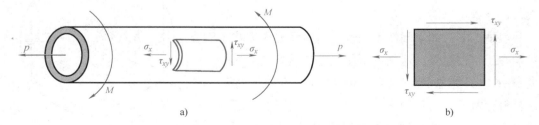

图 4.2.9　薄壁管拉扭联合作用下的应力状态

由图 4.2.9 可知，$\sigma_x \neq 0$，$\tau_{xy} \neq 0$，$\sigma_y = \sigma_z = \tau_{yz} = \tau_{zx} = 0$。根据平面应力条件下主应力求解方法或应力特征方程可求得主应力为

$$
\begin{cases}
\sigma_1 = \dfrac{\sigma_x}{2} + \sqrt{\dfrac{\sigma_x^2}{4} + \tau_{xy}^2} \\[2mm]
\sigma_2 = 0 \\[2mm]
\sigma_3 = \dfrac{\sigma_x}{2} - \sqrt{\dfrac{\sigma_x^2}{4} + \tau_{xy}^2}
\end{cases}
\tag{4.2.35}
$$

把式（4.2.35）代入式（4.2.3）中，整理得

$$
\left(\frac{\sigma_x}{\sigma_s}\right)^2 + 4\left(\frac{\tau_{xy}}{\sigma_s}\right)^2 = 1 \quad \text{或} \quad \sigma_x^2 + 4\tau_{xy}^2 = \sigma_s^2
\tag{4.2.36}
$$

把式（4.2.35）代入式（4.2.11）中，整理得

$$
\left(\frac{\sigma_x}{\sigma_s}\right)^2 + 3\left(\frac{\tau_{xy}}{\sigma_s}\right)^2 = 1 \quad \text{或} \quad \sigma_x^2 + 3\tau_{xy}^2 = \sigma_s^2
\tag{4.2.37}
$$

式（4.2.36）和式（4.2.37）是平面应力条件下屈服准则表达式。

图 4.2.10 是由式（4.2.36）和式（4.2.37）确定所得两个椭圆和实验点。由图可见，米塞斯屈服准则与实验结果更接近。同时，1928 年罗德曾在拉伸载荷和内压力联合作用下对钢、铜和镍制作的薄壁管进行了实验，也表明米塞斯屈服准则更符合实际塑性加工过程中力学行为和变形规律分析。

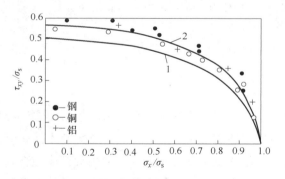

图 4.2.10　薄壁管拉扭组合实验结果与理论值对比
1—屈雷斯加屈服准则　2—米塞斯屈服准则

知识运用： 已知在直角坐标系下，物体某点的应力张量 $\boldsymbol{\sigma}_{ij} = \begin{bmatrix} 30 & -30 & 0 \\ -30 & 30 & 0 \\ 0 & 0 & -30 \end{bmatrix}$（MPa），试

求：①该点主应力和最大剪应力；②如果该点满足米塞斯屈服准则发生塑性变形，求该点的屈服强度。（答案：$\sigma_1 = 60$MPa，$\sigma_2 = 0$，$\sigma_3 = -30$MPa，$\tau_{max} = 45$MPa；$\sigma_s = 30\sqrt{7}$MPa。）

4.3 应力-应变关系方程

前已述及，金属塑性加工过程屈服准则描述了弹性变形过渡到塑性变形的判据，弹性变形中的变形量积累到某一程度时，应力达到某一极限值，材料进入塑性阶段，故研究应力与应变的分布规律必须明确应力与应变的关系方程，又称之为本构方程或物理方程等，很显然这种关系方程在弹性阶段和塑性阶段有着较大区别。

关于弹性变形过程应力-应变关系描述主要是著名的广义胡克定律，而塑性理论比弹性理论复杂之处在于物理方程（应力-应变关系）是非线性的。关于塑性应力-应变关系的理论描述可以分为增量理论和全量理论。所谓增量理论是用应力增量与应变增量之间的关系来描述弹塑性或塑性本构方程，比较经典的是列维-米塞斯（Levy-Mises）增量理论（描述塑性变形）和普朗特-路易斯（Prandtl-Reuss）增量理论（描述弹塑性变形）；全量理论是用全量应力和全量应变表述弹塑性或塑性本构方程的理论，比较经典的是汉基全量理论。增量应变和全量应变的主要区别是：增量应变指的是每一瞬时各应变分量无限小的变化量（图4.3.1中的 $\mathrm{d}\varepsilon_{AB}$、$\mathrm{d}\varepsilon_{BC}$、$\mathrm{d}\varepsilon_{CD}$ 等），而全量应变指的是整个变形过程的应变分量变化量（图4.3.1中的 ε_{AE}）。

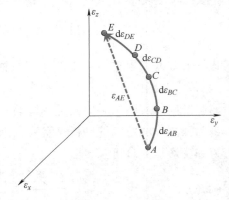

图 4.3.1　全量应变与增量应变示意

4.3.1 胡克定律

弹性变形过程中应力与应变关系为线性关系，或者说应力主轴与应变主轴重合，在不考虑多个方向的影响下，可以描述为 $\sigma = E\varepsilon$。实际上，当变形体某一个方向在外力作用下发生变形时，不仅会对该方向产生应变，而且对其他方向也会产生应变，产生应变的大小由泊松比 μ 来定义，即横向应变与纵向应变比值称为泊松比，也称横向变形系数，是反映材料横向变形的弹性系数。

例如，对于一个平面应力板 $ABCD$，如图4.3.2所示，在外力 σ_x、σ_y 作用下，在 x 和 y 方向上产生应变分别为 ε_x 和 ε_y，假设弹性模量 E 已知。

由泊松比定义，x 和 y 方向的应变分别表示为

$$\begin{cases} \varepsilon_x = \dfrac{\sigma_x}{E} - \mu\dfrac{\sigma_y}{E} = \dfrac{1}{E}(\sigma_x - \mu\sigma_y) \\[2mm] \varepsilon_y = \dfrac{\sigma_y}{E} - \mu\dfrac{\sigma_x}{E} = \dfrac{1}{E}(\sigma_y - \mu\sigma_x) \end{cases} \qquad (4.3.1)$$

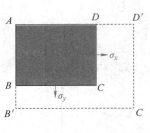

图 4.3.2　平面应力板
受力变形示意

如果推广到三维，很容易得到描述弹性变形阶段应力-应变关系方程的广义胡克定律为

$$
\begin{cases}
\varepsilon_x = \dfrac{1}{E}\left[\sigma_x - \mu(\sigma_y + \sigma_z)\right] \\[2mm]
\varepsilon_y = \dfrac{1}{E}\left[\sigma_y - \mu(\sigma_x + \sigma_z)\right] \\[2mm]
\varepsilon_z = \dfrac{1}{E}\left[\sigma_z - \mu(\sigma_x + \sigma_y)\right] \\[2mm]
\varepsilon_{xy} = \dfrac{\tau_{xy}}{2G} \\[2mm]
\varepsilon_{yz} = \dfrac{\tau_{yz}}{2G} \\[2mm]
\varepsilon_{zx} = \dfrac{\tau_{zx}}{2G}
\end{cases}
\tag{4.3.2}
$$

式中，E 为弹性模量；μ 为泊松比；G 为剪切模量，$G = \dfrac{E}{2(1+\mu)}$。

知识拓展： 罗伯特·胡克（1635—1703），英国皇家科学院首任实验室主任，17 世纪英国最杰出的科学家之一，也是博物学家和发明家，在光学、力学、天文、生物、建筑设计等方面都有卓越贡献的科学家。力学上，胡克定律是弹性力学和材料力学的基本定律，光学上，他首提光学波动说，与惠更斯齐名。他是一个动手能力极强的人，改进望远镜，观测木星大红斑和月球环形山，改进显微镜，发现并命名细胞。他兴趣广泛，无所不通，是牛顿万有引力定律形成的重要奠基人，被称为"英国达·芬奇"。

将式（4.3.2）中描述正应变的方程式左右均相加后除以 3，可得

$$
\varepsilon_{\mathrm{m}} = \frac{1}{3}(\varepsilon_x + \varepsilon_y + \varepsilon_z) = \frac{1-2\mu}{3E}(\sigma_x + \sigma_y + \sigma_z) = \frac{1-2\mu}{E}\sigma_{\mathrm{m}}
\tag{4.3.3}
$$

相比塑性变形，弹性变形时体积可以压缩，而由式（4.3.3）看出，当泊松比 $\mu = 0.5$ 时，$\varepsilon_{\mathrm{m}} = 0$，表明体积不变，此时的材料可称为理想塑性材料。实际上大部分金属材料的泊松比在 0.3 左右波动，所以金属变形过程中，弹性与塑性变形相互关联、相互依存。

将式（4.3.2）中 $\varepsilon_x = \dfrac{1}{E}\left[\sigma_x - \mu(\sigma_y + \sigma_z)\right]$ 减去式（4.3.3），则得

$$\varepsilon'_x = \varepsilon_x - \varepsilon_m = \frac{1}{E}[\sigma_x - \mu(\sigma_y + \sigma_z)] - \frac{1-2\mu}{E}\sigma_m$$

$$\Rightarrow \varepsilon'_x = \frac{1}{E}[\sigma_x - \mu(\sigma_y + \sigma_z)] + \frac{3\mu}{E}\sigma_m - \frac{1+\mu}{E}\sigma_m$$

$$\Rightarrow \varepsilon'_x = \frac{1}{E}[\sigma_x - \mu(\sigma_y + \sigma_z) + \mu(\sigma_x + \sigma_y + \sigma_z)] - \frac{1+\mu}{E}\sigma_m \qquad (4.3.4)$$

$$\Rightarrow \varepsilon'_x = \frac{1+\mu}{E}(\sigma_x - \sigma_m) = \frac{1+\mu}{E}\sigma'_x = \frac{1}{2G}\sigma'_x$$

或写为

$$\varepsilon_x = \frac{1}{2G}\sigma'_x + \varepsilon_m = \frac{1}{2G}\sigma'_x + \frac{1-2\mu}{E}\sigma_m \qquad (4.3.5)$$

式（4.3.5）表示的是某一个方向应变与应力偏张量之间的关系。采用同样的方法，广义胡克定律式（4.3.2）可写成

$$\begin{cases} \varepsilon_x = \dfrac{1}{2G}\sigma'_x + \varepsilon_m = \dfrac{1}{2G}\sigma'_x + \dfrac{1-2\mu}{E}\sigma_m \\[2mm] \varepsilon_y = \dfrac{1}{2G}\sigma'_y + \varepsilon_m = \dfrac{1}{2G}\sigma'_y + \dfrac{1-2\mu}{E}\sigma_m \\[2mm] \varepsilon_z = \dfrac{1}{2G}\sigma'_z + \varepsilon_m = \dfrac{1}{2G}\sigma'_z + \dfrac{1-2\mu}{E}\sigma_m \\[2mm] \varepsilon_{xy} = \dfrac{\tau_{xy}}{2G} \\[2mm] \varepsilon_{yz} = \dfrac{\tau_{yz}}{2G} \\[2mm] \varepsilon_{zx} = \dfrac{\tau_{zx}}{2G} \end{cases} \qquad (4.3.6)$$

或写成张量形式，即

$$\boldsymbol{\varepsilon}_{ij} = \boldsymbol{\varepsilon}'_{ij} + \delta_{ij}\boldsymbol{\varepsilon}_m = \frac{1}{2G}\boldsymbol{\sigma}'_{ij} + \delta_{ij}\frac{1-2\mu}{E}\boldsymbol{\sigma}_m \qquad (4.3.7)$$

式中，δ_{ij} 为克罗内克符号，$i=j$ 时 $\delta_{ij}=1$，$i \neq j$ 时 $\delta_{ij}=0$。

写成矩阵形式为

$$\begin{bmatrix} \varepsilon_x & \varepsilon_{yx} & \varepsilon_{zx} \\ \varepsilon_{xy} & \varepsilon_y & \varepsilon_{zy} \\ \varepsilon_{xz} & \varepsilon_{yz} & \varepsilon_z \end{bmatrix} = \frac{1}{2G}\begin{bmatrix} \sigma'_x & \tau_{yx} & \tau_{zx} \\ \tau_{xy} & \sigma'_y & \tau_{zy} \\ \tau_{xz} & \tau_{yz} & \sigma'_z \end{bmatrix} + \frac{1-2\mu}{E}\begin{bmatrix} \sigma_m & 0 & 0 \\ 0 & \sigma_m & 0 \\ 0 & 0 & \sigma_m \end{bmatrix} \qquad (4.3.8)$$

由上可见，弹性变形包括改变形状的变形和改变体积的变形。前者与偏差应力分量成正比，后者与球应力分量成正比，即 $\varepsilon_m = \dfrac{(1-2\mu)\sigma_m}{E}$。广义胡克定律也可以描述成应变偏张量与应力偏张量的关系，即

$$\begin{cases} \varepsilon'_x = \varepsilon_x - \varepsilon_m = \dfrac{1}{2G}\sigma'_x \\[2mm] \varepsilon'_y = \varepsilon_y - \varepsilon_m = \dfrac{1}{2G}\sigma'_y \\[2mm] \varepsilon'_z = \varepsilon_z - \varepsilon_m = \dfrac{1}{2G}\sigma'_z \\[2mm] \varepsilon_{xy} = \dfrac{1}{2}\gamma_{xy} = \dfrac{\tau_{xy}}{2G} \\[2mm] \varepsilon_{yz} = \dfrac{1}{2}\gamma_{yz} = \dfrac{\tau_{yz}}{2G} \\[2mm] \varepsilon_{zx} = \dfrac{1}{2}\gamma_{zx} = \dfrac{\tau_{zx}}{2G} \end{cases} \tag{4.3.9}$$

知识运用：某微元体受到三向应力 $\sigma_x = 15\text{MPa}$、$\sigma_y = 10\text{MPa}$ 和 $\sigma_z = 10\text{MPa}$ 作用，发生弹性变形，该微元体弹性模量 $E = 2.0 \times 10^4 \text{MPa}$，泊松比 $\mu = 0.3$，求该微元体 x 方向的应变。（答案：$\varepsilon_x = 4.5 \times 10^{-4}$。）

4.3.2 增量理论

1870 年，圣维南在解平面塑性变形问题时，提出应变增量主轴与应力主轴（或偏差应力主轴）重合的假设，并建立了应力-应变速率关系方程（称为塑性流动方程）。应变增量可记为 $\mathrm{d}\varepsilon_x$、$\mathrm{d}\varepsilon_y$、$\mathrm{d}\varepsilon_z$、$\mathrm{d}\varepsilon_{xy}$、$\mathrm{d}\varepsilon_{yz}$、$\mathrm{d}\varepsilon_{zx}$。塑性变形过程中，应力主轴不是和应变主轴重合，而是和塑性应变增量的主轴重合，增量理论建立的是偏差应力分量与应变增量之间成正比的关系，这种理论不需要以简单加载为前提，特别适用于诸如金属压力加工等大变形的场合，所以又称为塑性流动理论。

1. 列维-米塞斯增量理论

列维于 1871 年曾提出理想塑性变形过程应变增量和偏差应力之间的关系式，米塞斯于 1913 年在不知道列维已经提出该理论的情况下，也得出了同样的关系式，所以习惯上将这种理论称为列维-米塞斯理论。该理论假定塑性应变增量的各分量与相应的偏差应力分量及剪应力分量成比例，即

$$\frac{\mathrm{d}\varepsilon_x}{\sigma'_x} = \frac{\mathrm{d}\varepsilon_y}{\sigma'_y} = \frac{\mathrm{d}\varepsilon_z}{\sigma'_z} = \frac{\mathrm{d}\varepsilon_{xy}}{\tau_{xy}} = \frac{\mathrm{d}\varepsilon_{yz}}{\tau_{yz}} = \frac{\mathrm{d}\varepsilon_{zx}}{\tau_{zx}} = \mathrm{d}\lambda \tag{4.3.10}$$

或

$$\frac{\mathrm{d}\varepsilon_x}{\sigma'_x} = \frac{\mathrm{d}\varepsilon_y}{\sigma'_y} = \frac{\mathrm{d}\varepsilon_z}{\sigma'_z} = \frac{\mathrm{d}\gamma_{xy}}{2\tau_{xy}} = \frac{\mathrm{d}\gamma_{yz}}{2\tau_{yz}} = \frac{\mathrm{d}\gamma_{zx}}{2\tau_{zx}} = \mathrm{d}\lambda \tag{4.3.11}$$

式（4.3.11）也称为列维-米塞斯流动法则，总应变增量和塑性应变增量相等，不考虑弹性变形影响。

在主坐标轴条件下，各剪应力分量等于零，所以 $\mathrm{d}\varepsilon_{xy} = \mathrm{d}\varepsilon_{yz} = \mathrm{d}\varepsilon_{zx} = 0$，此时各应变增量就

是主应变增量，即

$$\frac{d\varepsilon_1}{\sigma'_1} = \frac{d\varepsilon_2}{\sigma'_2} = \frac{d\varepsilon_3}{\sigma'_3} = d\lambda \tag{4.3.12}$$

由式（4.3.12）可知，对于各向同性变形体，可以认为应变增量主轴和应力主轴（或偏差应力主轴）重合，所以不难理解塑性应变增量与偏差应力成比例关系。

假设某一个主方向应变为零，如 $d\varepsilon_2 = 0$，由式（4.3.12）可得，$\sigma'_2 = 0$，即 $\sigma_2 = \sigma_m$，于是有

$$\sigma_2 = \frac{\sigma_1 + \sigma_3}{2} \tag{4.3.13}$$

所以塑性变形过程中，当某一个方向的变形（平面变形或平面应变状态）为 0 时，该方向的主应力不为 0，且其值等于另两个方向主应力和的一半。

将式（4.3.10）进行进一步推导，可得

$$\frac{d\varepsilon_x + d\varepsilon_y + d\varepsilon_z}{\sigma'_x + \sigma'_y + \sigma'_z} = d\lambda \tag{4.3.14}$$

由于偏差应力的一次不变量等于零，即

$$\sigma'_x + \sigma'_y + \sigma'_z = 0 \tag{4.3.15}$$

所以，根据数学理论可知，式（4.3.14）中分子应该为 0，即

$$d\varepsilon_x + d\varepsilon_y + d\varepsilon_z = 0 \tag{4.3.16}$$

式（4.3.16）表明列维-米塞斯增量理论完全符合塑性变形过程体积不变条件。

知识运用： 试利用列维-米塞斯增量理论求解图 4.3.3 所示主坐标系下应力状态的塑性应变增量的比值。［答案：1：0：（-1）。］

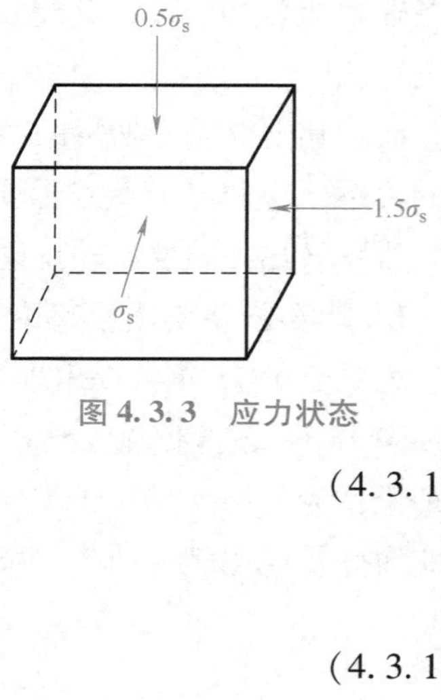

将式（4.3.10）等号两边同时除以变形时间增量 dt，可得应变速率各分量与偏差应力分量及剪应力分量成比例，即

0.5σ_s

1.5σ_s

σ_s

图 4.3.3　应力状态

$$\frac{\dot{\varepsilon}_x}{\sigma'_x} = \frac{\dot{\varepsilon}_y}{\sigma'_y} = \frac{\dot{\varepsilon}_z}{\sigma'_z} = \frac{\dot{\varepsilon}_{xy}}{\tau_{xy}} = \frac{\dot{\varepsilon}_{yz}}{\tau_{yz}} = \frac{\dot{\varepsilon}_{zx}}{\tau_{zx}} = d\lambda \tag{4.3.17}$$

或

$$\frac{\dot{\varepsilon}_x}{\sigma'_x} = \frac{\dot{\varepsilon}_y}{\sigma'_y} = \frac{\dot{\varepsilon}_z}{\sigma'_z} = \frac{\dot{\gamma}_{xy}}{2\tau_{xy}} = \frac{\dot{\gamma}_{yz}}{2\tau_{yz}} = \frac{\dot{\gamma}_{zx}}{2\tau_{zx}} = d\lambda \tag{4.3.18}$$

由式（4.3.10）或式（4.3.11）中正应变与应力偏张量关系，可得

$$d\varepsilon_x = d\lambda \sigma'_x = d\lambda(\sigma_x - \sigma_m) \tag{4.3.19}$$

由于 $\sigma_m = \frac{1}{3}(\sigma_x + \sigma_y + \sigma_z)$，所以

$$d\varepsilon_x = \frac{2}{3}d\lambda\left[\sigma_x - \frac{1}{2}(\sigma_y + \sigma_z)\right] \tag{4.3.20}$$

将式（4.3.20）与广义胡克定律表达式 $\varepsilon_x = \frac{1}{E}\left[\sigma_x - \mu\left(\sigma_y + \sigma_z\right)\right]$ 进行对比后不难发现，该

形式与广义胡克定律形式相近，而对于理想塑性材料，可以认为 $\mu = 0.5$，弹性模量 $E = \frac{3}{2\mathrm{d}\lambda}$。

同理，可得到 $\mathrm{d}\varepsilon_y$ 和 $\mathrm{d}\varepsilon_z$ 的表达式，于是有

$$\begin{cases} \mathrm{d}\varepsilon_x = \frac{2}{3}\mathrm{d}\lambda\left[\sigma_x - \frac{1}{2}(\sigma_y + \sigma_z)\right] \\[2mm] \mathrm{d}\varepsilon_y = \frac{2}{3}\mathrm{d}\lambda\left[\sigma_y - \frac{1}{2}(\sigma_z + \sigma_x)\right] \\[2mm] \mathrm{d}\varepsilon_z = \frac{2}{3}\mathrm{d}\lambda\left[\sigma_z - \frac{1}{2}(\sigma_x + \sigma_y)\right] \\[2mm] \mathrm{d}\varepsilon_{xy} = \frac{1}{2}\mathrm{d}\gamma_{xy} = \mathrm{d}\lambda\tau_{xy} \\[2mm] \mathrm{d}\varepsilon_{yz} = \frac{1}{2}\mathrm{d}\gamma_{yz} = \mathrm{d}\lambda\tau_{yz} \\[2mm] \mathrm{d}\varepsilon_{zx} = \frac{1}{2}\mathrm{d}\gamma_{zx} = \mathrm{d}\lambda\tau_{zx} \end{cases} \qquad (4.3.21)$$

知识运用：对于给定的应力张量 $\boldsymbol{\sigma}_{ij} = \begin{bmatrix} \dfrac{3}{2} & -\dfrac{1}{2\sqrt{2}} & -\dfrac{1}{2\sqrt{2}} \\[3mm] -\dfrac{1}{2\sqrt{2}} & \dfrac{11}{4} & -\dfrac{5}{4} \\[3mm] -\dfrac{1}{2\sqrt{2}} & -\dfrac{5}{4} & \dfrac{11}{4} \end{bmatrix}$（单位为 MPa），试求：

①主坐标系下的应力张量分解方程；②主方向上塑性应变增量比值。［答案：$\sigma_1 = 4\mathrm{MPa}$，

$\sigma_2 = 2\mathrm{MPa}$，$\sigma_3 = 1\mathrm{MPa}$，$\boldsymbol{\sigma}_{ij} = \begin{bmatrix} \dfrac{5}{3} & 0 & 0 \\[3mm] 0 & -\dfrac{1}{3} & 0 \\[3mm] 0 & 0 & -\dfrac{4}{3} \end{bmatrix} + \begin{bmatrix} \dfrac{7}{3} & 0 & 0 \\[3mm] 0 & \dfrac{7}{3} & 0 \\[3mm] 0 & 0 & \dfrac{7}{3} \end{bmatrix}$（单位为 MPa）；$\sigma_1' = \dfrac{5}{3}\mathrm{MPa}$，

$\sigma_2' = -\dfrac{1}{3}\mathrm{MPa}$，$\sigma_3' = -\dfrac{4}{3}\mathrm{MPa}$；$\mathrm{d}\varepsilon_1 : \mathrm{d}\varepsilon_2 : \mathrm{d}\varepsilon_3 = 5 : (-1) : (-4)$。］

2. 普朗特-路易斯增量理论

列维-米塞斯增量理论比较适合忽略弹性变形阶段大塑性变形过程力学问题求解，为了能够建立弹塑性变形过程的增量理论，1924 年普朗特首先对平面变形的特殊情况提出了理想弹-塑性体的应力-应变关系。1930 年路易斯将其推广到一般情况下的应力-应变关系。

普朗特-路易斯增量理论考虑了总应变增量中包括弹性应变增量和塑性应变增量两部分，假定在加载过程任一瞬间，塑性应变增量的各分量（用上角标 p 表示塑性）与相应的

偏差应力分量及剪应力分量成比例，即

$$\frac{\mathrm{d}\varepsilon_x^{\mathrm{p}}}{\sigma_x'}=\frac{\mathrm{d}\varepsilon_y^{\mathrm{p}}}{\sigma_y'}=\frac{\mathrm{d}\varepsilon_z^{\mathrm{p}}}{\sigma_z'}=\frac{\mathrm{d}\varepsilon_{xy}^{\mathrm{p}}}{\tau_{xy}}=\frac{\mathrm{d}\varepsilon_{yz}^{\mathrm{p}}}{\tau_{yz}}=\frac{\mathrm{d}\varepsilon_{zx}^{\mathrm{p}}}{\tau_{zx}}=\mathrm{d}\lambda$$

或写成

$$\mathrm{d}\varepsilon_{ij}^{\mathrm{p}}=\sigma_{ij}'\mathrm{d}\lambda \tag{4.3.22}$$

式中，$\mathrm{d}\lambda$ 为瞬时的正值比例系数，整个加载过程中可能是瞬时变量。

总应变增量是弹性应变增量（用上角标 e 表示弹性）和塑性应变增量之和，所以可得

$$\mathrm{d}\varepsilon_{ij}=\mathrm{d}\varepsilon_{ij}^{\mathrm{p}}+\mathrm{d}\varepsilon_{ij}^{e} \tag{4.3.23}$$

此时，针对某一个方向的偏差应变增量可以描述为

$$\mathrm{d}\varepsilon_x'=(\mathrm{d}\varepsilon_x')^{e}+(\mathrm{d}\varepsilon_x')^{\mathrm{p}}=(\mathrm{d}\varepsilon_x')^{e}+\mathrm{d}\varepsilon_x^{\mathrm{p}}-\mathrm{d}\varepsilon_{\mathrm{m}}^{\mathrm{p}} \tag{4.3.24}$$

根据塑性变形过程中体积不可压缩条件 $\mathrm{d}\varepsilon_{\mathrm{m}}^{\mathrm{p}}=0$，即

$$\mathrm{d}\varepsilon_x^{\mathrm{p}}+\mathrm{d}\varepsilon_y^{\mathrm{p}}+\mathrm{d}\varepsilon_z^{\mathrm{p}}=0 \tag{4.3.25}$$

或

$$\mathrm{d}\varepsilon_{\mathrm{m}}^{\mathrm{p}}=\frac{\mathrm{d}\varepsilon_x^{\mathrm{p}}+\mathrm{d}\varepsilon_y^{\mathrm{p}}+\mathrm{d}\varepsilon_z^{\mathrm{p}}}{3}=0 \tag{4.3.26}$$

所以

$$\begin{cases}\mathrm{d}\varepsilon_x'=(\mathrm{d}\varepsilon_x')^{e}+\mathrm{d}\varepsilon_x^{\mathrm{p}}\\ \mathrm{d}\varepsilon_{xy}=\mathrm{d}\varepsilon_{xy}^{e}+\mathrm{d}\varepsilon_{xy}^{\mathrm{p}}\end{cases} \tag{4.3.27}$$

由弹性条件下某一方向应变偏张量与应力偏张量的关系式即式（4.3.9）可以得到

$$\mathrm{d}\varepsilon_x'=\frac{1}{2G}\mathrm{d}\sigma_x' \tag{4.3.28}$$

将式（4.3.22）和式（4.3.28）代入式（4.3.27），则

$$\begin{cases}\mathrm{d}\varepsilon_x'=\dfrac{\mathrm{d}\sigma_x'}{2G}+\sigma_x'\mathrm{d}\lambda\\[2mm] \mathrm{d}\varepsilon_{xy}=\dfrac{\mathrm{d}\tau_{xy}}{2G}+\tau_{xy}\mathrm{d}\lambda\end{cases} \tag{4.3.29}$$

于是有

$$\begin{cases}\mathrm{d}\varepsilon_x'=\dfrac{\mathrm{d}\sigma_x'}{2G}+\sigma_x'\mathrm{d}\lambda,\ \mathrm{d}\varepsilon_{xy}=\dfrac{1}{2}\mathrm{d}\gamma_{xy}=\dfrac{\mathrm{d}\tau_{xy}}{2G}+\tau_{xy}\mathrm{d}\lambda\\[3mm] \mathrm{d}\varepsilon_y'=\dfrac{\mathrm{d}\sigma_y'}{2G}+\sigma_y'\mathrm{d}\lambda,\ \mathrm{d}\varepsilon_{yz}=\dfrac{1}{2}\mathrm{d}\gamma_{yz}=\dfrac{\mathrm{d}\tau_{yz}}{2G}+\tau_{yz}\mathrm{d}\lambda\\[3mm] \mathrm{d}\varepsilon_z'=\dfrac{\mathrm{d}\sigma_z'}{2G}+\sigma_z'\mathrm{d}\lambda,\ \mathrm{d}\varepsilon_{zx}=\dfrac{1}{2}\mathrm{d}\gamma_{zx}=\dfrac{\mathrm{d}\tau_{zx}}{2G}+\tau_{zx}\mathrm{d}\lambda\end{cases} \tag{4.3.30}$$

式（4.3.30）即为普朗特-路易斯增量理论方程。

应当指出，增量理论无论对简单加载还是复杂加载都是适用的，在靠近弹性区的塑性变形是很小的，不能忽视弹性应变，此时应采用普朗特-路易斯增量理论方程。然而在解决塑

性变形相当大的塑性加工问题时，常可以忽略弹性应变，此时可以使用列维-米塞斯增量理论方程。

> **知识拓展：** 路德维希·普朗特（1875—1953），德国物理学家，近代力学奠基人之一。他初学机械工程，1899 年获弹性力学博士后去工厂工作。普朗特重视观察和分析力学现象，养成了非凡的洞察能力，善于抓住物理本质。他于 1904 年在格丁根大学建立应用力学系，创立空气动力实验所和流体力学研究所，在边界层理论、风洞实验技术、机翼理论、紊流理论等方面都做出了重要的贡献，被称作空气动力学之父和现代流体力学之父。

4.3.3　全量理论

全量理论又称变形理论，建立了应力与应变全量之间的关系，这一点和弹性理论相似，但全量理论要求变形体是处于简单加载条件下才适用，即要求各应力分量在加载过程中按同一比例增加，因为只有在这种条件下变形体内各点应力主轴才不改变方向。比较经典的全量理论是 1924 年汉基提出的小塑性变形理论。该理论假定偏差塑性应变分量与相应的偏差应力分量及剪应力分量成比例，即

$$\frac{(\varepsilon_x')^{\mathrm{p}}}{\sigma_x'}=\frac{(\varepsilon_y')^{\mathrm{p}}}{\sigma_y'}=\frac{(\varepsilon_z')^{\mathrm{p}}}{\sigma_z'}=\frac{\varepsilon_{xy}^{\mathrm{p}}}{\tau_{xy}}=\frac{\varepsilon_{yz}^{\mathrm{p}}}{\tau_{yz}}=\frac{\varepsilon_{zx}^{\mathrm{p}}}{\tau_{zx}}=\lambda \tag{4.3.31}$$

式中，λ 为瞬时的正值比例常数，在整个加载过程中可能是瞬时变量。

因为 $(\varepsilon_x')^{\mathrm{p}}=\varepsilon_x^{\mathrm{p}}-\varepsilon_{\mathrm{m}}^{\mathrm{p}}=\varepsilon_x^{\mathrm{p}}$，式（4.3.31）也可改写为

$$\frac{\varepsilon_x^{\mathrm{p}}}{\sigma_x'}=\frac{\varepsilon_y^{\mathrm{p}}}{\sigma_y'}=\frac{\varepsilon_z^{\mathrm{p}}}{\sigma_z'}=\frac{\varepsilon_{xy}^{\mathrm{p}}}{\tau_{xy}}=\frac{\varepsilon_{yz}^{\mathrm{p}}}{\tau_{yz}}=\frac{\varepsilon_{zx}^{\mathrm{p}}}{\tau_{zx}}=\lambda \tag{4.3.32}$$

汉基小塑性变形理论主要适用于小塑性变形，对于大塑性变形，仅适用于简单加载条件，此时应力与应变主轴在加载过程中不变，并可用对数变形计算主应变。

坐标轴取主轴时，式（4.3.32）可写成

$$\varepsilon_1=\lambda\sigma_1',\varepsilon_2=\lambda\sigma_2',\varepsilon_3=\lambda\sigma_3' \tag{4.3.33}$$

应当指出，计算小塑性变形时，弹性变形不能忽略，否则会产生大的误差。解小弹塑性变形问题时，微小的全应变和应变增量可以近似等同，此时可采用式（4.3.30），只要把其中的应变增量改为微小的全应变即可。坐标轴取主轴，则由式（4.3.30）可得

$$\begin{cases} \varepsilon_1'=\left(\dfrac{1}{2G}+\lambda\right)\sigma_1' \\[2mm] \varepsilon_2'=\left(\dfrac{1}{2G}+\lambda\right)\sigma_2' \\[2mm] \varepsilon_3'=\left(\dfrac{1}{2G}+\lambda\right)\sigma_3' \end{cases} \tag{4.3.34}$$

尽管全量理论只适用于微小变形和简单加载条件，但由于全量理论表示应力与全量应变

——对应关系，这在数学处理上比较方便。另外，近年来的研究表明，全量理论的应用范围大大超过原来的一些限制，然而该理论仍缺乏普遍性，所以一般认为研究大塑性变形问题时采用增量理论更为合适。

4.4 变形抗力

胡克定律和增量理论准确体现了材料应力-应变关系的本质，在实际工程问题分析中，不同材料不同条件的应力-应变具体关系方程和参数差别较大，需要引入更为实用的数学模型来描述某种材料某种条件下的应力-应变关系，这便是变形抗力模型。变形抗力是指材料在一定温度、速度和变形程度条件下，保持原有状态而抵抗塑性变形的能力，与应力状态有直接关系，而不同的应力状态会有不同的变形抗力曲线。前已述及，屈服准则仅仅是屈服时各应力分量的函数，在初始屈服后继续加载过程中，由于加工硬化影响，对各向同性材料后继屈服轨迹半径增大，但米塞斯屈服准则仍然成立，无论是初始屈服极限还是变形过程中，瞬时屈服极限都用 σ_s 表示，所以 σ_s 也相当于为克服这种抵抗塑性变形的力，故又称为金属的变形抗力。

4.4.1 等效应力与等效应变

金属塑性加工时，工件可能受各种应力作用，依照单向受力状态下的应力和变形情况，引入等效应力和等效应变来描述复杂应力状态下的变形抗力和变形规律。在一般应力状态下，其应力分量 σ_{ij} 与金属变形抗力 σ_s 之间的关系可用米塞斯屈服准则式（4.2.11）表示，把等式两边开方，并用一个统一的应力 σ_e 的表达式等效表示 σ_s 的值，则得到

$$\sigma_e = \frac{1}{\sqrt{2}}\sqrt{(\sigma_x-\sigma_y)^2+(\sigma_y-\sigma_z)^2+(\sigma_z-\sigma_x)^2+6(\tau_{xy}^2+\tau_{yz}^2+\tau_{zx}^2)} = \sigma_s = \sqrt{3}\,k \qquad (4.4.1)$$

或

$$\sigma_e = \frac{1}{\sqrt{2}}\sqrt{(\sigma_1-\sigma_2)^2+(\sigma_2-\sigma_3)^2+(\sigma_3-\sigma_1)^2} = \sigma_s = \sqrt{3}\,k \qquad (4.4.2)$$

这样，在相同的变形温度和应变速率条件下，同一金属对任何应力状态，不论是初始屈服或塑性变形过程中的继续屈服，只要式（4.4.2）表示的应力 σ_e 等于金属变形抗力 σ_s 或等于 $\sqrt{3}$ 倍屈服剪应力 k 时，便继续屈服。由于 σ_e 与单向应力状态的变形抗力 σ_s 等效，所以 σ_e 称为等效应力。

在相同的变形温度和应变速率条件下，同一金属变形抗力取决于变形程度。在简单应力状态下，等效应力 $\sigma_e = \sigma_s = \sqrt{3}\,k$ 与变形程度的关系可用单向拉伸（或压缩）和薄壁管扭转试验确定的应力-应变关系曲线来表示。那么在一般应力状态下用什么样的等效应变 ε_e 才能使等效应力 σ_e 与等效应变 ε_e 的关系曲线（即 σ_e-ε_e 曲线）等效于简单应力状态下的应力-应变

关系曲线是必须解决的问题。

金属的加工硬化取决于金属内的变形潜能,一般应力状态和单向应力状态在加工硬化程度上等效,意味着两者的变形潜能相同。变形潜能取决于塑性变形功耗,如果一般应力状态和简单应力状态的塑性变形功耗相等,则两者在加工硬化程度上等效。

假定取的坐标轴为主轴,并考虑塑性应变与偏差应力有关,则产生微小的塑性应变增量时,单位体积内的塑性变形功增量可表示为

$$\mathrm{d}A_{\mathrm{p}} = \sigma'_1 \mathrm{d}\varepsilon_1 + \sigma'_2 \mathrm{d}\varepsilon_2 + \sigma'_3 \mathrm{d}\varepsilon_3 \tag{4.4.3}$$

从矢量代数中已知,两矢量的数量积(或点积)等于对应坐标分量乘积之和。因此,式(4.4.3)可写成

$$\mathrm{d}A_{\mathrm{p}} = \boldsymbol{\sigma}' \cdot \mathrm{d}\boldsymbol{\varepsilon} = |\boldsymbol{\sigma}'| \cdot |\mathrm{d}\boldsymbol{\varepsilon}| \cos\theta \tag{4.4.4}$$

式中,θ 为两个矢量的夹角。

如前所述,假定塑性应变增量的主轴与偏差应力主轴重合,按式(4.4.3)两者相应的分量成比例,则两矢量方向一致,即 $\theta = 0$,所以

$$\mathrm{d}A_{\mathrm{p}} = |\boldsymbol{\sigma}'| \cdot |\mathrm{d}\boldsymbol{\varepsilon}| \tag{4.4.5}$$

由图 4.2.5 及式(4.2.31)可知

$$|\boldsymbol{MP}|^2 = (\sigma'_1)^2 + (\sigma'_2)^2 + (\sigma'_3)^2 = |\boldsymbol{\sigma}'|^2 \tag{4.4.6}$$

所以由式(4.2.32)和式(4.4.6)可得

$$|\boldsymbol{\sigma}'| = \sqrt{\frac{2}{3}}\sigma_{\mathrm{s}} = \frac{1}{\sqrt{3}}\sqrt{(\sigma_1-\sigma_2)^2+(\sigma_2-\sigma_3)^2+(\sigma_3-\sigma_1)^2} \tag{4.4.7}$$

由应力与应变的相似性以及应变增量与应力主轴重合性假设,应变增量矢量 $\mathrm{d}\boldsymbol{\varepsilon}$ 的模可表示为

$$|\mathrm{d}\boldsymbol{\varepsilon}| = \frac{1}{\sqrt{3}}\sqrt{(\mathrm{d}\varepsilon_1-\mathrm{d}\varepsilon_2)^2+(\mathrm{d}\varepsilon_2-\mathrm{d}\varepsilon_3)^2+(\mathrm{d}\varepsilon_3-\mathrm{d}\varepsilon_1)^2} \tag{4.4.8}$$

将式(4.4.7)和式(4.4.8)代入式(4.4.5),可得

$$\mathrm{d}A_{\mathrm{p}} = \sqrt{\frac{2}{3}}\sigma_{\mathrm{s}} \cdot \frac{1}{\sqrt{3}}\sqrt{(\mathrm{d}\varepsilon_1-\mathrm{d}\varepsilon_2)^2+(\mathrm{d}\varepsilon_2-\mathrm{d}\varepsilon_3)^2+(\mathrm{d}\varepsilon_3-\mathrm{d}\varepsilon_1)^2} \tag{4.4.9}$$

令 $\mathrm{d}A_{\mathrm{p}} = \sigma_{\mathrm{e}}\mathrm{d}\varepsilon_{\mathrm{e}}$,则由式(4.4.9)可得

$$\mathrm{d}\varepsilon_{\mathrm{e}} = \sqrt{\frac{2}{9}\left[(\mathrm{d}\varepsilon_1-\mathrm{d}\varepsilon_2)^2+(\mathrm{d}\varepsilon_2-\mathrm{d}\varepsilon_3)^2+(\mathrm{d}\varepsilon_3-\mathrm{d}\varepsilon_1)^2\right]} \tag{4.4.10}$$

式(4.4.10)表示的应变增量 $\mathrm{d}\varepsilon_{\mathrm{e}}$ 就是坐标轴取主轴时的等效应变增量。

由增量理论,在比例加载或比例应变的条件下,即

$$\frac{\mathrm{d}\varepsilon_1}{\varepsilon_1} = \frac{\mathrm{d}\varepsilon_2}{\varepsilon_2} = \frac{\mathrm{d}\varepsilon_3}{\varepsilon_3} = \frac{\mathrm{d}\varepsilon_{\mathrm{e}}}{\varepsilon_{\mathrm{e}}} \tag{4.4.11}$$

可得

$$\varepsilon_{\mathrm{e}} = \sqrt{\frac{2}{9}\left[(\varepsilon_1-\varepsilon_2)^2+(\varepsilon_2-\varepsilon_3)^2+(\varepsilon_3-\varepsilon_1)^2\right]} \tag{4.4.12}$$

又有

$$3(\varepsilon_1^2+\varepsilon_2^2+\varepsilon_3^2)-(\varepsilon_1+\varepsilon_2+\varepsilon_3)^2=(\varepsilon_1-\varepsilon_2)^2+(\varepsilon_2-\varepsilon_3)^2+(\varepsilon_3-\varepsilon_1)^2 \tag{4.4.13}$$

而塑性变形过程体积不变，$\varepsilon_1+\varepsilon_2+\varepsilon_3=0$，所以式（4.4.13）也可以写为

$$\varepsilon_e=\sqrt{\frac{2}{3}(\varepsilon_1^2+\varepsilon_2^2+\varepsilon_3^2)} \tag{4.4.14}$$

式中，ε_e 为等效应变。

当然，如果同时考虑弹性和塑性条件，引入泊松比后，等效应变表达式（4.4.12）也可以描述为

$$\varepsilon_e=\frac{1}{\sqrt{2}(1+\mu)}\sqrt{(\varepsilon_1-\varepsilon_2)^2+(\varepsilon_2-\varepsilon_3)^2+(\varepsilon_3-\varepsilon_1)^2} \tag{4.4.15}$$

当泊松比为 0.5 时，为理想塑性材料，等效应变表达式与式（4.4.12）完全相同。

把列维-米塞斯流动法则代入式（4.4.10），则等效应变增量可写成

$$\begin{aligned}
d\varepsilon_e&=\sqrt{\frac{2}{9}d\lambda^2[(\sigma_1'-\sigma_2')^2+(\sigma_2'-\sigma_3')^2+(\sigma_3'-\sigma_1')^2]}\\
&=\sqrt{\frac{2}{9}d\lambda^2[(\sigma_1-\sigma_2)^2+(\sigma_2-\sigma_3)^2+(\sigma_3-\sigma_1)^2]}
\end{aligned} \tag{4.4.16}$$

将式（4.4.2）代入式（4.4.16），则可得到等效应变增量与等效应力的关系为

$$d\varepsilon_e=\frac{2}{3}d\lambda\sigma_e \tag{4.4.17}$$

或

$$d\lambda=\frac{3}{2}\frac{d\varepsilon_e}{\sigma_e} \tag{4.4.18}$$

根据式（4.4.18）描述的 $d\lambda$ 表达式，可以将列维-米塞斯增量理论写成

$$\begin{cases}
d\varepsilon_x=\dfrac{3}{2}\dfrac{d\varepsilon_e}{\sigma_e}\sigma_x'\\[2mm]
d\varepsilon_y=\dfrac{3}{2}\dfrac{d\varepsilon_e}{\sigma_e}\sigma_y'\\[2mm]
d\varepsilon_z=\dfrac{3}{2}\dfrac{d\varepsilon_e}{\sigma_e}\sigma_z'\\[2mm]
d\varepsilon_{xy}=\dfrac{3}{2}\dfrac{d\varepsilon_e}{\sigma_e}\tau_{xy}\\[2mm]
d\varepsilon_{yz}=\dfrac{3}{2}\dfrac{d\varepsilon_e}{\sigma_e}\tau_{yz}\\[2mm]
d\varepsilon_{zx}=\dfrac{3}{2}\dfrac{d\varepsilon_e}{\sigma_e}\tau_{zx}
\end{cases} \tag{4.4.19}$$

或写成

$$d\varepsilon_{ij} = \frac{3}{2}\frac{d\varepsilon_e}{\sigma_e}\sigma'_{ij} \tag{4.4.20}$$

由式（4.4.18）可知，通过引入等效应力 σ_e 和等效应变 $d\varepsilon_e$，塑性变形时应力与应变关系中的 $d\lambda$ 便可确定，从而可以进一步求出应变增量的具体数值。

知识运用： 试求解图 4.4.1 所示主坐标系下受力微元体应力状态的塑性应变增量与等效应变增量的关系表达式。[答案：$d\varepsilon_1 : d\varepsilon_2 : d\varepsilon_3 : d\varepsilon_e = 2 : (-1) : (-1) : 2$。]

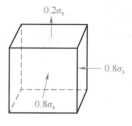

图 4.4.1　受力微元体应力状态

知识拓展： ECAP 试样在压力 P 的作用下通过相同横截面的贯通通道（图 4.4.2 所示，相交内转角为 Φ，外转角为 Ψ），试样在交截处（弯曲部位）产生近似理想的纯剪切变形。反复挤压可使各道次变形的应变量累积叠加而得到相当大的总应变量，进而使原材料中较大的金属晶粒在很大的塑性变形下被细化成亚微米甚至纳米级的超细晶粒。一般来说，塑性变形的累积等效应变越大，晶粒细化越显著。

试样与模具通道内表面之间完全润滑的条件下，ECAP 产生的总的剪切应变量及等效应变量取决于挤压道次数 N、模具两通道相交的内转角 Φ 和外转角 Ψ 的大小，即

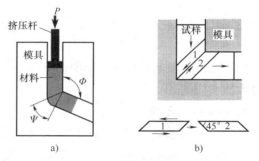

图 4.4.2　ECAP 变形与纯剪切示意图
a）变形示意图　b）纯剪切示意图

$$\bar{\varepsilon}_N = \frac{N}{\sqrt{3}}\left[2\cot\left(\frac{\Phi}{2}+\frac{\Psi}{2}\right)+\Psi\csc\left(\frac{\Phi}{2}+\frac{\Psi}{2}\right)\right]$$

式中，$\bar{\varepsilon}_N$ 为总的等效真应变。典型的 Φ 取值为 90°、120° 和 150°，此外也有 45° 和 100° 等，通道为圆形或矩形。通道相交处可为圆角，也可为尖角。

4.4.2　变形抗力曲线

塑性变形是由式（4.4.2）确定的等效应力 σ_e，其大小等于单向应力状态的变形抗力，无论简单应力状态或复杂应力状态做出的 σ_e-ε_e 曲线，均称为变形抗力曲线或真应力-应变曲线。目前常以单向拉伸、单向压缩、平面变形、薄壁管扭转、双向等拉等试验来获得材料变形抗力曲线，是新材料、新工艺研究中不可或缺的关键基础数据。

1. 单向拉伸和单向压缩

单向拉伸和单向压缩试验是较为简单有效的变形抗力曲线试验方法，在材料力学性能研

究中较常用，如图 4.4.3 所示。

1）单向拉伸过程中，$\sigma_1 > 0$，$\sigma_2 = \sigma_3 = 0$，根据增量理论及体积不变条件可知应变增量关系为 $-\mathrm{d}\varepsilon_2 = -\mathrm{d}\varepsilon_3 = \mathrm{d}\varepsilon_1/2$，将应力和应变代入等效应力和等效应变表达式可得

$$\begin{cases} \sigma_e = \sigma_1 = \sigma_s \\ \mathrm{d}\varepsilon_e = \mathrm{d}\varepsilon_1 \end{cases} \qquad (4.4.21)$$

对等效应变增量进行积分可得拉伸过程等效应变表达式为

$$\varepsilon_e = \int \mathrm{d}\varepsilon_1 = \int_{l_0}^{l_1} \frac{\mathrm{d}l}{l} = \ln \frac{l_1}{l_0} \qquad (4.4.22)$$

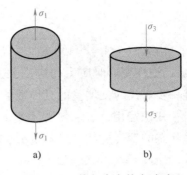

图 4.4.3 单向应力状态试验
a）单向拉伸 b）单向压缩

2）单向压缩过程中，$\sigma_3 < 0$，$\sigma_2 = \sigma_1 = 0$（假设接触表面光滑无摩擦），则 $\mathrm{d}\varepsilon_1 = \mathrm{d}\varepsilon_2 = -\mathrm{d}\varepsilon_3/2$，采用和单向拉伸相同的方法可以得到

$$\begin{cases} \sigma_e = \sigma_3 = \sigma_s \\ \varepsilon_e = \int_{h_0}^{h_1} \frac{\mathrm{d}h}{h} = -\ln \frac{h_0}{h_1} \end{cases} \qquad (4.4.23)$$

由上可见，单向拉伸或压缩时的等效应力等于金属变形抗力 σ_s，而等效应变等于绝对值最大的主应变 ε_1 或 ε_3。

2. 平面变形压缩

平面变形试验所用的工具是一对狭长的窄平锤，板条宽为 b，厚度为 h，变形区长度为 l，如图 4.4.4 所示。

在平面变形压缩条件下，近似认为充分润滑，接触表面无摩擦，$\sigma_3 < 0$，$\sigma_1 = 0$，根据平面变形条件，中间主应力等于第一主应力和第三主应力和的一半，$\sigma_2 = \sigma_3/2$；此时 $\mathrm{d}\varepsilon_2 = 0$，根据体积不变条件，$\mathrm{d}\varepsilon_1 = -\mathrm{d}\varepsilon_3$，将应力和应变增量代入等效应力表达式，可得

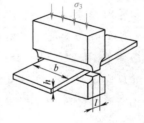

图 4.4.4 平面变形压缩

$$\begin{cases} \sigma_e = \dfrac{\sqrt{3}}{2}\sigma_3 = \sigma_s \\ \varepsilon_e = \dfrac{2}{\sqrt{3}}\varepsilon_3 = -\dfrac{2}{\sqrt{3}}\ln \dfrac{h_0}{h_1} = -1.155\ln \dfrac{h_0}{h_1} \end{cases} \qquad (4.4.24)$$

根据式（4.4.24）也可以得到 $\sigma_3 = \dfrac{2}{\sqrt{3}}\sigma_s = 1.155\sigma_s$。通常把平面压缩时压缩方向的应力 $\sigma_3 = 1.155\sigma_s$ 称为平面变形抗力，常用 K 表示，即

$$K = 1.155\sigma_s = 2k \qquad (4.4.25)$$

3. 薄壁管扭转

将薄壁管扭转试验中管材扭转时的转角与载荷的关系转换成切应力与切应变的关系，可以在大应变范围内获得等效应力和等效应变关系曲线，如图 4.4.5 所示。

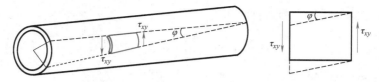

图 4.4.5　薄壁管扭转试验

前已述知，薄壁管扭转过程中 $\sigma_1 = -\sigma_3$，$\sigma_2 = 0$（壁厚方向），$\mathrm{d}\varepsilon_1 = -\mathrm{d}\varepsilon_3$，$\mathrm{d}\varepsilon_2 = 0$，将应力和应变代入等效应力和等效应变表达式，可得

$$\begin{cases} \sigma_e = \sqrt{3}\,\sigma_1 = \sigma_s = \sqrt{3}\,k \\ \varepsilon_e = \dfrac{2}{\sqrt{3}}\varepsilon_1 \end{cases} \tag{4.4.26}$$

或

$$\sigma_1 = \frac{\sigma_s}{\sqrt{3}} = k \tag{4.4.27}$$

根据剪应变求解方法，因为

$$\mathrm{d}\varepsilon_{13} = \frac{\mathrm{d}\varepsilon_1 - \mathrm{d}\varepsilon_3}{2} = \frac{\mathrm{d}\varepsilon_1 - (-\mathrm{d}\varepsilon_1)}{2} = \mathrm{d}\varepsilon_1 \tag{4.4.28}$$

工程剪应变 $\gamma = 2\varepsilon_{13}$ 或 $\varepsilon_{13} = \gamma/2$，故

$$\mathrm{d}\varepsilon_{13} = \frac{1}{2}\mathrm{d}\gamma = \mathrm{d}\varepsilon_1 \tag{4.4.29}$$

所以

$$\varepsilon_{13} = \varepsilon_1 = \frac{1}{2}\int_0^\gamma \mathrm{d}\gamma = \frac{1}{2}\gamma \tag{4.4.30}$$

将式（4.4.30）代入式（4.4.26），则

$$\varepsilon_e = \frac{\gamma}{\sqrt{3}} = \frac{\tan\varphi}{\sqrt{3}} \tag{4.4.31}$$

4. 双向等拉

将一块圆形板四周固定，然后在内部给予气压或液压进行胀形，如图 4.4.6 所示。

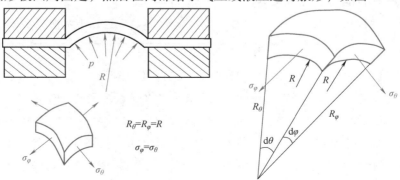

图 4.4.6　双向等拉过程及受力微元体

103

根据图示微元体的受力平衡条件，可得

$$pRd\theta d\varphi - 2\sigma_\theta Rd\varphi t\sin\left(\frac{d\theta}{2}\right) - 2\sigma_\varphi Rd\theta t\sin\left(\frac{d\varphi}{2}\right) = 0 \tag{4.4.32}$$

式中，p 为内压；σ_θ、σ_φ 为"经线""纬线"上的正应力；t 为板厚。

根据对称性，$\sigma_\theta = \sigma_\varphi$，$d\theta = d\varphi$，又由 $d\theta$ 和 $d\varphi$ 是无穷小量，$\sin\left(\frac{d\theta}{2}\right) = \frac{d\theta}{2}$，$\sin\left(\frac{d\varphi}{2}\right) = \frac{d\varphi}{2}$，所以式（4.4.32）可简化为

$$\sigma_\theta = \sigma_\varphi = \frac{pR}{2t} \tag{4.4.33}$$

对于薄板拉伸过程，厚度方向表面发生塑性变形时整体进入塑性状态，自由表面上厚度方向应力 $\sigma_t = 0$。

根据增量理论和塑性变形体积不变条件，可得

$$d\varepsilon_\theta = d\varepsilon_\varphi = -\frac{1}{2}d\varepsilon_t \tag{4.4.34}$$

将式（4.4.33）和式（4.4.34）代入等效应力和等效应变表达式，可得 $d\varepsilon_e = d\varepsilon_t$，故

$$\begin{cases} \sigma_e = \sigma_\theta = \sigma_s = \sqrt{3}k \\ \varepsilon_e = \int_{t_0}^{t_1} d\varepsilon_t = \int_{t_0}^{t_1} \frac{dt}{t} = -\ln\frac{t_1}{t_0} \end{cases} \tag{4.4.35}$$

应当指出，引入等效应力和等效应变后，可以把各种应力状态下的变形抗力曲线折算成 σ_e-ε_e 曲线，进而使得材料具有统一的应力-应变曲线。从理论上来说，对于同一种材料，通过各种试验获得的各种折合的 σ_e-ε_e 曲线应该是重合的，但实际上有一定偏差，故需综合各方面大量试验数据才能获得较为准确的 σ_e-ε_e 曲线。

图 4.4.7 所示为单向拉伸和薄壁管扭转的 σ_e-ε_e 曲线，结果表明：当 $\varepsilon_e < 0.2$ 时，两者的 σ_e-ε_e 曲线重合；$\varepsilon_e > 0.2$ 时，扭转时的 σ_e-ε_e 曲线比拉伸时的 σ_e-ε_e 曲线低。两者的差别可能是由于变形程度大时，各向异性有所发生，而拉伸比薄壁管扭转各向异性更严重。

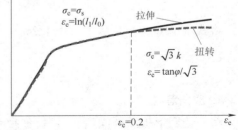

图 4.4.7　单向拉伸和薄壁管扭转的 σ_e-ε_e 曲线

知识拓展： 伽利略·伽利雷（1564—1642），意大利天文学家、物理学家和工程师，欧洲近代自然科学的创始人，被称为观测天文学之父、现代物理学之父、科学方法之父、现代科学之父。他是第一个把试验引进力学的科学家，牛顿在《自然哲学的数学原理》中表述"任何物体都要保持匀速直线运动或静止状态，直到外力迫使它改变运动状态为止"，这一惯性理论正是基于伽利略相对性原理，是力学平衡方程的奠基理论。

4.4.3 变形抗力模型

变形抗力是金属对使其发生塑性变形的外力的抵抗能力。它既是确定塑性加工性能参数的重要因素，又是金属构件的主要力学性能指标，依据不同试验过程应力状态下求解的 σ_e-ε_e 曲线所得 σ_e-ε_e 关系方程，称之为变形抗力模型或本构模型，其大小用等效应力表达式描述。

1. 变形抗力影响因素

影响等效应力 σ_e 变化的因素众多，不同材料的变形抗力不仅取决于变形金属的成分和组织，也取决于不同的变形条件，主要包括变形温度、应变速率、变形程度和应力状态等。

（1）变形温度影响 由于温度的升高，降低了金属原子间的结合力，因此几乎所有金属与合金的变形抗力都随变形温度的升高而降低。当然，那些随温度变化产生物理-化学变化或相变的金属或合金会有例外，如碳钢在蓝脆温度范围内（一般为 $300 \sim 400℃$，取决于应变速率）变形抗力随温度升高而增加。另外，一般随温度升高材料硬化强度减小，而且当温度达到某一值时，由于动态回复和动态再结晶作用，加工软化作用起主导，变形抗力保持一水平线，甚至降低。

（2）应变速率影响 应变速率对变形抗力的影响主要从两方面考虑：从金属学已知，随着应变速率增加，位错移动速率增加，变形抗力增加；另一方面，随着变形增加，单位时间内的变形功增加，转化为热的能量增加，而变形金属向周围介质散热量减少，从而使变形热效应显著提升，变形温度上升，降低了金属的变形抗力。

可见，应变速率增加，变形抗力增加，但在不同温度范围内，变形抗力的增加速率不同。在冷变形的温度范围内，应变速率提高，变形抗力有所增加，但影响相对较小。在热变形温度范围内，金属变形抗力相对较小，变形热效应作用相对较小，随着应变速率的提高，变形时间缩短，软化过程来不及充分进行，所以变形抗力明显增加；当变形温度继续升高到一定程度时，软化速度将大大提高，以致应变速率的影响有所下降。

（3）变形程度影响 无论在室温或较高温度条件下，只要回复或再结晶来不及进行，则随着变形程度的增加，必然产生加工硬化，因而使变形抗力增加。通常变形程度在 30% 以下时，变形抗力增加比较显著，当变形程度较高时，随着变形程度的增加，晶格畸变能增加，促进了回复与再结晶过程的发生与发展，也使变形抗力的增加变得比较缓慢。应当指出，在动态结晶温度以上变形时，如果变形速度较慢，此时动态结晶能够充分发生，变形抗力会出现一定的下降，且随着变形程度增加，利于动态再结晶充分发生，进而导致变形抗力下降。

（4）应力状态影响 由于变形抗力是一个与应力状态有关的量，所以实际变形过程中应力状态不同，变形抗力有所差异。例如在相同变形程度和变形速度下，由于拉拔过程为两向压应力一向拉应力，利于正应变在拉应力方向产生，而挤压过程为三向压应力，不利于挤压方向正应变产生，所以拉拔过程变形抗力相比挤压的抗力小，故塑性加工过程中压应力状态越强，变形抗力越大，但三向压应力状态利于裂纹愈合，故材料塑性能力提高，这对难变形材料的塑性变形量提升十分有帮助。

（5）接触摩擦影响 接触摩擦不仅能改变应力状态进而间接影响变形抗力，而且一般情况下摩擦力越大变形非均匀性增加，所以实际变形抗力越大。

2. 变形抗力数学模型

综上所述，对于一定的金属材料，其变形抗力表达式 σ_e 一般可以描述为变形温度、应变速率和变形程度的函数。即

$$\sigma_e = f(\varepsilon, \dot{\varepsilon}, T) \tag{4.4.36}$$

为工程计算方便，研究学者基于热变形和冷变形时这些因素所起的作用程度不同，通过试验和数学归纳，分别得出下列可供实际使用参考的变形抗力模型。

冷变形时变形抗力模型主要考虑材料变形程度和加工硬化敏感性，即

$$\sigma_e = \sigma_s = A + B\varepsilon^n \tag{4.4.37}$$

式中，A 为退火状态时变形金属的变形抗力；n、B 为与材质、变形条件有关的系数。

热变形时，由于塑性成形过程中塑性变形很大，弹性变形可以忽略，变形抗力模型主要考虑变形程度、应变速率和变形温度，即

$$\sigma_e = \sigma_s = A\varepsilon^a \dot{\varepsilon}^b e^{-cT} \tag{4.4.38}$$

式中，A、a、b、c 为取决于材质和变形条件的常数；T 为变形温度；ε 为变形程度；$\dot{\varepsilon}$ 为应变速率。

3. 变形抗力实际建模

尽管式（4.4.37）和式（4.4.38）给出了材料不同变形条件下的变形抗力模型，但在实际材料试验中，为了精确描述材料应力-应变曲线，其应力-应变关系方程更为复杂，需要依据实际试验曲线进行非线性回归。

图 4.4.8 所示为 Fe-6.5%Si 钢在变形温度为 $300 \sim 600℃$、应变速率为 $0.05 \sim 5s^{-1}$ 范围内进行单道次中温压缩过程的真实应力-应变曲线。中低温条件下，材料变形过程流动应力曲线一般包括弹性变形、均匀塑性变形、非均匀塑性变形及断裂，材料发生屈服后进入均匀塑性变形，当到达抗拉强度后进入非均匀塑性变形（塑性失稳），直至最后断裂。加工硬化的主导作用使初始阶段流动应力迅速增加，随着应变积累值增加软化机制启动。温度较低时，加工硬化占主导地位，温度较高（600℃）时软化和硬化作用基本相当，流动应力增加到峰值后保持平稳状态。应变速率相同时，随着变形温度升高，动态软化程度增加，流动应力有所降低。当变形温度较高时，应变速率增加，位错移动速率增加，流动应力显著增加；当变形温度较低（300℃）时，应变速率增加并没有引起流动应力显著增加，这可能是当应变速率较快时，热效应显著，导致软化程度增加平衡的结果。$300 \sim 500℃$ 变形温度下，变形抗力过峰值后均有不同程度的降低，这是由于试样产生了剪切裂纹导致塑性失效，内部产生了显著裂纹。

基于加工硬化考虑，利用钢铁材料冷变形应变积累模型构建 Fe-6.5%Si 钢均匀塑性阶段的变形抗力模型为

$$\sigma_e = A\varepsilon_e^m \tag{4.4.39}$$

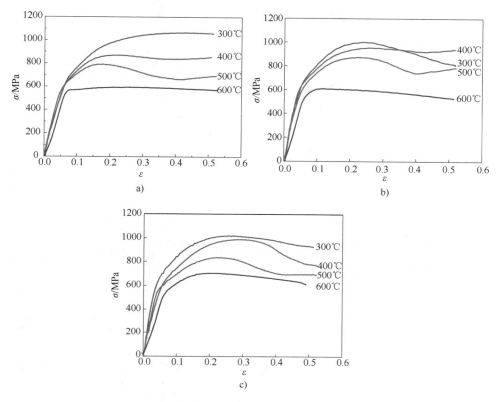

图 4.4.8　不同条件下 Fe-6.5%Si 钢变形应力-应变曲线

a) $0.05s^{-1}$　b) $0.5s^{-1}$　c) $5s^{-1}$

但根据应力-应变曲线可以明显看到，整个加工硬化过程变形抗力受温度和应变速率影响较大，为此将应变硬化指数描述为温度和应变速率相关的函数，即

$$m = B\dot{\varepsilon}^C \exp(D/T) \tag{4.4.40}$$

通过非线性回归和各参数影响规律的线性拟合，可得到中温压缩过程中该钢种的变形抗力模型为

$$\sigma_e = (2674.54 - 2.06T)\varepsilon_e^{0.0754}\dot{\varepsilon}^{-0.021}\exp(711/T) \tag{4.4.41}$$

对于热变形过程，材料变形抗力达到一定峰值后一般会有所降低，通常在充分考虑变形温度、应变速率和变形量的基础上，用阿仑尼乌斯（Arrhenius）方程描述峰值应力方程。图 4.4.9 所示为 AZ91 镁合金单道次等温压缩过程的真应力-应变曲线。可以看出，在温度一定的情况下，曲线峰值应力随着应变速率的增大而增大，这是由于应变速率增加时，动态再结晶造成的软化机制发生作用的时间滞后，软化速度需要更长的时间与硬化速度相平衡，因此造成应力的增加。在应变速率一定的情况下，流动应力值随着温度的升高而降低。在金属变形的初级阶段，位错密度增加造成的加工硬化占主导作用，应力值不断增大，由于温度升高，金属中原子的动能增加，原子的结合力减小，镁合金中潜在的滑移系得以启动，造成合金流动应力值减小。此外，由于镁合金层错能较低，形核过程也受热激活控制，温度的升高也会使动态再结晶及晶粒长大造成的软化作用发生时间提前，使得在温度较高的变形条件

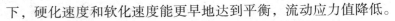

下，硬化速度和软化速度能更早地达到平衡，流动应力值降低。

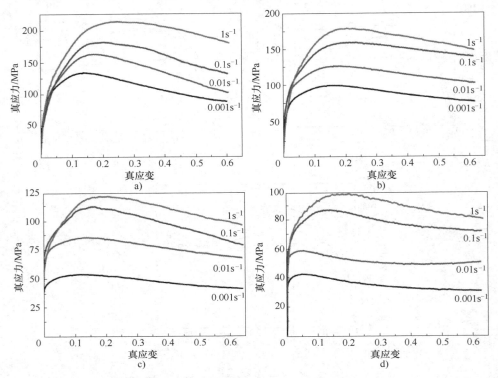

图 4.4.9　AZ91 镁合金在不同温度和应变速率下的真应力-应变曲线
a) 200℃　b) 250℃　c) 300℃　d) 350℃

根据图 4.4.9 所示压缩过程应力-应变曲线，基于分段函数构建思想和峰值应力的阿仑尼乌斯方程，将曲线变化分为初始弹塑性（峰值应力前）和稳定塑性（峰值应力后）两个阶段，然后通过非线性回归和线性拟合可以得到 AZ91 镁合金本构方程的变形抗力模型。

第一阶段本构方程描述为

$$\begin{cases} \sigma_e = \sigma_p \left[\left(\dfrac{\varepsilon}{\varepsilon_p} \right) \exp\left(1 - \dfrac{\varepsilon}{\varepsilon_p} \right) \right]^{C_1} \\ C_1 = 1.059 - 2.345 \times 10^{-3} T + 30.36 \times 10^{-3} \ln \dot{\varepsilon} \\ \sigma_p = 127.36 \ln \left\{ \left[\left(\dfrac{Z_p}{9.66 \times 10^{12}} \right)^{1/7.6865} + \left(\dfrac{Z_p}{9.66 \times 10^{12}} \right)^{2/7.6865} + 1 \right]^{1/2} \right\} \\ Z_p = \dot{\varepsilon} \exp[150814/(RT)] \end{cases} \quad (4.4.42)$$

第二阶段可以描述为线性方程，也可以描述为非线性方程，当第二阶段描述为线性方程时，本构方程描述为

$$\sigma_e = \sigma_p - 978.17 \dot{\varepsilon}^{0.0674} \exp(-9.85T/1000)(\varepsilon - \varepsilon_p) \quad (4.4.43)$$

第二阶段描述为非线性方程时，本构方程描述为

$$\begin{cases} \sigma_e = \sigma_{s0} + (\sigma_p - \sigma_{s0}) \exp \left[C_2 \left(\varepsilon - \dfrac{\varepsilon_p}{2} - \dfrac{\varepsilon^2}{2\varepsilon_p} \right) \right] \\ \varepsilon_p = 1.01 \times 10^{-3} \sigma_p + 35.28 \times 10^{-3}, C_2 = 37.45 \exp(-7.2T/1000) \dot{\varepsilon}^{0.065} \end{cases} \qquad (4.4.44)$$

综上所述，依据应力-应变曲线构建精确的变形抗力模型对优化材料塑性加工工艺参数具有重要意义。变形抗力模型随着材料性质和塑性变形过程有较大的差别，因此需要依据实际塑性加工过程有针对性地建立精确的材料变形抗力模型或对变形抗力模型进行适当简化。

4. 变形抗力模型简化

由于材料实际变形抗力模型复杂给塑性加工过程力学问题分析带来了较大困难，因此，进行塑性成形力学问题数值解析时，常把实际变形体（工件）理想化而采用以下简化的应力-应变模型，如图 4.4.10 所示。

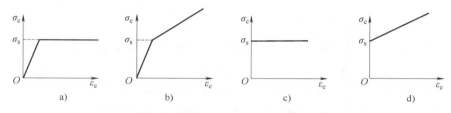

图 4.4.10　几种简化的应力-应变模型

图 4.4.10a 所示为理想弹塑性模型，该模型的特点在于屈服后 σ_e 与变形程度 ε_e 无关，即

$$\sigma_e = \sigma_s, \varepsilon \geqslant \sigma_s/E \qquad (4.4.45)$$

该模型较适用于软化与硬化相近的热加工过程，通常用于分析进入塑性阶段金属质点塑性流动不受太大限制的受力问题。例如：受内压作用的厚筒，塑性区由内壁开始扩展至外表面，一旦厚筒壁整个断面进入塑性状态，无限制的塑性流动成为可能，此时，利用该模型不仅简便且能反映问题的力学特征。

图 4.4.10b 所示为理想弹塑性强化模型，该模型的弹塑性区域分开表示，即

$$\begin{cases} \sigma_e = E\varepsilon_e, \varepsilon \leqslant \sigma_s/E \\ \sigma_e = \sigma_s + D(\varepsilon - \sigma_s/E), \varepsilon > \sigma_s/E \end{cases} \qquad (4.4.46)$$

该模型考虑了加工硬化，应力-应变曲线呈线性，只是弹性和塑性过程中曲线斜率有所差异，常用于考虑弹性问题的常温塑性加工问题分析，如拉深、弯曲等冷冲压工艺。

图 4.4.10c 所示为理想刚塑性模型，该模型与理想弹塑性模型图 4.4.10a 相近，只是忽略了弹性过程，即

$$\sigma_e = \sigma_s \qquad (4.4.47)$$

该模型通常用于分析高温大塑性变形过程，实质是忽略弹性变形过程，如热锻、厚板热轧、棒材热挤压等。

图 4.4.10d 所示为理想塑性强化模型，该模型与图 4.4.10b 所示模型相近，只是不考虑弹性过程，即

$$\sigma_e = \sigma_s + D\varepsilon \qquad\qquad (4.4.48)$$

该模型通常用于分析中低温大塑性加工问题或需考虑加工硬化的热加工过程，如冷镦、热冲压等。

知识运用： 取向高硅钢被誉为现代钢铁业"皇冠上的明珠"，主要用作电机、变压器、电气以及电工仪表中的磁性材料。图 4.4.11 所示为 Fe-6.5%Si 在 1000℃时单道次压缩试验过程真应力-应变曲线，进行工程问题求解时，该应力-应变模型可以简化为哪类模型。（答案：变形量较小时可以简化为理想弹塑性模型，变形量较大时可以简化为理想刚塑性模型。）

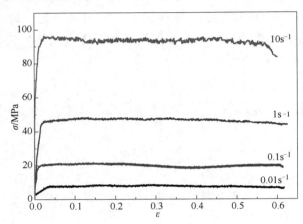

图 4.4.11　Fe-6.5%Si 在 100℃时单道次压缩试验过程真应力-应变曲线

4.5 ▶ 平面问题与轴对称问题

塑性力学问题共 9 个未知数，即 6 个应力分量和 3 个位移分量，对应的有 3 个力平衡方程和 6 个应力与应变的关系式，虽然原则上是可以求解的，但是在解析上要求能满足这些方程式和给定边界条件的严密解是困难的。分析实际工程过程塑性力学问题时，在满足精度要求下，简化模型是提高分析效率的有效手段，当复杂的三维工程问题能够简化为平面问题和轴对称问题时，力学行为和变形规律分析就比较容易处理。给定应力边界条件时，对平面变形问题，通过静力学可以求出应力分布，这就是静定问题，而对轴对称问题，如果引入适当的假设，也可以静定化，这样便可在避免求应变的情况下来确定应力场，进而计算塑性加工所需的力能参数。

4.5.1　平面问题

模型简化的前提条件是变形过程的应力状态是否可以简化，如果当应力或者应变与某一个方向的关系可以忽略时，此时三维应力、应变状态自然可以简化为二维状态，即简化为平面问题。平面问题主要包括平面应力问题和平面应变（或平面变形）问题。

当变形区内某一个方向尺寸远小于其他两个方向尺寸时，可以近似简化为平面应力问题。平面应力问题中，所研究的对象一般是薄板一类的弹塑性体，如图 4.5.1 所示。该类变形体厚度方向尺寸较小，可以近似认为变形体内质点均位于自由表面，应力分量与 z 轴无关，即 σ_z、$\tau_{yz}=\tau_{zy}$、$\tau_{zx}=\tau_{xz}$ 均为零，但该方向应变不为零。需要指出的是，如果 z 向受到外力或者位移作用，则该模型不能简化为平面应力问题。实际生产中常见的有薄壁管扭转、薄板拉伸等，可简化为平面应力问题。

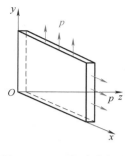

图 4.5.1 平面应力问题

知识运用： 太原钢铁集团有限公司在王天翔团队的带领下生产出了仅有头发丝厚度 $\frac{1}{5}$ 的手撕钢（厚度小于 0.02mm），具有强度高、韧性强、耐腐蚀、抗氧化、高屏蔽性等优异的特性，可用于军事、核电、航空航天、电子、能源等众多领域。如果对一张 A4 纸张大小的手撕钢进行双向拉应力作用，则该手撕钢塑性变形分析可以简化为何种问题？（答案：平面应力问题。）

实际塑性加工工艺中，平面应变问题简化更为常见，所以下面重点讲解平面应变问题。当变形区内某一个方向尺寸远大于其他两个方向尺寸时，可以近似简化为平面应变问题。图 4.5.2 所示为一简单的平面应变问题。需要指出的是，z 方向的尺寸应远大于 x 和 y 方向尺寸，且 z 方向侧面不受外力作用，此时认为 z 方向变形相对较小，可以忽略，因而 ε_z、$\varepsilon_{yz}=\varepsilon_{zy}$、$\varepsilon_{zx}=\varepsilon_{xz}$ 均为零，但需注意该方向的应力不为零。实际生产工艺，如宽板轧制、板材弯曲、平面应变挤压和平面应变拉拔等均可以简化为平面应变问题。应当指出，如果 z 方向受到外力，则 z 方向必然产生应变，该问题不能简化为平面应变问题。

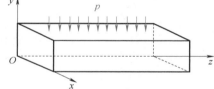

图 4.5.2 平面应变问题

平面应变条件下，某一方向（假设 z 向）相关的应变和应变增量均为零，即

$$d\varepsilon_z = d\varepsilon_{yz} = d\varepsilon_{xz} = 0 \tag{4.5.1}$$

根据塑性变形体积不变条件，有

$$d\varepsilon_x = -d\varepsilon_y \tag{4.5.2}$$

在此条件下，应变增量与位移增量、应变速率与位移速度的关系简化为

$$d\varepsilon_x = \frac{\partial du_x}{\partial x}, d\varepsilon_y = \frac{\partial du_y}{\partial y}, d\varepsilon_{xy} = \frac{1}{2}\left(\frac{\partial du_x}{\partial y} + \frac{\partial du_y}{\partial x}\right) \tag{4.5.3}$$

$$\dot{\varepsilon}_x = \frac{\partial v_x}{\partial x}, \ \dot{\varepsilon}_y = \frac{\partial v_y}{\partial y}; \ \dot{\varepsilon}_{xy} = \frac{1}{2}\left(\frac{\partial v_x}{\partial y} + \frac{\partial v_y}{\partial x}\right) \tag{4.5.4}$$

另外，平面变形时，由于 $d\varepsilon_z = d\varepsilon_{yz} = d\varepsilon_{xz} = 0$，根据塑性条件下的列维-米塞斯增量理论可得

$$\begin{cases} \sigma_z' = \sigma_z - \sigma_m = \sigma_z - \dfrac{1}{3}(\sigma_x + \sigma_y + \sigma_z) = 0 \\[2mm] \tau_{yz} = \tau_{xz} = 0 \end{cases} \tag{4.5.5}$$

或

$$\sigma_z = \frac{1}{2}(\sigma_x + \sigma_y) \tag{4.5.6}$$

而

$$\sigma_m = \frac{1}{3}(\sigma_x + \sigma_y + \sigma_z) \tag{4.5.7}$$

将式（4.5.6）代入式（4.5.7），可得

$$\sigma_m = \frac{1}{3}\left(\sigma_x + \sigma_y + \frac{\sigma_x}{2} + \frac{\sigma_y}{2}\right) = \frac{1}{2}(\sigma_x + \sigma_y) = \sigma_z \tag{4.5.8}$$

如果取坐标轴为主轴，则平面变形条件下与塑性流动平面垂直的应力 σ_z 就是中间主应力 σ_2，等于流动平面内正应力的平均值，也等于应力球分量 σ_m，即

$$\sigma_2 = \sigma_m = \frac{1}{2}(\sigma_1 + \sigma_3) \tag{4.5.9}$$

平面变形时的列维-米塞斯增量理论为

$$\frac{\mathrm{d}\varepsilon_x}{\sigma'_x} = \frac{\mathrm{d}\varepsilon_y}{\sigma'_y} = \frac{\mathrm{d}\varepsilon_{xy}}{\tau_{xy}} = \mathrm{d}\lambda \tag{4.5.10}$$

由于 $\sigma_m = \frac{1}{2}(\sigma_x + \sigma_y)$，所以式（4.5.10）也可以描述为

$$\begin{cases} \mathrm{d}\varepsilon_x = \frac{1}{2}\mathrm{d}\lambda(\sigma_x - \sigma_y) \\[2mm] \mathrm{d}\varepsilon_y = \frac{1}{2}\mathrm{d}\lambda(\sigma_y - \sigma_x) \\[2mm] \mathrm{d}\varepsilon_{xy} = \mathrm{d}\lambda\tau_{xy} \end{cases} \tag{4.5.11}$$

或写成应变速率分量与应力分量的关系，即

$$\begin{cases} \dot{\varepsilon}_x = \frac{1}{2}\mathrm{d}\lambda'(\sigma_x - \sigma_y) \\[2mm] \dot{\varepsilon}_y = \frac{1}{2}\mathrm{d}\lambda'(\sigma_y - \sigma_x) \\[2mm] \dot{\varepsilon}_{xy} = \mathrm{d}\lambda'\tau_{xy} \end{cases} \tag{4.5.12}$$

由式（4.5.11）和式（4.5.12）可知，$\mathrm{d}\varepsilon_x = -\mathrm{d}\varepsilon_y$ 或 $\dot{\varepsilon}_x = -\dot{\varepsilon}_y$，符合塑性变形体积不变条件。同理，不计体积力的平衡微分方程也可以简写为

$$\begin{cases} \dfrac{\partial\sigma_x}{\partial x} + \dfrac{\partial\tau_{yx}}{\partial y} = 0 \\[3mm] \dfrac{\partial\sigma_y}{\partial y} + \dfrac{\partial\tau_{xy}}{\partial x} = 0 \end{cases} \tag{4.5.13}$$

将式（4.5.5）代入式（4.2.9），米塞斯屈服准则可写成

$$(\sigma_x - \sigma_y)^2 + 4\tau_{xy}^2 = 4k^2 = \left(\frac{2}{\sqrt{3}}\sigma_s\right)^2 = (1.155\sigma_s)^2 = K^2 \tag{4.5.14}$$

式中，k 为剪切屈服强度；K 为平面变形抗力。

如果所取坐标轴为主轴，则

$$(\sigma_1 - \sigma_3)^2 = 4k^2 = (1.155\sigma_s)^2 = K^2 \tag{4.5.15}$$

或

$$\sigma_1 - \sigma_3 = 2k = 1.155\sigma_s = K \tag{4.5.16}$$

平面变形时按屈雷斯加塑性条件，可得

$$\sigma_1 - \sigma_3 = 2k = \sigma_s = K \tag{4.5.17}$$

从 $\sigma_1 - \sigma_3 = 2k$ 的形式上看，用剪切屈服强度 k，两个塑性条件是一致的，但按照米塞斯屈服准则 $\sigma_s = \sqrt{3}\,k$ 可知，用屈服强度 σ_s 的话，此时塑性条件相差最大。

知识运用： 三峡大坝工程包括主体建筑物及导流工程两部分，全长约 3335m，坝顶高 185m，工程总投资为 954.6 亿元人民币，1994 年 12 月 14 日正式动工修建，2006 年 5 月 20 日全线修建成功。三峡水电站 2018 年发电量突破 1000 亿 kW·h，创单座电站年发电量世界新纪录。如果对坝体进行力学分析，如何简化？（答案：简化为平面变形问题。）

4.5.2　轴对称问题

轴对称问题就是应力和应变的分布，以 z 为对称轴，如压缩、挤压和拉拔圆柱体等。由于应变的轴对称性，在 θ 方向无位移，即 $u_\theta = 0$；z-r 面变形时不弯曲，即 $d\varepsilon_{\theta z} = d\varepsilon_{\theta r} = 0$。尽管圆周方向的位移为零，但由式（2.3.17）可知，$d\varepsilon_\theta = du_r/r \neq 0$，径向位移对圆周方向应变增量有所贡献。

轴对称变形时的微小应变或应变增量为

$$\begin{cases} d\varepsilon_r = \dfrac{\partial(du_r)}{\partial r} \\[2mm] d\varepsilon_z = \dfrac{\partial(du_z)}{\partial z} \\[2mm] d\varepsilon_\theta = \dfrac{du_r}{r} \\[2mm] d\varepsilon_{zr} = \dfrac{1}{2}\left[\dfrac{\partial(du_r)}{\partial z} + \dfrac{\partial(du_z)}{\partial r}\right] \end{cases} \tag{4.5.18}$$

由于 $d\varepsilon_{\theta z} = d\varepsilon_{\theta r} = 0$，所以 $\tau_{\theta z} = \tau_{\theta r} = 0$。

根据柱坐标系的力平衡微分方程式，轴对称变形时可写成

$$\begin{cases} \dfrac{\partial \sigma_r}{\partial r} + \dfrac{\partial \tau_{zr}}{\partial z} + \dfrac{\sigma_r - \sigma_\theta}{r} = 0 \\[2mm] \dfrac{\partial \tau_{rz}}{\partial r} + \dfrac{\partial \sigma_z}{\partial z} + \dfrac{\tau_{rz}}{r} = 0 \\[2mm] \dfrac{\partial \sigma_\theta}{\partial \theta} = 0 \end{cases} \tag{4.5.19}$$

把米塞斯塑性条件中的 x、y、z 换成 r、θ、z，并注意到 $\tau_{\theta z}=\tau_{\theta r}=0$，则米塞斯屈服准则可写成

$$(\sigma_r-\sigma_\theta)^2+(\sigma_\theta-\sigma_z)^2+(\sigma_z-\sigma_r)^2+6\tau_{zr}^2=6k^2=2\sigma_s^2 \tag{4.5.20}$$

由式（4.5.20）可见，力平衡微分方程式（4.5.19）的前两式和式（4.5.20）的塑性条件是轴对称问题的基本方程式，共有 4 个应力分量 σ_r、σ_θ、σ_z、τ_{zr}，可是仅含有应力分量间关系的方程式只有 3 个，所以即使是采用 σ_s 或 k 为定值的刚塑性材料，除非引入其他假设条件，否则对称问题仍然是非静定问题。

求解圆柱体镦粗、挤压、拉拔此类轴对称问题时，假设原始半径为 r，径向增量为 $\mathrm{d}r$，则径向应变 $\varepsilon_r=\mathrm{d}r/r$，圆周方向应变为

$$\varepsilon_\theta=\frac{2\pi(r+\mathrm{d}r)-2\pi r}{2\pi r}=\frac{\mathrm{d}r}{r} \tag{4.5.21}$$

由于圆周方向应变与径向应变相同，所以由全量理论可知 $\sigma_r=\sigma_\theta$，径向和圆周方向的应力可近似相同。这样可以使应力分量的未知数由 4 个减少为 3 个，使其变为静定问题，屈服准则进一步简化为

$$(\sigma_z-\sigma_r)^2+3\tau_{zr}^2=\sigma_s^2 \tag{4.5.22}$$

必须指出，轴对称问题与轴对称应力状态有着较大区别，前者指变形体内的应力、应变的分布均对称于某一轴，而后者是指点的应力状态中 $\sigma_2=\sigma_3$ 或 $\sigma_1=\sigma_2$。

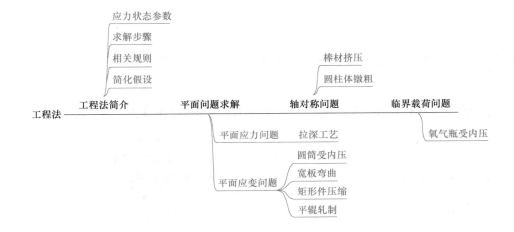

⚙ **学习目标**

◆ 理解工程法求解步骤和相关应力状态参数物理意义
◆ 掌握工程法中的平衡方程建立、屈服准则代入、边界条件应用等
◆ 能够运用工程法求解实际工程问题，并进行应力、载荷和状态参数分析

📅 **学习要点**

◆ 工程法应用规则及求解方法
◆ 应力状态参数表达式及物理意义
◆ 实际问题求解中微分方程的建立
◆ 工程法的求解案例

5.1 工程法及塑性状态系数

　　工程法是最早被广泛应用于工程上计算变形力的一种近似解析法，也称之为初等解析法和主应力法等。该方法在对实际工程问题进行系列简化假设的基础上通过建立平衡方程、联立屈服准则、利用边界条件等获得所需要的力能参数。工程法作为变形力学求解的主要方法之一在锻造、轧制、挤压、拉拔、弯曲、拉深等塑性问题分析中有着重要应用。

5.1.1 工程法概念要点

　　工程法的实质是在对实际工程问题进行简化假设的基础上，将平衡微分方程和屈服准则联立求解。通过公式推导定性描述各因素对应力分布和变形载荷的影响规律，因而广泛应用于各种工程问题分析，其求解要点如下：

　　1）根据实际情况将问题简化成平面问题或轴对称问题，对于变形复杂问题可分成若干部分，每一部分按照轴对称问题或者平面问题进行处理，最后组合得到整个问题解。

　　2）根据金属的瞬间流动趋势和所定坐标系选取典型微元体，接触面上虽然存在剪应力，但仍将该面上的正应力假定为主应力且均匀分布，然后由静力平衡条件建立平衡微分方程，并简化为常微分方程。

　　3）由于任意应力分量表示的塑性条件是非线性的，引入屈服准则时不考虑剪应力的影响，然后联立求解简化的平衡微分方程和屈服准则，并利用边界条件确定积分常数，进而获得应力分布和变形载荷。

　　4）材料加工过程中的变形区，一般由接触表面、自由表面或弹塑性分界面围成。为使

计算公式简化，推导变形载荷计算公式时，常根据所取定的坐标系及变形特点，把变形区的几何形状做简化处理。例如：平锤镦粗时（图 5.1.1a），假定侧表面始终保持与接触表面垂直；平辊轧制时（图 5.1.1b），以弦代弧（轧辊与坯料的接触弧）或以平锤压缩矩形件代替轧制过程；平模挤压时（图 5.1.1c），在变形区与死区的分界面以圆锥面代替实际分界面等。

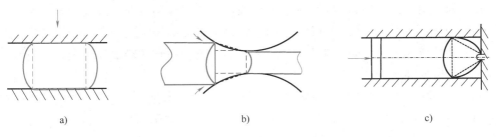

图 5.1.1　变形区几何形状简化
a）平锤镦粗　b）平辊轧制　c）平模挤压

5.1.2　工程法应用规则

　　工程法求解步骤可简述为：依据实际工程问题取微元体，并列微分方程，然后利用屈服准则进行简化并积分，最后依据边界条件获得积分常数，求出应力分布或者塑性加工载荷。因此，微分方程建立、屈服准则选取以及边界条件的确定是工程法求解的关键问题。

1. 平衡微分方程

　　平衡微分方程描述的是应力张量分量、坐标及体积力（如果考虑）之间的一种关系。式（3.1.10）描述了一般条件下三维直角坐标系的平衡微分方程，应当指出，该公式是假设坐标系方向、体积力方向及应力增量方向一致的条件下获得的，适用于一些简单问题的直接代入求解。但实际工程问题求解中，由于坐标系方向、作用力方向及应力增量方向选取的不同使其不具备一般性，故建议在求解实际工程问题中利用静力学理论建立平衡微分方程（静力方程）。图 5.1.2 所示为建立平衡微分方程时选取的微元体，假设图中设定的两个方向应力均为压应力，针对微元体选取和应力设定存在多种可能，如：应力设定的方向是不是必须为压应力或者拉应力，又或者应力的增量是不是必须沿特定方向，σ_x 和 $\sigma_x+\mathrm{d}\sigma_x$ 的位置是否可以调换。这些问题的处理将直接影响工程问题分析的最终结果。

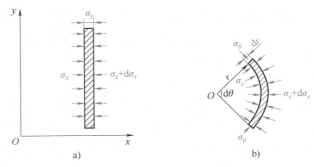

图 5.1.2　微元体示意图
a）平面直角坐标系　b）平面极坐标系

　　不同的工程问题应力状态不同，理论上讲，对同一个工程问题建立平衡微分方程时设定的应力可以为拉应力也可以为压应力，但结果应力绝对值应该是相同的。对于应力增量问题，从数学角度看，应力的增量仅代表某一个方向上应力大小的变化，该增量可以为正也可以为负，因此 σ_x 和 $\sigma_x+\mathrm{d}\sigma_x$ 的位置也是可以调换而不影响最终求解结果。为避免方向和增量设定不同带来求解结果差异，提升工程法求解实际问题的便捷性，可以按照下列规则进行应力设定及微分方程建立：

1）应力可以设定为压应力也可以设定为拉应力，如果结果为正，说明实际的应力作用方向与假设的方向一致，如果结果为负，说明实际的应力作用方向与假设的方向相反，数值大小仅代表应力大小，物理意义则由实际求解结果施加正负号表示。例如：假设为压应力，求解出来的值为正，说明该应力作用方向与假设方向一致，确实为压应力，表示该方向应力特征时可以单独施加负号。

2）应力增量方向尽量与假设的坐标系方向一致，直角坐标系下，$\mathrm{d}\sigma_x$、$\mathrm{d}\sigma_y$ 增量方向应与 x、y 正方向一致（图 5.1.2a），而柱坐标系下 $\mathrm{d}\sigma_r$ 增量与圆的外法线及 r 增量方向保持一致（图 5.1.2b），$\mathrm{d}\sigma_\theta$ 增量方向与逆时针方向一致。

2. 屈服准则

前已述知，屈雷斯加屈服准则描述的是当变形体内最大剪应力达到某一值时，材料进入塑性阶段；米塞斯屈服准则描述的是当变形体内单位体积弹性变形能达到某一值时，材料进入塑性阶段。米塞斯屈服准则也可以简化表达为与屈雷斯加屈服准则相同的形式，即

$$\begin{cases} \sigma_{\max}-\sigma_{\min}=\beta\sigma_s \\ \sigma_{\max}-\sigma_{\min}=\sigma_s \end{cases} \quad \text{或者} \quad \begin{cases} \sigma_{\max}-\sigma_{\min}=\beta(\sqrt{3}\,k) \\ \sigma_{\max}-\sigma_{\min}=2k \end{cases} \tag{5.1.1}$$

式中，$\sigma_{\max}$、$\sigma_{\min}$ 分别为最大和最小主应力，在主应力排序规则下分别为第一主应力和第三主应力，即 $\sigma_{\max}=\sigma_1$、$\sigma_{\min}=\sigma_3$，系数 $\beta=1\sim\dfrac{2}{3}\sqrt{3}$。在轴对称问题下，$\beta=1$，两个准则形式相同；在平面变形问题下，$\beta=\dfrac{2}{3}\sqrt{3}$，两个准则形式上相差最大，空间几何轨迹是圆柱面外接于正六棱柱面。

塑性力学工程问题求解中使用屈服准则时应注意的是：

1）米塞斯屈服条件下，$\sigma_s=\sqrt{3}\,k$，屈雷斯加屈服条件下，$\sigma_s=2k$，因此如果采用剪切屈服强度 k 描述屈服准则，则两个准则表现形式与屈服强度 σ_s 描述的准则恰恰相反，即轴对称问题条件下两个准则形式相差最大，平面变形问题下两个准则形式相同，几何轨迹是圆柱面内切于正六棱柱面。

2）采用屈服准则时，主要考虑实际应力状态下拉、压应力的物理意义，第一主应力和第三主应力根据实际应力状态确定，与假设方向无关。

3）将应力代入屈服准则数学表达式时应考虑假设方向，当假设为压应力时，代入屈服准则时应施加负号，而假设为拉应力时，代入屈服准则时不施加负号。

3. 边界条件

前已述知，边界条件分为位移边界条件和应力边界条件两大类，工程法求解中经常要使用应力边界条件，特别是自由边界、摩擦边界和已知应力边界条件。如图 5.1.3 所示，DC 面是自由表面，BC 面为受压表面，AD 和 AB 面为接触表面，假设 AD 面存在摩擦而 AB 面光

滑，那么边界条件分别有：BC 面，$\sigma_x = -p$（压力已知表面），DC 面，$\sigma_y = 0$（自由表面法线方向正应力为零），AB 面，$\tau = 0$，AD 面，$\tau \neq 0$。

接触摩擦一般比较复杂，工程法求解中通常简化为三种形式：通过剪切摩擦形式 $\tau = mk$ 进行求解，$0 < m \leqslant 1$ 为剪切摩擦因子；通过黏着常摩擦形式求解，即当 $m = 1$ 时，为黏着摩擦条件，摩擦力最大为常数 τ；通过库仑摩擦形式 $\tau = f\sigma$ 计算，f 为摩擦系数，σ 为接触面或刚端与塑性交界面的正压力大小。

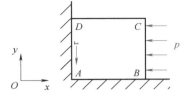

图 5.1.3　简单应力边界条件示意图

求解积分常数时，如果边界是自由边界条件，则会使求解过程相对容易，如果是已知应力的边界条件，则需要注意应力方向与假设方向是否保持一致，如果不一致需施加负号，进而确保积分常数求解过程的正确性。

综上所述，工程法求解分析工程问题时的主要应用规则描述如下：

1）根据求解应力主体确定坐标系方向，应力增量方向保持与坐标系正向同向。

2）根据初步判定的应力大小代入简化屈服准则，假设为压应力，代入屈服准则时需加负号。

3）当边界条件上的应力已知时，已知应力方向与假设方向相反时，代入边界条件求积分常数时需加负号。

4）求解结果为正表示与假设方向相同，求解结果为负表示与假设方向相反，将求出的应力前加负号可表示其真实的代数值和物理意义。

5.1.3　应力状态参数

塑性工程问题求解与分析得到的应力分布和变形规律，可用于预测材料塑性变形和失效趋势、塑性加工过程载荷、材料塑性加工能力等，进而为塑性加工工艺参数优化、力能参数建模奠定理论基础并提供实践指导。一般认为，实际材料塑性变形、受损及断裂的发生，不仅有材料自身特性的影响，还与其在应力场下所处的不同应力状态密切相关。为了简明地反映出材料受力时的应力状态情况，科研工作者引入了应力状态参数以描述材料的塑性变形规律和损伤情况。常见表征材料塑性变形过程的应力状态参数主要有应力三轴度 R_d、罗德系数 μ_d、应力状态软性系数 α 和应力状态影响系数 n_σ。

1）应力三轴度 R_d 是衡量应力状态对材料可变形性影响和失效扩展模式的重要指标，它反映了应力场中三向应力状态对材料变形的约束程度。其值为平均压力 σ_m 和等效应力 σ_e 的比值，即

$$R_d = \frac{\sigma_m}{\sigma_e} \tag{5.1.2}$$

式中，当 $R_d > 0$ 时，应力状态以拉应力为主，且 R_d 代数值增大，则产生裂纹或发生塑性失效的概率也相应增大，不利于塑性变形极限提高；当 $R_d < 0$ 时，应力状态以压应力为主，有利于提高材料的变形极限，且 R_d 代数值越小，平均压力越大，塑性变形开裂和失效概率越小；$R_d = 0$ 时为平面纯剪应力状态或平面应变状态。

2）罗德系数 μ_d 可以反映塑性变形区内质点的变形类型，前已述知，罗德系数与三个主应力大小有关，即

$$\mu_d = \frac{\left(\sigma_2 - \dfrac{\sigma_1 + \sigma_3}{2}\right)}{\left(\dfrac{\sigma_1 - \sigma_3}{2}\right)} \tag{5.1.3}$$

式中，当 $\mu_d > 0$ 时，表示产生了广义压缩变形；$\mu_d = 0$ 时，表示产生了广义剪切变形；$\mu_d < 0$ 时，表示产生了广义拉伸变形；$\mu_d = \pm 1$ 时，表示产生了对称变形。

3）一般认为，材料的塑性变形和断裂方式主要与应力状态有关，正应力容易导致材料的脆性和解理断裂，而切应力容易导致塑性变形和韧性断裂。应力状态软性系数 α 是最大剪应力 τ_{max} 与最大主应力 σ_{max} 之比，即

$$\alpha = \frac{\tau_{max}}{\sigma_{max}} \tag{5.1.4}$$

式中，应力状态软性系数的值在一定程度上反映了金属变形和断裂方式，α 越大表明材料率先产生塑性变形的概率越大，反之，材料可能产生脆断。

4）应力状态影响系数 n_σ 反映了由于应力状态的不同，不同塑性加工方法对单位变形力大小产生的影响，其值为塑性加工过程接触面平均单位压力 $\bar{p}$ 与变形抗力 σ_s（值等同于 σ_e）的比值，即

$$n_\sigma = \frac{\bar{p}}{\sigma_s} \tag{5.1.5}$$

式中，当 $n_\sigma > 1$ 时，工作应力大于坯料的变形抗力，表明塑性加工时的主应力状态均为拉应力或均为压应力；当 $n_\sigma < 1$ 时，工作应力小于坯料的变形抗力，表明塑性加工时主应力状态的三个主应力不同号。

知识运用：某变形体发生塑性变形过程中，其某一质点的主应力状态为：$\sigma_1 = 300\text{MPa}$，$\sigma_2 = -150\text{MPa}$，$\sigma_3 = -200\text{MPa}$，试求该点的应力三轴度和应力状态软性系数。

知识拓展：应力状态参数是在塑性力学工程实践过程中，通过塑性现象和理论本质的关系逐渐形成和凝练出来的数学模型，而利用这些数学模型又可进一步指导生产实践，是数学理论工程应用的典型体现。在这方面，被誉为"航空航天时代的科学奇才"的冯·卡门是奠基人之一。西奥多·冯·卡门（1881—1963），20 世纪伟大的航天工程学家，普朗特的学生，也是我国著名科学家钱学森、钱伟长、郭永怀等人的导师。他开创了数学和基础科学在航空航天和其他技术领域的应用，他善于透过现象抓住事物的物理本质，提炼出数学模型，树立了现代力学中数学理论和工程实际紧密结合的学风，奠定了现代力学基本方向。

5.2　平面应力问题求解案例

拉深是利用拉深模具将冲裁好的平板毛坯压制成各种开口的空心件，或将已制成的开口空心件加工成其他形状空心件的一种冲压加工工艺。直壁杯形件拉深是指凸凹模间隙略大于板坯厚度的冲压过程，板坯为圆形，产品为杯形件，如图 5.2.1 所示。

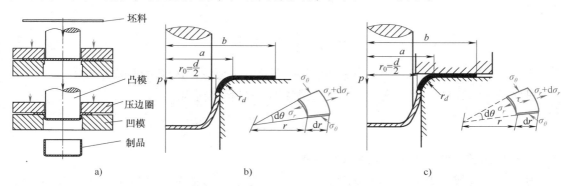

图 5.2.1　直壁杯形件拉深过程

a）拉深示意图　b）无压边圈受力分析示意　c）有压边圈受力分析示意

坯料在拉深过程中，变形主要集中在凹模面上的凸缘部分，即拉深过程就是凸缘部分逐步缩小转变为筒壁的过程，故坯料的凸缘部分是变形区，底部和已形成的侧壁为传力区。由于壁厚较薄，因此无压边圈时，凸缘部分的变形可以简化为平面应力问题，如图 5.2.1b 所示，且不受摩擦剪应力的影响。

1. 无压边圈时的应力分布规律求解过程

如图 5.2.1b 所示，列静力平衡微分方程 $\sum F_r = 0$，得

$$(\sigma_r + \mathrm{d}\sigma_r)(r + \mathrm{d}r)\mathrm{d}\theta \cdot t + 2\sigma_\theta \mathrm{d}r\sin\left(\frac{\mathrm{d}\theta}{2}\right) \cdot t - \sigma_r r \mathrm{d}\theta \cdot t = 0 \tag{5.2.1}$$

对式（5.2.1）进行化简，略去高阶项，由于 $\sin\left(\dfrac{\mathrm{d}\theta}{2}\right) \approx \dfrac{\mathrm{d}\theta}{2}$，可得

$$\frac{\mathrm{d}\sigma_r}{\mathrm{d}r} + \frac{\sigma_r + \sigma_\theta}{r} = 0 \tag{5.2.2}$$

微元体中 σ_θ 假设为压应力，代入屈服准则带负号，σ_r 假设为拉应力，不加负号。依据米塞斯屈服准则简化形式，并考虑设定方向和实际应力情况，屈服准则为

$$\sigma_r - (-\sigma_\theta) = \beta\sigma_s \Rightarrow \sigma_r + \sigma_\theta = \beta\sigma_s \tag{5.2.3}$$

将式（5.2.3）代入式（5.2.2）可得

$$\frac{\mathrm{d}\sigma_r}{\mathrm{d}r} + \frac{\beta\sigma_s}{r} = 0 \Rightarrow \frac{\mathrm{d}\sigma_r}{\mathrm{d}r} = -\frac{\beta\sigma_s}{r} \tag{5.2.4}$$

对式（5.2.4）两侧积分可得

$$\sigma_r = -\beta\sigma_s\ln(rC) \tag{5.2.5}$$

利用边界条件，$r=b$ 时，$\sigma_r=0$，代入式（5.2.5）可以确定积分常数为 $C=\dfrac{1}{b}$，则

$$\sigma_r = -\beta\sigma_s\ln\left(\frac{r}{b}\right) \tag{5.2.6}$$

由式（5.2.6）可知，$\sigma_r>0$，与假设方向相同，为拉应力。将式（5.2.6）代入式（5.2.3）可得

$$\sigma_\theta = \beta\sigma_s\left[\ln\left(\frac{r}{b}\right)+1\right] \tag{5.2.7}$$

式（5.2.6）和式（5.2.7）表示杯形件拉深过程主要变形区应力分布规律。

根据式（5.2.6）和力的平衡，可近似得到拉深过程载荷为

$$F = \pi dt\beta\sigma_s\ln\left(\frac{a}{b}\right) \tag{5.2.8}$$

2. 有压边圈时的应力分布规律求解过程

为防止"起皱"缺陷，通常施加压边装置。存在压边圈时，凸缘区厚度基本保持不变，此时可以简化为平面应变问题，且需要考虑摩擦力 $\Bigg[$与压边力 Q 有关，根据整体接触面积计算近似得到 $\tau=\dfrac{fQ}{\pi\,(b^2-a^2)}\Bigg]$，如图 5.2.1c 所示。其应力求解过程如下：

如图 5.2.1c 所示，列静力平衡微分方程 $\sum F_r=0$，得

$$(\sigma_r+\mathrm{d}\sigma_r)(r+\mathrm{d}r)\mathrm{d}\theta\cdot t+2\sigma_\theta\mathrm{d}r\sin\left(\frac{\mathrm{d}\theta}{2}\right)\cdot t-\sigma_r r\mathrm{d}\theta\cdot t+2\tau\cdot r\mathrm{d}\theta\cdot \mathrm{d}r=0 \tag{5.2.9}$$

对式（5.2.9）进行简化，可以得到

$$\frac{\mathrm{d}\sigma_r}{\mathrm{d}r}+\frac{\sigma_r+\sigma_\theta}{r}+\frac{2\tau}{t}=0 \tag{5.2.10}$$

依据式（5.2.3）可以得到

$$\frac{\mathrm{d}\sigma_r}{\mathrm{d}r}=-\frac{\beta\sigma_s}{r}-\frac{2fQ}{\pi(b^2-a^2)t} \tag{5.2.11}$$

对式（5.2.11）两侧积分可得

$$\sigma_r = -\beta\sigma_s\ln r-\frac{2fQ}{\pi(b^2-a^2)t}r+C \tag{5.2.12}$$

利用边界条件，$r=b$ 时，$\sigma_r=0$，代入式（5.2.12）可以确定积分常数为

$$C = \beta\sigma_s\ln b+\frac{2fQ}{\pi(b^2-a^2)t}b \tag{5.2.13}$$

拉深方向应力 σ_r 分布为

$$\sigma_r = \beta\sigma_s \ln\left(\frac{b}{r}\right) + \frac{2fQ}{\pi(b^2-a^2)t}(b-r) \tag{5.2.14}$$

圆周方向应力 σ_θ 分布为

$$\sigma_\theta = \beta\sigma_s\left[1+\ln\left(\frac{r}{b}\right)\right] - \frac{2fQ}{t}(b-r) \tag{5.2.15}$$

对比式（5.2.7）和式（5.2.15），施加压边圈后，圆周方向产生拉应力趋势和范围显著增加，因而能够减缓凸缘变形区的失稳增厚现象。

由式（5.2.14）可知，越靠近凹模圆角部位，径向拉应力越大，$r=a$ 时，拉应力最大，此时

$$\sigma_r = \beta\sigma_s \ln\left(\frac{b}{a}\right) + \frac{2fQ}{\pi(b+a)t} \tag{5.2.16}$$

根据式（5.2.16），参照式（5.2.8）可以得到有压边圈时，其拉深载荷为

$$F = \pi dt\left[\beta\sigma_s \ln\left(\frac{b}{a}\right) + \frac{2fQ}{\pi(b+a)t}\right] \tag{5.2.17}$$

5.3　平面应变问题求解案例

5.3.1　圆筒受内压分析

圆筒受内压问题应力分析可应用于输油输气管道、压力容器等。如管道的内壁作用有均匀压力 p，尺寸如图 5.3.1 所示，试分析受内压作用下圆筒壁应力分布规律。

该类问题中圆筒轴向尺寸较大，不仅可以简化为平面问题，也满足轴对称问题。因此 τ_{rz}、$\tau_{\theta r}$ 为零，而 σ_θ、σ_r 仅随 r 变化，且为主应力，根据图示微元体受力情况，列静力方程 $\sum F_r=0$，可得

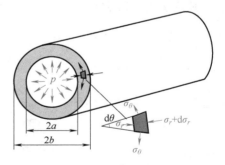

图 5.3.1　管道受内压示意图

$$\sigma_r r\mathrm{d}\theta = (\sigma_r+\mathrm{d}\sigma_r)(r+\mathrm{d}r)\mathrm{d}\theta + 2\sigma_\theta\sin\frac{\mathrm{d}\theta}{2}\mathrm{d}r \tag{5.3.1}$$

由于 $\mathrm{d}\theta$ 很小，$\sin(\mathrm{d}\theta/2)\approx\mathrm{d}\theta/2$，将式（5.3.1）展开，并整理为

$$\frac{\mathrm{d}\sigma_r}{\mathrm{d}r} + \frac{\sigma_r+\sigma_\theta}{r} = 0 \tag{5.3.2}$$

由于假设微元体径向为压应力，圆周方向为拉应力，根据规则和实际应力大小趋势，引入米塞斯屈服准则简化形式，即

$$\sigma_{\max}-\sigma_{\min}=\beta\sigma_s \Rightarrow \sigma_\theta-(-\sigma_r)=\beta\sigma_s \Rightarrow \sigma_\theta+\sigma_r=\beta\sigma_s \tag{5.3.3}$$

平面应变条件下，$\beta=\dfrac{2}{\sqrt{3}}$，代入微分方程式（5.3.2），可得

$$\mathrm{d}\sigma_r=-\frac{2\sigma_s}{\sqrt{3}}\frac{\mathrm{d}r}{r} \tag{5.3.4}$$

对式（5.3.4）进行积分，可得

$$\sigma_r=-\frac{2}{\sqrt{3}}\sigma_s\ln(rC) \tag{5.3.5}$$

利用边界条件，$r=b$ 时，$\sigma_r=0$，代入式（5.3.5）可以确定积分常数 $C=\dfrac{1}{b}$，则

$$\sigma_r=-\frac{2}{\sqrt{3}}\sigma_s\ln\frac{r}{b} \tag{5.3.6}$$

将式（5.3.4）中的径向应力 σ_r 代入式（5.3.3）可得

$$\sigma_\theta=\frac{2}{\sqrt{3}}\sigma_s\left[\ln\frac{r}{b}+1\right] \tag{5.3.7}$$

式（5.3.6）和式（5.3.7）表示圆筒受内压过程时筒壁应力分布规律，σ_θ 和 σ_r 均为正，表示与假设方向相同，所以 σ_r 为压应力，σ_θ 为拉应力。

由式（5.3.6）可知，当圆筒发生塑性变形时，其压力 p 为

$$p=\frac{2}{\sqrt{3}}\sigma_s\ln\left(\frac{a}{b}\right) \tag{5.3.8}$$

知识运用：试利用圆筒壁内压力 p 为已知边界条件，求径向压力 σ_r 分布规律表达式。$\left[答案：\sigma_r=p-\beta\sigma_s\ln\left(\dfrac{r}{a}\right)。\right]$

知识拓展：徐秉业（1932—），塑性力学专家，1954 年他在华沙工业大学工业建筑系学习期间，怀抱为祖国发奋成才的决心，学习分外刻苦，以至于使系主任感到惊讶和不解："为什么中国学生在班上考第一名？为什么波兰人学习赶不上中国人？"1956 年他留学归国后长期致力于祖国的力学教育事业与工程应用事业。他将粘塑性本构模型中过应力函数用反函数形式表述，并通过用简化的热粘塑性本构修正形式对受内压的厚壁容器进行了较为深入的分析。同时，他首次将加权残值法引入结构塑性极限分析，为建立我国机械自紧规范提供了理论依据。

5.3.2　宽板弯曲过程

弯曲是将板料、型材、管材或棒料等按设计要求弯成一定的角度和曲率，形成所需形状零件的一种冲压工艺。V 形件弯曲是最基本的弯曲加工工艺，如图 5.3.2 所示，弯曲由中性层分为外区（Ⅰ）和内区（Ⅱ），外区周向受拉应力，内区周向受压应力，内外区径向均受

压应力。假设弯曲变形过程中变形区横截面保持平面，垂直于纵向纤维，由于宽板弯曲变形区中宽度方向尺寸大于厚度和长度，因此忽略宽度方向变形，简化为平面应变问题。

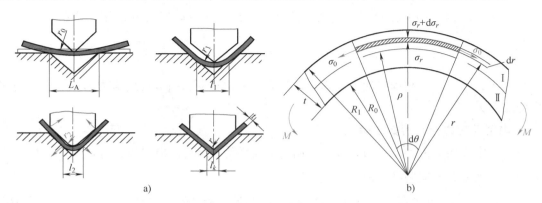

图 5.3.2　宽板弯曲过程
a）弯曲示意图　b）受力分析示意图

弯曲变形任意瞬间，微元体处于力的平衡状态，列静力平衡方程 $\sum F_r = 0$，可得

$$\sigma_r r d\theta - (\sigma_r + d\sigma_r)(r + dr) d\theta - 2\sigma_\theta \sin\left(\frac{d\theta}{2}\right) dr = 0 \quad (5.3.9)$$

对式（5.3.9）进行整理，令 $\sin\dfrac{d\theta}{2} \approx \dfrac{d\theta}{2}$ 并略去二阶微量，可简化为

$$\frac{d\sigma_r}{dr} + \frac{(\sigma_r + \sigma_\theta)}{r} = 0 \quad (5.3.10)$$

根据前述，由于弯曲过程中存在中性层和内外区，故力学特点应单独分析。

1. 外区 I 应力分布规律求解

平面应变状态下，宽度方向第二主应力为第一主应力 σ_θ 与第三主应力 σ_r 和的一半，由于外区中周向应力为拉应力，故与径向应力关系为 $\sigma_\theta > \sigma_r$，根据假设方向和实际应力作用方向，引入米塞斯屈服准则简化形式，即

$$\sigma_{\max} - \sigma_{\min} = \beta\sigma_s \Rightarrow \sigma_\theta - (-\sigma_r) = \beta\sigma_s \Rightarrow \sigma_\theta + \sigma_r = \beta\sigma_s \quad (5.3.11)$$

平面应变条件下，$\beta = \dfrac{2}{\sqrt{3}}$，代入微分方程式（5.3.10），可得

$$d\sigma_r = -\frac{2\sigma_s}{\sqrt{3}}\frac{dr}{r} \quad (5.3.12)$$

对式（5.3.12）进行积分，可得

$$\sigma_r = -\frac{2}{\sqrt{3}}\sigma_s \ln(rC) \quad (5.3.13)$$

利用边界条件，$r = R_1$ 时，$\sigma_r = 0$，代入式（5.3.13），可确定积分常数 $C = \dfrac{1}{R_1}$，则

$$\sigma_r = -\frac{2}{\sqrt{3}}\sigma_s \ln\left(\frac{r}{R_1}\right) \tag{5.3.14}$$

将式（5.3.14）中的径向应力 σ_r 代入式（5.3.11）便可得到周向应力 σ_θ 分布规律为

$$\sigma_\theta = \frac{2}{\sqrt{3}}\sigma_s \left[\ln\left(\frac{r}{R_1}\right)+1\right] \tag{5.3.15}$$

在外区，径向应力和周向应力均为正，与假设方向相同，所以径向应力为压应力，周向应力为拉应力。

2. 内区 Ⅱ 应力分布规律求解

在内区中周向应力为压应力，故与径向应力关系为 $\sigma_\theta < \sigma_r$，根据假设方向和实际应力作用方向，引入米塞斯屈服准则简化形式，即

$$\sigma_{max} - \sigma_{min} = \beta\sigma_s \Rightarrow (-\sigma_r) - \sigma_\theta = \beta\sigma_s \Rightarrow \sigma_\theta + \sigma_r = -\beta\sigma_s \tag{5.3.16}$$

平面应变条件下，$\beta = \frac{2}{\sqrt{3}}$，代入微分方程式（5.3.10），可得

$$\mathrm{d}\sigma_r = \frac{2\sigma_s}{\sqrt{3}}\frac{\mathrm{d}r}{r} \tag{5.3.17}$$

对式（5.3.17）进行积分，可得

$$\sigma_r = \frac{2}{\sqrt{3}}\sigma_s \ln(rC) \tag{5.3.18}$$

利用边界条件，$r = R_0$ 时，$\sigma_r = 0$，代入式（5.3.18），可以确定积分常数 $C = \frac{1}{R_0}$，则

$$\sigma_r = \frac{2}{\sqrt{3}}\sigma_s \ln\left(\frac{r}{R_0}\right) \tag{5.3.19}$$

将式（5.3.19）中的径向应力 σ_r 代入式（5.3.16）可得周向应力 σ_θ 分布规律为

$$\sigma_\theta = -\frac{2}{\sqrt{3}}\sigma_s \left[\ln\left(\frac{r}{R_0}\right)+1\right] \tag{5.3.20}$$

可见，在内区，径向应力为正，与假设方向相同，所以径向应力为压应力；周向应力与假设方向相反，所以周向应力均为拉应力。总之，宽板弯曲过程中，整个厚度方向应力 σ_r 均为压应力，并由内区到外区先增大后减小，而周向应力 σ_θ 在外区为拉应力，内区为压应力，其绝对值由内区到外区先减小后增大，中性层上值为 0。

知识拓展： 自 20 世纪 70 年代起，我国已开展航母的研究。2012 年 9 月 25 日，我国第一艘改装航空母舰辽宁号正式交付海军，2017 年 4 月 26 日，我国首艘国产航母山东舰在大连正式下水。战斗机起飞需要跑道，但是航空母舰的甲板并不能够完全满足战斗机的跑道要求，所以我国前两艘航母甲板是弯曲的，主要通过弯曲工艺制造，这样就

可以大为缩短战斗机的助跑距离，还可以帮助战斗机顺利升空。2022 年 6 月 17 日，福建舰航母下水，采用了国产平直甲板和电磁弹射这一创新性突破技术，与滑跃式甲板相比，平直甲板容易放置更多的舰载机，搭配上电磁弹射装置，战斗机的出勤率将大大提高。

5.3.3　矩形件压缩过程

矩形件压缩过程如图 5.3.3 所示。其中，长、宽、高分别为 h、w 和 l，其中 $l \gg h$，$l \gg w$，所以可以简化为平面应变问题，假设接触摩擦为滑动摩擦形式，满足库仑定律 $\tau_f = f\sigma_y$。

受力微元体如图 5.3.3 所示，列静力平衡方程 $\sum F_x = 0$，可得

$$\sigma_x hl = (\sigma_x + \mathrm{d}\sigma_x)hl + 2\tau \mathrm{d}xl \tag{5.3.21}$$

对式（5.3.21）进行简化整理，并将 $\tau_f = f\sigma_y$ 代入力平衡微分方程式，可得

$$\frac{\mathrm{d}\sigma_x}{\mathrm{d}x} + \frac{2f\sigma_y}{h} = 0 \tag{5.3.22}$$

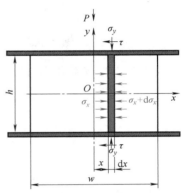

图 5.3.3　矩形件压缩过程

宽度方向应力与高度方向应力关系为 $\sigma_x > \sigma_y$，微元体应力假设方向（均假设为压应力）根据规则加负号，引入米塞斯屈服准则简化形式，即

$$\sigma_{max} - \sigma_{min} = \beta\sigma_s \Rightarrow (-\sigma_x) - (-\sigma_y) = \beta\sigma_s \Rightarrow \sigma_y - \sigma_x = \beta\sigma_s \tag{5.3.23}$$

由式（5.3.23）可得 $\mathrm{d}\sigma_x = \mathrm{d}\sigma_y$，代入式（5.3.22）则

$$\frac{\mathrm{d}\sigma_y}{\mathrm{d}x} + \frac{2f\sigma_y}{h} = 0 \tag{5.3.24}$$

对式（5.3.24）进行积分，可得

$$\sigma_y = C\exp\left(-\frac{2f}{h}x\right) \tag{5.3.25}$$

由边界条件确定积分常数 C，当 $x = \frac{w}{2}$ 时，$\sigma_x = 0$，此时，由式（5.3.25）可得 $\sigma_y = \beta\sigma_s$，故积分常数为

$$C = \beta\sigma_s \exp\frac{fw}{h} \tag{5.3.26}$$

将式（5.3.26）中的积分常数代入式（5.3.25），可得到接触面应力分布规律为

$$\sigma_y = \beta\sigma_s \exp\left[\frac{2f}{h}\left(\frac{w}{2} - x\right)\right] \tag{5.3.27}$$

将式（5.3.27）代入式（5.3.23）可以得到宽度方向上应力分布规律为

$$\sigma_x = \beta\sigma_s \left\{ \exp\left[\frac{2f}{h}\left(\frac{w}{2} - x \right) \right] - 1 \right\} \tag{5.3.28}$$

由式（5.3.27）和式（5.3.28）可知，σ_x 和 σ_y 均大于 0，与假设方向相同，所以为压应力，而根据平面变形条件 $\sigma_z = \dfrac{1}{2}$（$\sigma_x + \sigma_y$），再次表明矩形件压缩变形为三向压应力状态。

为求解矩形件压缩过程变形载荷，利用式（5.3.28）进行定积分，并将平面应变条件下 $\beta = \dfrac{2}{\sqrt{3}}$ 代入简化准则，可得

$$P = 2\int_0^{\frac{w}{2}} \sigma_y \, \mathrm{d}x = 2\int_0^{\frac{w}{2}} \beta\sigma_s \exp\left[\frac{2f}{h}\left(\frac{w}{2} - x \right) \right] \mathrm{d}x = \frac{2h\sigma_s}{\sqrt{3}f}\left[\exp\left(\frac{fw}{h} \right) - 1 \right] \tag{5.3.29}$$

令 $\dfrac{fw}{h} = m$，根据式（5.3.29）可以计算得到库仑摩擦条件下，矩形件压缩过程平均压力和应力状态影响系数分别为

$$\begin{cases} \bar{p} = \dfrac{P}{w} = \dfrac{2\sigma_s}{\sqrt{3}}\dfrac{(\mathrm{e}^m - 1)}{m} \\[3mm] n_\sigma = \dfrac{\bar{p}}{\sigma_s} = \dfrac{2}{\sqrt{3}}\dfrac{(\mathrm{e}^m - 1)}{m} \end{cases} \tag{5.3.30}$$

应当指出，应力状态影响系数可以用米塞斯屈服准则下的 $\dfrac{\bar{p}}{\sigma_s}$ 描述，也可以用屈雷斯加屈服准则下的 $\dfrac{\bar{p}}{2k}$ 描述，如：假设整个接触面均为常摩擦系数区（$\tau_f = k$），则可以得到用屈雷斯加屈服准则描述的平面变形矩形件压缩过程的应力状态影响系数为

$$n_\sigma = \frac{\bar{p}}{2k} = 1 + \frac{l}{4h}$$

知识运用：推导矩形件压缩过程中，摩擦为最大摩擦系数时（$\tau_f = k$）的接触面平均压力。

5.3.4　平辊轧制过程

平辊轧制是生产板、带材的主要方法，为防止带材在轧制过程中跑偏，保持带材平直和良好的板形，并降低金属变形抗力，便于轧制更薄的产品，板、带材轧制（特别是热连轧和冷轧）中通常施加前后张力。平辊轧制过程中，材料在变形区内的应力-变形状态、材料流动情况以及接触表面的应力分布规律，与平面变形条件下的矩形件镦粗过程有相似之处。不同的是，变形区形状不再是矩形，而且中性面的位置向出口偏移，不再处于对称位置，如图 5.3.4 所示。

为求解轧制过程应力分布规律和载荷，进行如下简化假设：

1）将轧制过程近似为平锤间镦粗；忽略宽展，轧制过程简化为平面变形问题。

2）整个接触表面摩擦条件为库仑摩擦 $\tau = f\sigma_y$，σ_x 沿厚度方向均匀分布。

3）假设塑性条件满足屈雷斯加屈服准则，张应力已知并沿厚度方向均匀分布。

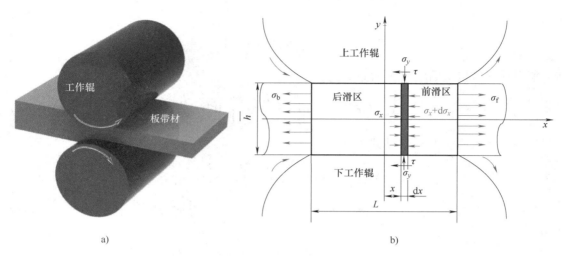

a)　　　　　　　　　　　　　　　　b)

图 5.3.4　带张力轧制过程受力示意图

假设中性面为 y 轴，σ_x 和 σ_y 为压应力，对微元体列平衡微分方程，即

$$(\sigma_x + \mathrm{d}\sigma_x)\bar{h} - \sigma_x\bar{h} \pm 2\tau\mathrm{d}x = 0 \qquad (5.3.31)$$

对式（5.3.31）进行简化并代入库仑摩擦条件得

$$\frac{\mathrm{d}\sigma_x}{\mathrm{d}x} \pm \frac{2f\sigma_y}{\bar{h}} = 0 \qquad (5.3.32)$$

式（5.3.31）和式（5.3.32）中，"+"为前滑区；"−"为后滑区；$\bar{h} = \dfrac{H+h}{2}$ 为平均厚度，H 为轧制入口厚度；h 为出口厚度。

由于假设的 σ_x 和 σ_y 均为压应力，实际上也为压应力（得到解为正值满足应力方向与假设方向一致性要求），且 $|\sigma_y| > |\sigma_x|$，因而屈雷斯加塑性条件可以描述为

$$(-\sigma_x) - (-\sigma_y) = \sigma_s \Rightarrow \sigma_y - \sigma_x = \sigma_s \qquad (5.3.33)$$

由式（5.3.33）可得 $\mathrm{d}\sigma_x = \mathrm{d}\sigma_y$，代入式（5.3.32）可得

$$\frac{\mathrm{d}\sigma_y}{\sigma_y} = \mp\frac{2f}{\bar{h}}\mathrm{d}x \qquad (5.3.34)$$

式中，"−"为前滑区；"+"为后滑区。

对式（5.3.34）进行积分可得

$$\sigma_y = C\exp\left(\mp\frac{2f}{\bar{h}}x\right) \qquad (5.3.35)$$

由于张应力方向与假设的 σ_x 作用方向相反，根据文中所述规则和塑性条件，在前滑区

边界 $x=L/2$ 时，$\sigma_x=-\sigma_f$，$\sigma_y=\sigma_s-\sigma_f$；在后滑区边界 $x=-L/2$ 时，$\sigma_y=\sigma_s-\sigma_b$。利用边界条件可得前滑区和后滑区的积分常数分别为

$$\begin{cases} \text{前滑区}: C=(\sigma_s-\sigma_f)\exp\left(\dfrac{fL}{h}\right) \\[3mm] \text{后滑区}: C=(\sigma_s-\sigma_b)\exp\left(\dfrac{fL}{h}\right) \end{cases} \tag{5.3.36}$$

所以前滑区接触面应力 σ_y 表达式为

$$\sigma_y=(\sigma_s-\sigma_f)\exp\left[\frac{2f}{h}\left(\frac{L}{2}-x\right)\right],\ 0<x<\frac{L}{2} \tag{5.3.37}$$

后滑区接触面应力 σ_y 表达式为

$$\sigma_y=(\sigma_s-\sigma_b)\exp\left[\frac{2f}{h}\left(\frac{L}{2}+x\right)\right],\ -\frac{L}{2}<x<0 \tag{5.3.38}$$

将式（5.3.37）和式（5.3.38）代入式（5.3.33），可得前滑区轧制方向应力 σ_x 表达式为

$$\sigma_x=(\sigma_s-\sigma_f)\exp\left[\frac{2f}{h}\left(\frac{L}{2}-x\right)\right]-\sigma_s,\ 0<x<\frac{L}{2} \tag{5.3.39}$$

后滑区轧制方向应力 σ_x 表达式为

$$\sigma_x=(\sigma_s-\sigma_b)\exp\left[\frac{2f}{h}\left(\frac{L}{2}+x\right)\right]-\sigma_s,\ -\frac{L}{2}<x<0 \tag{5.3.40}$$

由式（5.3.37）~式（5.3.40）可知，接触面应力值均为正，所以 σ_y 作用方向与假设方向一致为压应力，且随着张应力的增加，接触面应力值减小，轧制载荷减小，符合带张力轧制能够减小轧制力的基本理论。无论是前滑区还是后滑区，当无张力时 σ_x 均为正值，说明作用方向与假设方向一致为压应力，随着张力增加，轧制方向内部应力可能由压应力变为拉应力，而拉应力状态不利于塑性能力提升，所以张力不宜过大。

> **知识拓展**：关于轧制过程应力应变求解的还有基于卡尔曼方程的采利柯夫公式等，其中，卡尔曼公认是第一个将塑性理论真正应用于塑性加工的人，1925 年，他用塑性力学方法分析金属在轧制过程中的应力分布规律。"坚持学习、积极实践和尝试创造"是卡尔曼一生的标签。此后，美国的 G. 萨克斯、德国的 E. 西贝尔和苏联的 E. Ⅱ. 温克索夫等研究了金属塑性成形过程中的应力和应变分布以及内力和外力之间的关系并取得成果。卡尔曼在 1912 年揭示了脆性的石料在三向压应力下能发生塑性变形的事实，1964 年布里奇曼建立了静水压力能够提高材料塑性的概念。

5.4 轴对称问题求解案例

5.4.1 圆柱体镦粗

求解圆柱体镦粗过程接触面应力分布和镦粗载荷,如图 5.4.1 所示,以接触摩擦分别为 $\tau=k$ 和 $\tau=f\sigma_z$ 进行讨论。

1. 应力分布规律求解

选取微元体,假设 σ_r、σ_θ、σ_z 均为压应力(如果值为正值,表明为压应力,如果值为负值,表明为拉应力)。根据力的平衡,列平衡微分方程为

$$\sigma_r hrd\theta+2\sigma_\theta h\sin\left(\frac{d\theta}{2}\right)dr-(\sigma_r+d\sigma_r)(r+dr)h$$

$$d\theta-2\tau rd\theta dr=0 \tag{5.4.1}$$

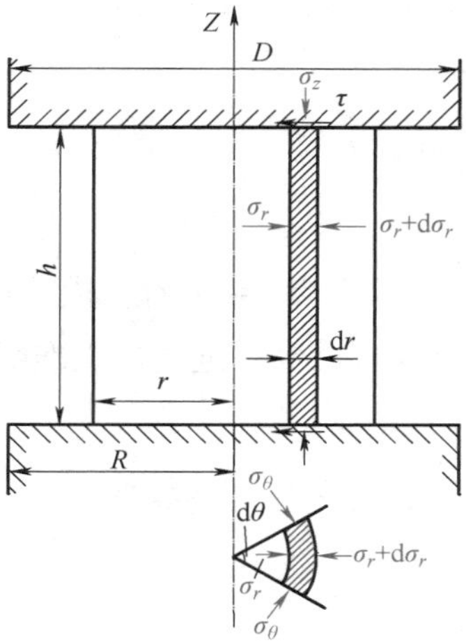

由于 $d\theta$ 很小,$\sin\dfrac{d\theta}{2}\approx\dfrac{d\theta}{2}$,将式(5.4.1)展开,并整理为

$$\sigma_\theta hdr-d\sigma_r rh-\sigma_r hdr-d\sigma_r drh-2\tau rdr=0 \tag{5.4.2}$$

忽略高阶项,整理后得

$$\frac{d\sigma_r}{dr}+\frac{\sigma_r-\sigma_\theta}{r}+\frac{2\tau}{h}=0 \tag{5.4.3}$$

图 5.4.1 圆柱体镦粗

由于轴对称条件,根据应变计算公式 $\varepsilon_r=\dfrac{dr}{r}=\varepsilon_\theta=\dfrac{2\pi(r+dr)-2\pi r}{2\pi r}$ 和全量理论可知,$\sigma_r=\sigma_\theta$,代入式(5.4.3)可得

$$\frac{d\sigma_r}{dr}+\frac{2\tau}{h}=0 \tag{5.4.4}$$

微元体假设的应力方向为压应力,而压缩方向应力 σ_z 绝对值最大,依据规则需对最大主应力和最小主应力加上负号以代表实际的代数值,米塞斯屈服条件描述为

$$\sigma_{max}-\sigma_{min}=\beta\sigma_s\Rightarrow(-\sigma_r)-(-\sigma_z)=\sigma_s\Rightarrow\sigma_z-\sigma_r=\sigma_s \tag{5.4.5}$$

根据式(5.4.5)可得 $d\sigma_r=d\sigma_z$,代入式(5.4.4)得到

$$\frac{d\sigma_z}{dr}+\frac{2\tau}{h}=0\Rightarrow d\sigma_z=-2\tau\frac{dr}{h} \tag{5.4.6}$$

针对库仑摩擦和最大黏着摩擦两种接触摩擦条件,分别进行应力求解,讨论如下:

1)$\tau=k$ 时,代入式(5.4.6),并进行积分可得 $\sigma_z=-2k(r/h)+C$。边界条件为 $r=R$,$\sigma_r=0$,通过屈服准则可得 $\sigma_z=\sigma_s$,所以积分常数为

$$C = \sigma_s + 2k(R/h) \tag{5.4.7}$$

σ_z的表达式为

$$\sigma_z = \sigma_s + 2k\left(\frac{R-r}{h}\right) \tag{5.4.8}$$

由式（5.4.5）和式（5.4.8）可以得到最大摩擦条件下σ_r表达式为

$$\sigma_r = 2k\left(\frac{R-r}{h}\right) \tag{5.4.9}$$

如果用屈服强度σ_s表示，则式（5.4.8）和式（5.4.9）可以表示为

$$\begin{cases} \sigma_z = \sigma_s\left[1 + \dfrac{2(R-r)}{\sqrt{3}h}\right] \\ \sigma_r = \dfrac{2\sigma_s}{\sqrt{3}h}(R-r) \end{cases} \tag{5.4.10}$$

2）当$\tau = f\sigma_z$时，代入式（5.4.4）后进行积分可得$\sigma_z = C\exp\left[-2f(r/h)\right]$。边界条件为$r = R$、$\sigma_r = 0$，通过屈服准则可得$\sigma_z = \sigma_s$，所以积分常数为

$$C = \sigma_s\exp\left[2f(R/h)\right] \tag{5.4.11}$$

所以σ_z的表达式为

$$\sigma_z = \sigma_s\exp\left[2f\left(\frac{R-r}{h}\right)\right] \tag{5.4.12}$$

由式（5.4.5）和式（5.4.12）可以得到库仑摩擦条件下σ_r表达式为

$$\sigma_r = \sigma_s\left\{\exp\left[2f\left(\frac{R-r}{h}\right)\right] - 1\right\} \tag{5.4.13}$$

由式（5.4.8）~式（5.4.10）、式（5.4.12）和式（5.4.13）可知，应力值均为正值，表明无论何种接触摩擦条件下，σ_r和σ_z作用方向与假设方向一致，均为压应力。应该注意的是，当表示应力物理意义时，需要施加负号。

2. 镦粗载荷求解

镦粗载荷求解需依据压缩方向应力σ_z进行面积上定积分，镦粗载荷为

$$P = \int_0^{\frac{d}{2}} \sigma_z \times 2\pi r\mathrm{d}r \tag{5.4.14}$$

单位面积上的平均单位压力可以表示为

$$\bar{p} = \frac{1}{\frac{\pi}{4}d^2}\int_0^{\frac{d}{2}} \sigma_z \times 2\pi r\mathrm{d}r = \frac{8}{d^2}\int_0^{\frac{d}{2}} \sigma_z r\mathrm{d}r \tag{5.4.15}$$

根据接触面压缩方向上σ_z应力分布规律，将式（5.4.10）和式（5.4.12）代入式（5.4.14）和式（5.4.15），可求得不同摩擦条件下的镦粗载荷和平均单位压力计算公式。

1）$\tau = k$时，将式（5.4.10）中的轴向应力表达式代入式（5.4.14）可得

$$P = \int_0^R \sigma_{\mathrm{s}} \left[1 + \frac{2(R-r)}{\sqrt{3}h} \right] 2\pi r \mathrm{d}r = 2\pi \sigma_{\mathrm{s}} \int_0^R \left[1 + \frac{2(R-r)}{\sqrt{3}h} \right] r \mathrm{d}r$$

$$= 2\pi \sigma_{\mathrm{s}} \int_0^R \left[r + \frac{2(Rr - r^2)}{\sqrt{3}h} \right] \mathrm{d}r$$

$$= 2\pi \sigma_{\mathrm{s}} \left[\frac{1}{2} r^2 + \frac{1}{\sqrt{3}h} Rr^2 - \frac{2r^3}{3\sqrt{3}h} \right] \Bigg|_0^R \tag{5.4.16}$$

$$= \pi R^2 \sigma_{\mathrm{s}} \left(1 + \frac{2R}{3\sqrt{3}h} \right)$$

由式（5.4.16）和式（5.4.15）可以得到平均单位压力和应力状态影响系数分别为

$$\begin{cases} \bar{p} = \dfrac{P}{\pi R^2} = \sigma_{\mathrm{s}} \left(1 + \dfrac{2R}{3\sqrt{3}h} \right) \\ n_\sigma = \dfrac{\bar{p}}{\sigma_{\mathrm{s}}} = 1 + \dfrac{2R}{3\sqrt{3}h} \end{cases} \tag{5.4.17}$$

2）$\tau = f\sigma_z$ 时，将式（5.4.12）中的轴向应力表达式代入式（5.4.14）可得

$$P = \int_0^{\frac{d}{2}} \left\{ \sigma_{\mathrm{s}} \exp\left[2f\left(\frac{R-r}{h} \right) \right] \right\} \times 2\pi r \mathrm{d}r = 2\pi \sigma_{\mathrm{s}} \int_0^{\frac{d}{2}} \exp\left[2f\left(\frac{R-r}{h} \right) \right] r \mathrm{d}r \tag{5.4.18}$$

将 $\exp\left[2f\left(\dfrac{R-r}{h} \right) \right]$ 通过泰勒级数展开，则可得

$$\exp\left[2f\left(\frac{R-r}{h} \right) \right] = 1 + \frac{2f}{h}(R-r) + \frac{1}{2!}\left[\frac{2f}{h}(R-r)^2 \right] + o^n \tag{5.4.19}$$

略去高阶量，把式（5.4.19）代入式（5.4.18）可得

$$P = 2\pi \sigma_{\mathrm{s}} \int_0^R \left[1 + \frac{2f}{h}(R-r) \right] r \mathrm{d}r$$

$$= 2\pi \sigma_{\mathrm{s}} \int_0^R \left[r + \frac{2f}{h}(Rr - r^2) \right] \mathrm{d}r$$

$$= 2\pi \sigma_{\mathrm{s}} \left[\frac{1}{2} r^2 + \frac{f}{h} Rr^2 - \frac{2f}{3h} r^3 \right] \Bigg|_0^R \tag{5.4.20}$$

$$= \pi \sigma_{\mathrm{s}} R^2 \left(1 + \frac{2f}{3h} R \right)$$

由式（5.4.20）和式（5.4.15）可得，平均单位压力和应力状态影响系数为

$$\begin{cases} \bar{p} = \dfrac{P}{\pi R^2} = \sigma_{\mathrm{s}} \left(1 + \dfrac{2fR}{3h} \right) \\ n_\sigma = \dfrac{\bar{p}}{\sigma_{\mathrm{s}}} = 1 + \dfrac{2fR}{3h} \end{cases} \tag{5.4.21}$$

由式（5.4.21）可以明显看出，随着变形的进行和接触表面粗糙度值的增加，h 越小或者 f 越大，镦粗塑性加工过程变形载荷越大。

根据塑性变形过程体积不变理论，假设圆柱体初始半径为 R_0，高度为 h_0，则理想条件下任一变形过程中圆柱体半径和高度满足 $R_0^2 h_0 = R^2 h$，代入式（5.4.16）和式（5.4.20）中可以得到不同摩擦条件下圆柱体压缩过程瞬时变形载荷与圆柱体高度的关系式为

$$
\begin{cases}
\text{最大摩擦条件}: p = \pi \dfrac{R_0^2 h_0}{h} \sigma_s \left(1 + \dfrac{2R_0 \sqrt{\dfrac{h_0}{h}}}{3\sqrt{3} h} \right) \\[4mm]
\text{库仑摩擦条件}: p = \pi \dfrac{R_0^2 h_0}{h} \sigma_s \left(1 + \dfrac{2fR_0 \sqrt{\dfrac{h_0}{h}}}{3 h} \right)
\end{cases}
\tag{5.4.22}
$$

知识运用： 根据塑性变形体积不变条件，假设几何形状不变条件下可以近似求得变形过程载荷随变形位移的变化方程及曲线，试用该方法求解平面压缩矩形件过程载荷随高度变化方程。

5.4.2　棒材挤压过程

棒材挤压过程如图 5.4.2a 所示，塑性变形过程大致分为四个阶段，分别为填充阶段、过渡阶段、稳定阶段和终了阶段。填充阶段坯料受到挤压垫和模壁的镦粗作用，其长度缩短、直径增加，直至充满整个挤压筒，此阶段内，坯料变形所需的力和镦粗圆柱体一样，随挤压杆的向前移动，P 不断增加；在稳定阶段，随挤压杆不断向前移动，未变形的坯料长度不断缩短，挤压筒壁与坯料间的摩擦面积不断减少，挤压力不断下降；最后为挤压终了阶段，这时挤压残料已经很薄，在这种情况下，坯料依靠挤压垫与模壁间的强大压力而产生横向流动，到达模口处再转而流出模口；在填充和稳定阶段之间，还有一个过渡阶段，填充还没有完成，但是坯料已从模口向外流出，俗称"萝卜头"，所以挤压力还在继续上升，直到坯料完全充满挤压筒，到达稳定阶段为止。

为了能够确定挤压机吨位和校核挤压机部件强度，棒材挤压过程中的塑性问题求解通常求解过渡阶段到稳定阶段初期的变形载荷。在挤压过程中坯料不同部分的主应力状态为三向压应力，而整体应变状态为两向压缩一向延伸。根据挤压时坯料的受力情况，稳定变形过程可以将其分成定径区、变形区、未变形区和难变形区，如图 5.4.2b 所示。

坯料在定径区不再发生塑性变形，除受到挤压模定径工作带表面给予的压力和摩擦力作用，在与Ⅱ区的分界面上还将受到来自Ⅱ区的压应力 σ_{xa} 的作用；坯料在变形区发生稳定塑性变形，受到Ⅰ区的压应力 σ_{xa}、Ⅲ区的压应力 σ_{xb}、Ⅳ区的压应力 σ_n 和摩擦应力 τ_e 的作用；未变形区材料可近似认为不发生塑性变形，只是在挤压杆的推动下，克服挤压筒壁的摩擦阻力及变形区给予的阻力，不断向变形区补充材料，直至全部消失；难变形区也称死区，其应力状态和镦粗时接触表面附近中心部分的黏着区相似，近乎三向等压应力状态，在挤压过程后期，难变形区不断缩小范围，转入变形区。

由前述可知，塑性加工过程中，不同变形区受力特点和变形规律有所差异，但应满足塑性变形连续性，因此需从定径区到未变形区逐一进行力学分析，进而求解变形载荷。

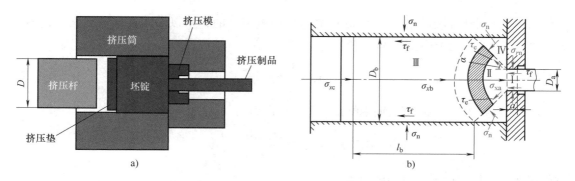

图 5.4.2　棒材单孔挤压

a）挤压过程示意图　b）变形区示意图

1. 定径区挤压应力 σ_{xa} 的计算公式推导

在定径区，坯料承受的挤压模定径工作带的压应力 σ_{rn}，是坯料在变形区内产生的弹性变形在定径区内存在弹性恢复趋势而产生的。由于 σ_{rn} 的存在，坯料又与挤压模定径工作带有相对运动，便产生了摩擦应力 τ_f（图 5.4.3a）。

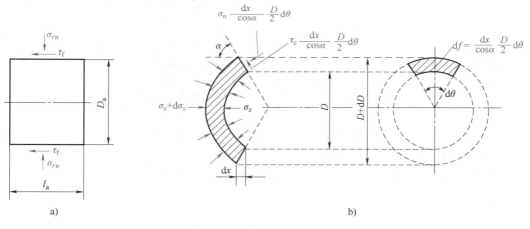

图 5.4.3　定径区与变形区受力情况

a）定径区　b）变形区

σ_{rn} 的数值略低于 σ_s，考虑热挤压时的摩擦系数较大，所以摩擦应力为

$$\tau_f = 0.5\sigma_s \tag{5.4.23}$$

根据静力平衡可得

$$\sigma_{xa}\frac{\pi}{4}D_a^2 = \tau_f \pi D_a l_a \tag{5.4.24}$$

将 τ_f 值代入式（5.4.24），得

$$\sigma_{xa} = 2\sigma_s \frac{l_a}{D_a} \tag{5.4.25}$$

2. 变形区挤压应力 σ_{xb} 的计算公式推导

在变形区中的单元体上，所受的应力如图 5.4.3b 所示。变形区与死区的分界面（即单

元体的锥面）是坯料内部由于塑性流动的不同而被切开的，所以作用在该分界面上的剪应力，可以认为达到了极限值，即

$$\tau_e = \frac{1}{\sqrt{3}} \sigma_s = k \tag{5.4.26}$$

1）作用在单元体锥面的面积单元 $\mathrm{d}f$ 上的切向力为

$$\mathrm{d}T = \tau_e S = \tau_e \mathrm{d}f = \frac{\sigma_s}{\sqrt{3}} \frac{\mathrm{d}x}{\cos\alpha} \frac{D}{2} \mathrm{d}\theta \tag{5.4.27}$$

故作用在单元体锥面上的总切向力为

$$T = \int_0^{2\pi} \left(\frac{\sigma_s}{\sqrt{3}} \frac{\mathrm{d}x}{\cos\alpha} \frac{D}{2} \right) \mathrm{d}\theta = \frac{\pi D \sigma_s}{\sqrt{3} \cos\alpha} \mathrm{d}x \tag{5.4.28}$$

所以，总切向力在 x 方向的分量为

$$T_x = T\cos\alpha = \frac{\pi D \sigma_s}{\sqrt{3}} \mathrm{d}x \tag{5.4.29}$$

而

$$\frac{1}{2} \frac{\mathrm{d}D}{\mathrm{d}x} = \tan\alpha \Rightarrow \mathrm{d}x = \frac{\mathrm{d}D}{2\tan\alpha} \tag{5.4.30}$$

将 $\mathrm{d}x$ 值代入式（5.4.29），可以得到 $\mathrm{d}f$ 面上切向作用载荷为

$$T_x = \frac{\pi D \sigma_s}{\sqrt{3}} \frac{\mathrm{d}D}{2\tan\alpha} = \frac{\pi \sigma_s}{2\sqrt{3} \tan\alpha} D \mathrm{d}D \tag{5.4.31}$$

式中，α 为死区角度（死区与变形区分界线与挤压筒中心线夹角）。平模挤压时，取 $\alpha = 60°$，锥模挤压时，如无死区，则 α 即为模角。

2）作用在单元体锥面的面积单元 $\mathrm{d}f$ 的法向压力为

$$\mathrm{d}N = \sigma_n \frac{\mathrm{d}x}{\cos\alpha} \frac{D}{2} \mathrm{d}\theta \tag{5.4.32}$$

故总法向力为

$$N = \int_0^{2\pi} \sigma_n \frac{\mathrm{d}x}{\cos\alpha} \frac{D}{2} \mathrm{d}\theta = \frac{\pi \sigma_n D \mathrm{d}x}{\cos\alpha} \tag{5.4.33}$$

所以，总法向力在 x 方向的分量为

$$N_x = N\sin\alpha = \pi D \sigma_n \tan\alpha \mathrm{d}x \tag{5.4.34}$$

由式（5.4.30）可知，$\tan\alpha \mathrm{d}x = \frac{\mathrm{d}D}{2}$，代入式（5.4.34）可得总法向力为

$$N_x = \frac{\pi \sigma_n}{2} D \mathrm{d}D \tag{5.4.35}$$

3）根据静力平衡 $\sum F_x = 0$，可得

$$(\sigma_x + \mathrm{d}\sigma_x)\pi \left(\frac{D}{2} + \frac{\mathrm{d}D}{2} \right)^2 = \sigma_x \pi \left(\frac{D}{2} \right)^2 + N_x + T_x \tag{5.4.36}$$

将式（5.4.31）和式（5.4.35）代入式（5.4.36）后，可以得到

$$(\sigma_x + \mathrm{d}\sigma_x)\frac{\pi}{4}(D+\mathrm{d}D)^2 - \frac{\pi}{4}\sigma_x D^2 - \frac{\pi\sigma_n}{2}D\mathrm{d}D - \frac{\pi\sigma_s}{2\sqrt{3}\tan\alpha}D\mathrm{d}D = 0 \tag{5.4.37}$$

对式（5.4.37）进行简化，即

$$(\sigma_x + \mathrm{d}\sigma_x)\frac{\pi}{4}(D+\mathrm{d}D)^2 - \frac{\pi}{4}\sigma_x D^2 - \frac{\pi\sigma_n}{2}D\,\mathrm{d}D - \frac{\pi\sigma_s}{2\sqrt{3}\tan\alpha}D\mathrm{d}D = 0$$

$$\Rightarrow \sigma_x\frac{\pi}{4}D^2 + \sigma_x\frac{\pi}{4}\mathrm{d}D^2 + \sigma_x\frac{\pi}{2}D\mathrm{d}D + \mathrm{d}\sigma_x\frac{\pi}{4}D^2 + \mathrm{d}\sigma_x\frac{\pi}{2}D\mathrm{d}D + \mathrm{d}\sigma_x\frac{\pi}{4}\mathrm{d}D^2 - \tag{5.4.38}$$

$$\frac{\pi}{4}\sigma_x D^2 - \frac{\pi\sigma_n}{2}D\mathrm{d}D - \frac{\pi\sigma_s}{2\sqrt{3}\tan\alpha}D\mathrm{d}D = 0$$

$$\Rightarrow 2\sigma_x\mathrm{d}D + D\mathrm{d}\sigma_x - 2\sigma_n\mathrm{d}D - \frac{2}{\sqrt{3}}\sigma_s\frac{\mathrm{d}D}{\tan\alpha} = 0$$

4）当 α 足够小时，σ_n 与 σ_r 近似垂直，三个主应力分别为 σ_x、σ_n 与 σ_r，根据微元体应力假设方向，引入屈服准则，即

$$-\sigma_x - (-\sigma_n) = \sigma_s \Rightarrow \sigma_n - \sigma_x = \sigma_s \tag{5.4.39}$$

将屈服准则式（5.4.39）代入式（5.4.38），可得

$$D\mathrm{d}\sigma_x - 2\sigma_s\mathrm{d}D - \frac{2}{\sqrt{3}\tan\alpha}\sigma_s\mathrm{d}D = 0 \tag{5.4.40}$$

$$\Rightarrow \mathrm{d}\sigma_x = 2\sigma_s\left(1 + \frac{1}{\sqrt{3}\tan\alpha}\right)\frac{\mathrm{d}D}{D}$$

对式（5.4.40）两边进行积分，可得

$$\sigma_x = 2\sigma_s\left(1 + \frac{1}{\sqrt{3}\tan\alpha}\right)\ln D + C \tag{5.4.41}$$

利用边界条件，当 $D = D_a$ 时，$\sigma_x = \sigma_{xa} = 2\sigma_s\dfrac{l_a}{D_a}$，代入式（5.4.41），可以得到积分常数为

$$C = 2\sigma_s\frac{l_a}{D_a} - 2\sigma_s\left(1 + \frac{1}{\sqrt{3}\tan\alpha}\right)\ln D_a \tag{5.4.42}$$

将式（5.4.42）中的积分常数代入式（5.4.41），得

$$\sigma_x = 2\sigma_s\left(1 + \frac{1}{\sqrt{3}\tan\alpha}\right)\ln\frac{D}{D_a} + 2\sigma_s\frac{l_a}{D_a} \tag{5.4.43}$$

$$\Rightarrow \sigma_x = \sigma_s\left(1 + \frac{1}{\sqrt{3}\tan\alpha}\right)\ln\left(\frac{D}{D_a}\right)^2 + 2\sigma_s\frac{l_a}{D_a}$$

当 $D = D_b$、$\sigma_x = \sigma_{xb}$，则

$$\sigma_{xb} = \sigma_s\left(1 + \frac{1}{\sqrt{3}\tan\alpha}\right)\ln\left(\frac{D_b}{D_a}\right)^2 + 2\sigma_s\frac{l_a}{D_a} \tag{5.4.44}$$

令挤压比 $\lambda = \left(\dfrac{D_b}{D_a}\right)^2$，代入式（5.4.44）得

$$\sigma_{xb} = \sigma_s\left(1 + \frac{1}{\sqrt{3}\tan\alpha}\right)\ln\lambda + 2\sigma_s\frac{l_a}{D_a} \tag{5.4.45}$$

式（5.4.45）表示变形区挤压应力分布规律。

3. 未变形区挤压应力 $\boldsymbol{\sigma_{xc}}$ 的计算公式推导。

在未变形区，由于坯料与挤压筒间的压应力 σ_n 数值很大，摩擦力 τ_f 取最大值，即

$$\tau_f = k = \frac{1}{\sqrt{3}}\sigma_s \tag{5.4.46}$$

代入静力平衡方程，则挤压垫表面的应力为

$$\sigma_{xc}\frac{1}{4}\pi D_b^2 = \sigma_{xb}\frac{1}{4}\pi D_b^2 + \tau_f\pi D_b l_b \tag{5.4.47}$$

$$\Rightarrow \sigma_{xc} = \sigma_{xb} + \frac{\sigma_s}{\sqrt{3}}\frac{4l_b}{D_b}$$

将变形区挤压方向的应力 σ_{xb} 表达式（5.4.45）代入式（5.4.47）后，可得

$$\bar{p} = \sigma_{xc} = \sigma_s\left(1 + \frac{1}{\sqrt{3}\tan\alpha}\right)\ln\lambda + 2\sigma_s\frac{l_a}{D_a} + \frac{\sigma_s}{\sqrt{3}}\frac{4l_b}{D_b} \tag{5.4.48}$$

所以挤压过程挤压力为

$$P = \bar{p}\frac{\pi}{4}D_b^2 \tag{5.4.49}$$

代入应力状态影响系数表达式，可以得到挤压塑性变形过程应力状态影响系数为

$$n_\sigma = \frac{\bar{p}}{\sigma_s} = \left(1 + \frac{1}{\sqrt{3}\tan\alpha}\right)\ln\lambda + \frac{2l_a}{D_a} + \frac{4}{\sqrt{3}}\frac{l_b}{D_b} \tag{5.4.50}$$

式中，α 为死区角度，平模时取 60°；λ 为挤压比（系数），即挤压筒截面积与制品截面积之比，$\lambda = \dfrac{F_b}{F_a}$；$l_a$ 为挤压模工作带长度；D_a 为挤压模孔直径；σ_s 为挤压坯料的变形抗力，其值取决于坯料的牌号、挤压温度、变形速度和变形程度，确定方法与热轧类似；l_b 为未变形区长度，其值为坯料原始长度 $l_{b'}$ 减去变形区长度，即 $l_b = l_{b'} - \dfrac{D_b - D_a}{2\tan\alpha}$，而原始长度为 $l_{b'} = l_0\dfrac{D_0^2}{D_b^2}$，其中 l_0、D_0 分别为铸锭的长度和直径；D_b 为挤压筒直径。

5.5 临界载荷求解案例

部分实际工程问题，虽不能简化为平面问题或者轴对称问题，但可以通过整体静力平衡

和屈服准则求解塑性变形载荷，此类问题可归属为临界载荷求解。图 5.5.1 所示氧气瓶受内压 p 作用，试求解氧气瓶开始发生塑性变形和完全发生塑性变形时的临界内压值。

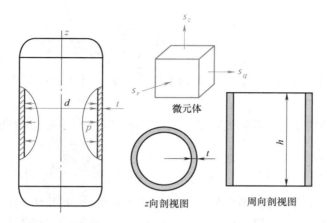

图 5.5.1　受内压作用的薄壁及微元体

由静力平衡条件 $\sum F_z = 0$、$\sum F_\theta = 0$，可得

$$\begin{cases} \sigma_z = \dfrac{p\pi\left(\dfrac{d}{2}\right)^2}{2\pi\left(\dfrac{d}{2}\right)t} = \dfrac{pd}{4t} \\[4mm] \sigma_\theta = \dfrac{phd}{2ht} = \dfrac{pd}{2t} \end{cases} \tag{5.5.1}$$

当氧气瓶内壁发生塑性变形时，该氧气瓶开始发生塑性变形，此时 $\sigma_r = -p$，将式（5.5.1）中轴向和周向应力代入米塞斯屈服准则，可得

$$\left(-p - \frac{pd}{4t}\right)^2 + \left(\frac{pd}{4t} - \frac{pd}{2t}\right)^2 + \left(-p - \frac{pd}{2t}\right)^2 = 2\sigma_s^2 \tag{5.5.2}$$

对式（5.5.2）进行简化整理，可得到氧气瓶开始发生塑性变形时的内压 p 为

$$p = \frac{\sigma_s}{\sqrt{1 + \dfrac{3d^2}{16t^2} + \dfrac{3d}{2t}}} \tag{5.5.3}$$

当氧气瓶外壁塑性变形时，整个壁厚均进入屈服状态，$\sigma_r = 0$，把外壁应力分量代入屈服准则可求出壳体在全塑性状态下的内压，即

$$\left(\frac{pd}{4t}\right)^2 + \left(\frac{pd}{4t}\right)^2 + \left(\frac{pd}{2t}\right)^2 = 2\sigma_s^2 \tag{5.5.4}$$

通过对式（5.5.4）进行简化可得到氧气瓶整体发生塑性变形时的内压 p 为

$$p = \frac{4t}{\sqrt{3}\,d}\sigma_s \tag{5.5.5}$$

如果由屈雷斯加屈服准则判断整体发生塑性变形状态，则有

$$\sigma_1 - \sigma_3 = \frac{pd}{2t} = \sigma_s \qquad (5.5.6)$$

可以得到内压 p 为

$$p = \frac{2t}{d}\sigma_s \qquad (5.5.7)$$

由式（5.5.5）和式（5.5.7）可知两者相差 $\dfrac{2}{\sqrt{3}}$，即 1.155 倍，因为此时第二主应力 $\dfrac{pd}{4t}$ 为第一主应力 $\dfrac{pd}{2t}$ 和第三主应力 0 和的一半，满足平面变形条件，所以也证明米塞斯简化准则 $\beta = \dfrac{2}{\sqrt{3}}$。

知识运用： 有一井下避难用氧气瓶，壁厚为 6mm，外径为 90mm，材质为合金钢，屈服强度为 330MPa，有效高度为 220mm，试判断其产生塑性变形的工作压力临界值。

知识拓展： 在实际的临界载荷分析中，有时是冲击载荷而非静压载荷。图 5.5.2 所示为某型号氧气瓶受静压载荷和冲击载荷（三角波，作用时间 10ms，5ms 达到与静压值相同的应力峰值，然后衰减）等效应力分布。由图可知，相比静压载荷，冲击载荷作用下等效应力最大值升高了 42.8%，所以相比静压载荷，冲击载荷对钢瓶结构强度要求更高，钢瓶直壁区域和交接区域为易失效区。

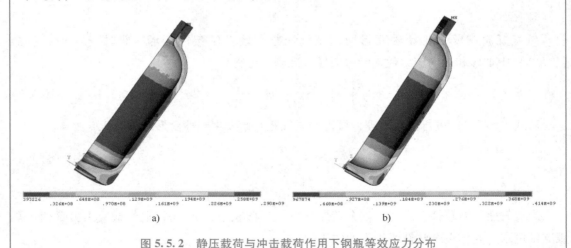

图 5.5.2　静压载荷与冲击载荷作用下钢瓶等效应力分布

a）静压载荷　b）冲击载荷

第6章

滑移线法及应用

 知识速递

```
                                                        自由表面

                                                        光滑接触表面

                        倾角确定规则                     最大摩擦接触表面

                        滑移线族确定规则                 库仑摩擦表面

                        平面变形问题列式                 滑移线场绘制*

                        滑移线意义                       典型边界滑移线特征及绘制

滑移线法   滑移线场概念   汉基应力方程及        应力边界条件        滑移线求解案例
                         滑移线几何性质

                        方程推导                         光滑平冲头压入半无限体

                        α和β线汉基应力方程表达式          粗糙平冲头压入半无限体
                                                        Prandtl解
                        基本性质
                                                        粗糙平冲头压入半无限体非
                        汉基第一定理                      Prandtl解

                        汉基第二定理                      楔体单边受压极限载荷求解

                                                        平辊轧制厚件

                                                        板条挤压
```

6.1　滑移线场概念

滑移线理论创立于 20 世纪 20 年代初至 40 年代间，是人们在对金属塑性变形过程研究中，依据光滑试样表面出现"滑移带"现象经力学分析而逐步形成的一种图形绘制与数值计算相结合的理论方法，该方法在求解平面塑性流动问题和变形力学问题方面形成了较为完善的正确解法。按照滑移线理论，可以在塑性流动区内做出滑移线场，借助滑移线场求出流动区内的应力分布。

塑性变形过程中，变形体内金属质点最大剪应力的轨迹成对正交出现，故塑性变形体内各点最大剪应力的轨迹即为滑移线，变形体内滑移线形成两族相互正交的网络即为滑移线场。严格来说，滑移线法仅适用于理想刚塑性材料的平面应变问题，但在一定条件下可以推导到平面应力和轴对称问题并适用于硬化材料。

6.1.1　平面变形问题列式

当变形体处于平面塑性应变状态时，沿某一坐标轴（假设 z 轴）的应变值与坐标无关，因此，ε_z、$\varepsilon_{yz}=\varepsilon_{zy}$ 以及 $\varepsilon_{zx}=\varepsilon_{xz}$ 均为 0，塑性流动仅发生在 xOy 平面内，此面称为塑性流动平面，此时由平面应变条件可知

$$\sigma_z = \frac{(\sigma_x + \sigma_y)}{2} \tag{6.1.1}$$

故

$$\sigma_{\mathrm{m}} = \frac{1}{3}(\sigma_x + \sigma_y + \sigma_z) = \frac{1}{3}\left[\sigma_x + \sigma_y + \frac{1}{2}(\sigma_x + \sigma_y)\right] = \frac{1}{2}(\sigma_x + \sigma_y) = -p \tag{6.1.2}$$

所以

$$\sigma_{\mathrm{m}} = \sigma_z = \sigma_2 = -p \tag{6.1.3}$$

式中，σ_z 即等于中间主应力 σ_2，也等于该点的平均应力 σ_{m}；p 称为静水压力。

前已述知，平面应变问题的最大剪应力为

$$\tau_{\max} = \tau_{13} = \frac{1}{2}(\sigma_1 - \sigma_3) = k = \sqrt{\left(\frac{\sigma_x - \sigma_y}{2}\right)^2 + \tau_{xy}^2} \tag{6.1.4}$$

其中，最大剪应力方向与 σ_1 成 $\pm\dfrac{\pi}{4}$ 夹角，而通过求解平面应变状态下的主应力，可得 σ_1 和 σ_3 与非主状态应力分量之间的关系为

$$\left.\begin{array}{r}\sigma_1 \\ \sigma_3\end{array}\right\} = \frac{1}{2}(\sigma_x + \sigma_y) \pm \sqrt{\left(\frac{\sigma_x - \sigma_y}{2}\right)^2 + \tau_{xy}^2} \tag{6.1.5}$$

于是

$$\sigma_2 = \sigma_z = \sigma_{\mathrm{m}} = -p = \frac{1}{2}(\sigma_1 + \sigma_3) = \frac{1}{2}(\sigma_x + \sigma_y) \tag{6.1.6}$$

由式（6.1.4）~式（6.1.6），很容易得到任一点应力状态下的三个主应力均可以用静水压力或平均应力与最大剪应力 k 相叠加表示，即

$$\begin{cases}\sigma_1 = \sigma_{\mathrm{m}} + k = -p + k \\ \sigma_2 = \sigma_{\mathrm{m}} = -p \\ \sigma_3 = \sigma_{\mathrm{m}} - k = -p - k\end{cases} \tag{6.1.7}$$

平面变形条件下，对于塑性变形区内某一点 P 的应力状态，既可以用应力张量表示，也可以用应力莫尔圆表示，应力莫尔圆和对应的物理平面如图 6.1.1 所示。

图 6.1.1 给出了变形体内任意一点 P 的各特定平面上的应力。应力莫尔圆上的点 A 代表 P_y 平面上的应力状态（$-\sigma_x$，$-\tau_{xy}$）；点 B 代表 P_x 平面上的应力状态（$-\sigma_y$，$+\tau_{yx}$）。第一最大剪应力面 I 对应于应力莫尔圆上的 I 点，I 面的剪应力方向即 α 线的方向；第二最大剪应力面 II 对应于方向莫尔圆上的 II 点，II 面的剪应力方向则为 β 线的方向。规定剪应力 τ_{xy} 或 τ_{yx} 的符号为使体素顺时针方向旋转为正，逆时针方向旋转为负。应力莫尔圆的圆心是 C，半径等于最大剪应力 $\tau_{\max}$。平面变形条件下，$\tau_{\max}$ 达到屈服剪应力 k 时产生屈服。

根据应力莫尔圆描述的几何关系，有

$$\begin{cases}\sigma_x = -p - k\sin 2\varphi \\ \sigma_y = -p + k\sin 2\varphi \\ \tau_{xy} = k\cos 2\varphi\end{cases} \tag{6.1.8}$$

式（6.1.8）表明，对 k 一定的刚塑性体，当已知滑移线场内任一点的 φ 角和静水压力 p 后，则该点的应力分量 $\boldsymbol{\sigma}_x$，$\boldsymbol{\sigma}_y$，$\boldsymbol{\tau}_{xy}$ 即可确定。

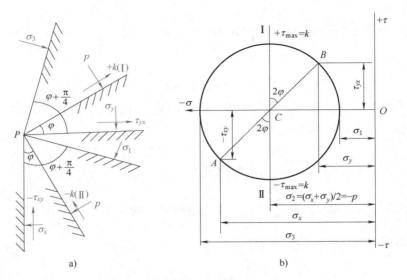

图 6.1.1　平面变形应力状态

a) 物理平面　b) 应力莫尔圆

由于常见的塑性加工工艺应力状态以压应力为主，所以引入了静水压力 p，且通过 $+\sigma$ 半轴应力莫尔圆获得式（6.1.8），而静水压力 p 值不能为负值。当求解拉应力状态时，也可以通过 $+\sigma$ 半轴应力莫尔圆得到式（6.1.8），并将式中的静水压力 $-p$ 换成平均应力 σ_m。

角度 φ 指 α 族滑移线的切线与 Ox 轴夹角大小，通常规定以 Ox 轴正向为起始轴逆时针方向旋转构成的倾角为正，顺时针方向旋转构成的倾角为负。由图 6.1.1 可知，转角 φ 的数值大小与坐标系的选择有关，但静水压力 p 不会随坐标系的选择而变化。

需要注意的是，引入的静水压力 p 与平均应力 σ_m 大小相等，符号相反，而静水压力 p 通常为正值，表明在利用滑移线法求解一般工程问题时，$\sigma_\mathrm{m}<0$，而实际上，滑移线法也可以求解拉应力状态问题（尽管少见）。当遇到拉应力状态时，式（6.1.8）用平均应力表述更为确切，即

$$\begin{cases}\sigma_x = \sigma_\mathrm{m} - k\sin2\varphi \\ \sigma_y = \sigma_\mathrm{m} + k\sin2\varphi \\ \tau_{xy} = k\cos2\varphi\end{cases} \qquad (6.1.9)$$

6.1.2　滑移线族确定

塑性区内任意一点处均能找到一对正交的最大剪应力方向，且两个最大剪应力相等且相互垂直，连接各点最大剪应力方向并绘成曲线便得到两族正交的曲线，称之为滑移线，其中一族称为 α 族滑移线，一族称为 β 族滑移线，两族正交的滑移线布满整个塑性区，形成的曲线网络称为滑移线场，如图 6.1.2 所示。

为区别两族滑移线，常采用下述方法确定：

1）α 线两侧的最大剪应力组成顺时针方向，而 β 线两侧的最大剪应力组成逆时针方

向，或者说使单元体产生顺时针方向转效果的剪应力方向为 α 族，反之为 β 族。

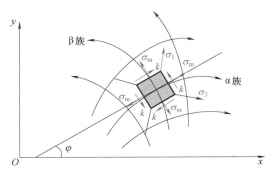

2）α 线各点的切线与所取的 x 轴的正向夹角为 φ，并规定以 Ox 正向为 φ 角量度起始线，逆时针方向旋转形成的 φ 角为正值，顺时针方向旋转形成的 φ 角为负值。

3）分别以 α 线和 β 线构成一右手坐标系的横轴和纵轴，则代数值最大的主应力 σ_1 的作用线位于第一和第三象限，而代数值最小的主应力 σ_3 的作用线位于第二和第四象限（图 6.1.2）。

图 6.1.2　滑移线与滑移线场

解决实际问题时，按照应力边界条件判断出边界上某点的 σ_1 和 σ_3 方向，如果滑移线场已知，可依据右手坐标系方法直接判断滑移线族别；如果滑移线场未知，则可判断单元体的变形趋势，确定最大剪应力 k 的方向，从而根据滑移线两侧的最大切应力 k 所组成的时针转向来确定该滑移线的族别，如图 6.1.3 所示。

知识运用：图 6.1.4 所示为某一滑移线场，滑移线场中某点受到的主应力 M 为 -10MPa，N 为 20MPa，那么垂直纸面的力为多少？A 和 B 哪条为 α 线，哪条为 β 线？

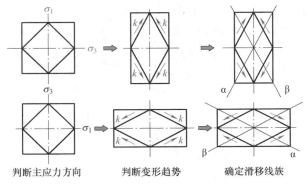

图 6.1.3　按最大剪应力时针转向确定族别

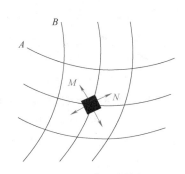

图 6.1.4　滑移线场

6.2 汉基应力方程

对于理想塑性材料中处于塑性平面应变状态下的各点，其应力状态的不同实质是各点的平均应力 σ_m 或静水压力 p 的不同。由式（6.1.8）可知，对于 k 值一定的刚塑性材料，在静水压力 p 及夹角 φ 已知的前提下，便能确定塑性区内各点的应力分量。为了确定滑移线场中各点的应力分量，必须了解沿滑移线上静水压力 p 和 φ 的变化规律。这个规律由汉基于 1923 年首先推导出来的，故称为汉基应力方程。

汉基应力方程早期多采用特征线理论的数学手段推导，由求解一阶偏导数的非线性微分方程组得出，希尔（Hill）在1966年曾利用移动正交坐标系的概念对汉基应力方程进行了推导，但该方法不易被初学者接受。1981年清华大学力学家徐秉业和陈荣灿教授提出直接将偏微分方程化为常微分方程方法，我国力学研究者通过数学手段不断简化汉基应力方程的推导过程。

1. 汉基应力方程的第一种推导方法

平面变形时应力平衡微分方程为

$$\begin{cases} \dfrac{\partial \sigma_x}{\partial x} + \dfrac{\partial \tau_{yx}}{\partial y} = 0 \\[3mm] \dfrac{\partial \sigma_y}{\partial y} + \dfrac{\partial \tau_{xy}}{\partial x} = 0 \end{cases} \tag{6.2.1}$$

将式（6.1.8）中 σ_x，σ_y，τ_{xy} 的表达式代入式（6.2.1）中，整理可得

$$\begin{cases} \dfrac{\partial p}{\partial x} + 2k\cos2\varphi \dfrac{\partial \varphi}{\partial x} + 2k\sin2\varphi \dfrac{\partial \varphi}{\partial y} = 0 \\[3mm] \dfrac{\partial p}{\partial y} + 2k\sin2\varphi \dfrac{\partial \varphi}{\partial x} - 2k\cos2\varphi \dfrac{\partial \varphi}{\partial y} = 0 \end{cases} \tag{6.2.2}$$

式（6.2.2）是只含两个未知数的方程组，按理可以求解，但是由于它是一个偏微分方程组，因此直接求解比较困难，比较简单的方法是沿滑移线积分求解。

将式（6.2.2）中第一式乘以 $\mathrm{d}x$ 加上第二式乘以 $\mathrm{d}y$，则

$$\left(\dfrac{\partial p}{\partial x}\mathrm{d}x + \dfrac{\partial p}{\partial y}\mathrm{d}y \right) + 2k\left[\dfrac{\partial \varphi}{\partial x}\mathrm{d}x\left(\cos2\varphi + \sin2\varphi \dfrac{\mathrm{d}y}{\mathrm{d}x} \right) \right] + 2k\left[\dfrac{\partial \varphi}{\partial y}\mathrm{d}x\left(\sin2\varphi - \cos2\varphi \dfrac{\mathrm{d}y}{\mathrm{d}x} \right) \right] = 0 \tag{6.2.3}$$

假设，任一点 P 的坐标为 (x, y)，过 P 点 α 线的切线与 x 轴的夹角为 φ，如图 6.2.1 所示。

由图 6.2.1 可知，α 族的微分方程和 β 族的微分方程分别为

$$\begin{cases} \alpha \text{ 线：} \dfrac{\mathrm{d}y}{\mathrm{d}x} = \tan\varphi \\[3mm] \beta \text{ 线：} \dfrac{\mathrm{d}y}{\mathrm{d}x} = -\tan(90° - \varphi) = -\cot\varphi \end{cases} \tag{6.2.4}$$

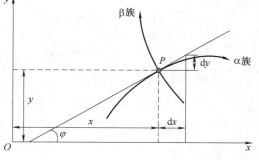

图 6.2.1　点 P 坐标图

在式（6.2.3）的非线性偏微分方程中，有两个未知函数 $p(x, y)$ 和 $\varphi(x, y)$。如果函数 $f(x, y)$ 在点 $P(x, y)$ 处可微分，则该函数在点 $P(x, y)$ 的偏导数必然存在，全微分为 $\mathrm{d}f = \dfrac{\partial f}{\partial x}\mathrm{d}x + \dfrac{\partial f}{\partial y}\mathrm{d}y$，则未知函数 $p(x, y)$ 和 $\varphi(x, y)$ 的全微分为

$$\begin{cases} \mathrm{d}p = \dfrac{\partial p}{\partial x}\mathrm{d}x + \dfrac{\partial p}{\partial y}\mathrm{d}y \\[3mm] \mathrm{d}\varphi = \dfrac{\partial \varphi}{\partial x}\mathrm{d}x + \dfrac{\partial \varphi}{\partial y}\mathrm{d}y \end{cases} \tag{6.2.5}$$

将式（6.2.4）中 α 线的微分方程 $\dfrac{\mathrm{d}y}{\mathrm{d}x}=\tan\varphi$ 和式（6.2.5）代入式（6.2.3）中，可得

$$\mathrm{d}p + 2k\left[\dfrac{\partial \varphi}{\partial x}\mathrm{d}x(\cos 2\varphi + \sin 2\varphi \tan\varphi)\right] + \left[\dfrac{\partial \varphi}{\partial y}\mathrm{d}x(\sin 2\varphi - \cos 2\varphi \tan\varphi)\right] = 0 \tag{6.2.6}$$

式（6.2.6）中，不难证明

$$\begin{cases} \cos 2\varphi + \sin 2\varphi \tan\varphi = 1 - 2\sin^2\varphi + 2\sin\varphi\cos\varphi\tan\varphi = 1 \\[2mm] \sin 2\varphi - \cos 2\varphi \tan\varphi = 2\sin\varphi\cos\varphi - 2\cos^2\varphi\tan\varphi + \tan\varphi = \tan\varphi \end{cases} \tag{6.2.7}$$

所以，式（6.2.6）可进一步简化为

$$\mathrm{d}p + 2k\left(\dfrac{\partial \varphi}{\partial x}\mathrm{d}x + \dfrac{\partial \varphi}{\partial y}\mathrm{d}x\tan\varphi\right) = 0 \tag{6.2.8}$$

即

$$\mathrm{d}p + 2k\mathrm{d}\varphi = 0 \tag{6.2.9}$$

对式（6.2.9）进行积分，可以得到沿 α 线的静水压力 p 和角度 φ 的关系式为

$$p + 2k\varphi = C_1 \tag{6.2.10}$$

采用同样的方法，将式（6.2.4）中 β 线的微分方程 $\dfrac{\mathrm{d}y}{\mathrm{d}x}=-\cot\varphi$ 和式（6.2.5）代入式（6.2.3）中，可得沿 β 族滑移线的静水压力 p 和角度 φ 的关系式为

$$p - 2k\varphi = C_2 \tag{6.2.11}$$

式（6.2.10）和式（6.2.11）称为汉基应力方程，由应力平衡方程和塑性条件而导出，因此汉基应力方程不仅体现了应力平衡方程，同时也满足塑性条件方程。由此方程可知，在塑性区内，沿任意一滑移线上，C_1 或 C_2 为一常数，它们的数值可根据边界条件定出，如果利用滑移线网络的特性绘出滑移线场，那么就可以解出塑性区内任意一点的 p 和 φ 值，从而求出任意一点的 σ_x、σ_y 和 τ_{xy}。

2. 汉基应力方程的第二种推导方法

将式（6.2.2）中的第一式乘以 $\cos\varphi$，第二式乘以 $\sin\varphi$ 相加后可以得到

$$\left(\dfrac{\partial p}{\partial x} + 2k\cos 2\varphi\,\dfrac{\partial \varphi}{\partial x} + 2k\cos 2\varphi\,\dfrac{\partial \varphi}{\partial y}\right)\cos\varphi + \left(\dfrac{\partial p}{\partial y} + 2k\sin 2\varphi\,\dfrac{\partial \varphi}{\partial x} - 2k\cos 2\varphi\,\dfrac{\partial \varphi}{\partial y}\right)\sin\varphi = 0 \tag{6.2.12}$$

通过 $\sin 2\varphi\cos\varphi - \cos 2\varphi\sin\varphi = \sin\varphi$ 和 $\cos 2\varphi\cos\varphi + \sin 2\varphi\sin\varphi = \cos\varphi$，可以将式（6.2.12）简化为

$$\left(\dfrac{\partial p}{\partial x}\cos\varphi + \dfrac{\partial p}{\partial y}\sin\varphi\right) + 2k\left(\dfrac{\partial \varphi}{\partial x}\cos\varphi + \dfrac{\partial \varphi}{\partial y}\sin\varphi\right) = 0 \tag{6.2.13}$$

根据方向导数定理，如果函数 $z=f(x,\ y)$ 在点 $P(x,\ y)$ 是可微分的，那么函数在该点沿任一方向的方向导数都存在，且有

$$\frac{\partial f}{\partial l} = \frac{\partial f}{\partial x}\cos\varphi + \frac{\partial f}{\partial y}\sin\varphi \qquad (6.2.14)$$

式（6.2.14）中的 φ 是 x 轴到方向 l 的转角，恰等于 α 线切线夹角。

因此，式（6.2.13）可以描述为沿 α 线的微分方程

$$\frac{\partial p}{\partial \alpha} + 2k\frac{\partial \varphi}{\partial \alpha} = 0 \qquad (6.2.15)$$

同理，将式（6.2.2）中的第一式乘以 $\sin\varphi$，第二式乘以 $\cos\varphi$ 相减后可以得到

$$\left(\frac{\partial p}{\partial x}\sin\varphi - \frac{\partial p}{\partial y}\cos\varphi\right) - 2k\left(\frac{\partial \varphi}{\partial x}\sin\varphi - \frac{\partial \varphi}{\partial y}\cos\varphi\right) = 0 \qquad (6.2.16)$$

由于 α 线和 β 线垂直，因此，式（6.2.16）可以描述为沿 β 线的微分方程

$$\frac{\partial p}{\partial \beta} - 2k\frac{\partial \varphi}{\partial \beta} = 0 \qquad (6.2.17)$$

对式（6.2.15）和式（6.2.17）分别沿 α 线和 β 线进行积分，可以得到与式（6.2.10）和（6.2.11）相同的汉基应力方程

$$\begin{cases} p+2k\varphi=C_1 & （沿 \alpha 线） \\ p-2k\varphi=C_2 & （沿 \beta 线） \end{cases} \qquad (6.2.18)$$

应当指出，利用汉基应力方程进行计算时，φ 角应按弧度值计算。从 α 族滑移线中的一条滑移线转至另一条时，一般来说，常数 C_1 会改变。同样，从 β 族滑移线中的一条滑移线转至另一条时，C_2 也会改变。

由于 p 只能为正值，而式（6.2.10）和式（6.2.11）表示的是静水压力 p 和角度 φ 的关系，当为拉应力状态时，必须用平均应力 σ_m 表示（压应力条件下 $\sigma_m=-p$），故通用型汉基应力方程为

$$\begin{cases} \sigma_m - 2k\varphi=\xi & （沿 \alpha 线） \\ \sigma_m + 2k\varphi=\xi & （沿 \beta 线） \end{cases} \qquad (6.2.19)$$

大部分塑性加工工艺为压应力状态，故后续滑移线理论及应用仍以静水压力 p 为基础进行分析。

知识拓展： 海因里希·汉基（H. Hencky，1885—1951），德国著名力学家。受两次世界大战的影响，他的科研生涯仅有短短的 14 年。1922—1929 年在代尔夫特理工大学任教，研究圆环屈曲载荷问题、板的剪切估算，使他成为弹性领域专家，1923 年发表的关于滑移线的定理奠定了滑移线法应用于工程实践的历史地位。从 1925 年开始以及后来 1930—1933 年，在麻省理工学院担任助理期间的流变学研究使他成为流变学奠基人。一生历经两次世界大战使他历经漂泊、经济困难、生活困顿，但这些困难没有阻挡他在全量理论、能量准则证明、滑移线等塑性力学方面的贡献。

6.3 　滑移线几何性质

6.3.1　基本性质

性质 1　同一条滑移线上，由点 a 到点 b，静水压力的变化与滑移线切线的转角成正比。如图 6.3.1 所示，沿一条 α 线，有

$$p_a + 2k\varphi_a = p_b + 2k\varphi_b \tag{6.3.1}$$

对式（6.3.1）进行变换，可得

$$p_a - p_b = -2k(\varphi_a - \varphi_b) \tag{6.3.2}$$

或

$$\Delta p = -2k\Delta\varphi \tag{6.3.3}$$

由此可见，滑移线弯曲越厉害，静水压力变化越剧烈。

性质 2　在已知的滑移线场内，只要知道一点的静水压力，即可求出场内任意一点的静水压力，从而可以计算出各点的应力分量。

如图 6.3.2 所示，假设滑移线场已知，即已知滑移线上各点的夹角 φ_a，φ_b，φ_c 和 φ_d，如果 p_a 已知，那么其余各点的静水压力 p_b，p_c，p_d 均可求出。根据汉基应力方程，沿 α 线求得 p_b，即由点 a 到点 b，$p_b = p_a + 2k$（$\varphi_a - \varphi_b$）；同理，沿 β 线求得 p_c，即由点 b 到点 c，$p_c = p_a + 2k$（$\varphi_a + \varphi_c - 2\varphi_b$）；沿 β 线，同时可以由 a 点到 d 点求得 $p_d = p_a - 2k$（$\varphi_a - \varphi_d$）。

由此可见，如果正确绘出了滑移线场，且已知场内一点的静水压力，那么全部塑性区域内的静水压力均能根据汉基应力方程推导得到。

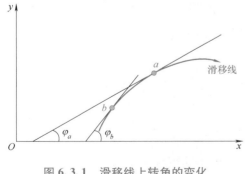

图 6.3.1　滑移线上转角的变化

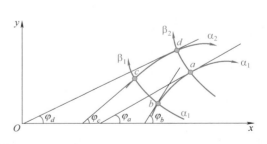

图 6.3.2　滑移线场中各点的应力关系

性质 3　直线滑移线上各点的夹角 φ 相等，由性质 1 可知 $\Delta p = 0$，故直线滑移线上各点的静水压力 p 相等。

由此，可进一步看出，直线滑移线上各点的 σ_x，σ_y 和 τ_{xy} 均不变。如果两族滑移线在整个塑性区域内都是正交直线族，那么整个区域内的 σ_x，σ_y 和 τ_{xy} 均为常数，这是均匀应力状态，这样的滑移线场称为均匀直线场。

6.3.2　汉基第一定理

性质 4　同族的两条滑移线（如 α_1 和 α_2 线）与另一族滑移线（如 β_1 和 β_2 线）相交，其相交两点的倾角差 $\Delta\varphi$ 和静水压力变化量 Δp 是常数。

如图 6.3.3 所示，塑性变形区内，α 族的两条滑移线 α_1 和 α_2 线与 β 族的两条滑移线 β_1 和 β_2 线相交，交点为 A、B、C、D，所围成的曲线四边形为 $ABCD$，按照汉基应力方程式（6.2.10），沿 α 线由 A 到 B 点为

$$p_A+2k\varphi_A=p_B+2k\varphi_B \tag{6.3.4}$$

再利用汉基应力方程式（6.2.11），沿 β 线由 B 点到 C 点为

$$p_B-2k\varphi_B=p_C-2k\varphi_C \tag{6.3.5}$$

于是，将式（6.3.4）与式（6.3.5）求和，可得沿路径 $A\to B\to C$ 的静水压力差为

$$p_C-p_A=2k(\varphi_A+\varphi_C-2\varphi_B) \tag{6.3.6}$$

同理，利用汉基应力方程式（6.2.11），沿 β 线由 A 点到 D 点为

$$p_A-2k\varphi_A=p_D-2k\varphi_D \tag{6.3.7}$$

利用汉基应力方程式（6.2.10），沿 α 线由 D 到 C 点为

$$p_D+2k\varphi_D=p_C+2k\varphi_C \tag{6.3.8}$$

将式（6.3.7）与式（6.3.8）求和，通过简化可得沿路径 $A\to D\to C$ 的静水压力差为

$$p_C-p_A=2k(2\varphi_D-\varphi_A-\varphi_C) \tag{6.3.9}$$

无论是按照路径 $A\to B\to C$ 还是路径 $A\to D\to C$ 所得的静水压力差 p_C-p_A 应该相等，因此，根据式（6.3.6）和式（6.3.9）可得倾角差为常数，即

$$\varphi_A-\varphi_D=\varphi_B-\varphi_C \tag{6.3.10}$$

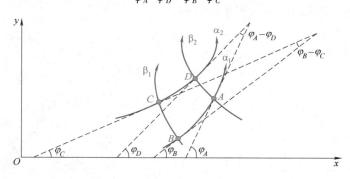

图 6.3.3　证明汉基第一定理的两条滑移线

同理，也可依据角度相等证明静水压力变化量为常数，即

$$p_A-p_D=p_B-p_C \tag{6.3.11}$$

式（6.3.10）和式（6.3.11）称为汉基第一定理，表明同族两条滑移线的有关特性。由汉基第一定理可得出如下推论：

1）同族滑移线中，某一线段是直线时，则这族滑移线的其他条线段也是直线。由于直

线滑移线的倾角差为零，所以直线滑移线上的静水压力以及 σ_x、σ_y 和 τ_{xy} 保持恒定，但当其由一条直线段转到另一条直线段时，由于倾角变化故应力有所变化。具有这种应力状态的滑移线场称为简单应力状态滑移线场。

2）如果一族滑移线是直线，那么与其正交的另一族滑移线将具有如图 6.3.4 所示的四种类型：

① 平行直线场（图 6.3.4a）。这是由 α 和 β 两族平行正交的直线所构成的滑移线场。滑移线是直线时，其 φ 角是常数，静水压力也保持常数，这样，应力分量 σ_x，σ_y 和 τ_{xy} 在整个滑移线场中也一定是常数。具有这种简单应力状态的滑移线场称为均匀应力状态滑移线场。

② 有心扇形场（图 6.3.4b）。此种类型的滑移线场由一族从原点 O 呈径向辐射的 α 线（或 β 线）与另一族同心圆弧的 β 线（或 α 线）构成。有心扇形场的中心 O 是应力的奇异点，过奇异点的应力可以有无穷多的数值。

③ 由族 α 直线与另一族 β 的曲线相互正交而构成的无心扇形场（图 6.3.4c）。此种滑移线场称为一般简单应力状态的滑移线场。

④ 具有边界线的简单应力状态的滑移线场（图 6.3.4d）。这种滑移线场的特点是直线滑移线是边界线（曲线滑移线的渐屈线）的切线，曲线滑移线是边界线的渐开线。

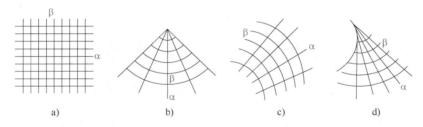

图 6.3.4 某些简单应力状态的滑移线场

综上所述，均匀应力状态区的相邻区域一定是简单应力状态区的滑移线场。例如，图 6.3.5a 所示的 A 区是均匀应力状态区，滑移线段 SL 是 A 区和 B 区的分界线，为 A 区和 B 区公用，因此 B 区一定是简单应力状态的直线场。图 6.3.5b 所示是有心扇形场 B 连接着两个平行直线场，O 点是应力奇异点，除了 O，整个区域 A+B+C 应力场是连续的。

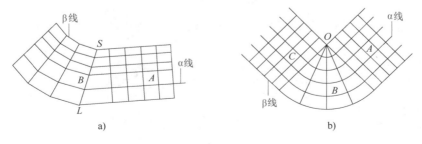

图 6.3.5 滑移线场组成
a）相邻区域为均匀应力状态的简单应力状态区 b）由有心扇形场连接的两个均匀应力状态区

6.3.3 汉基第二定理

性质5 一动点沿某族任意一条滑移线移动时，过该动点起始位置的另一族两条滑移线的曲率变化量（如 dR_β）等于该点所移动的路程（如 dS_α）。

证明：设 α，β 线上任一点的曲率半径分别为 R_α，R_β，由曲率半径的定义可知

$$\begin{cases} 1/R_\alpha = \partial\varphi/\partial S \\ 1/R_\beta = -\partial\varphi/\partial S \end{cases} \tag{6.3.12}$$

式中，R_α，R_β 的正负号法则为，如果 α 族滑移线的曲率中心 O_α 在 β 族滑移线方向的正侧为正，反之，为负；β 族亦然。图 6.3.6 中的 R_α，R_β 均为正值。而第二式右边的负号是因为沿 S_β 增加的方向上 φ 角是减小的，因而 $\partial\varphi/\partial S_\beta < 0$。

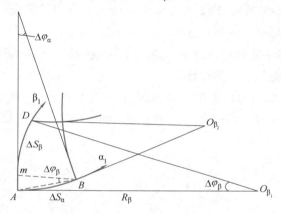

图 6.3.6 沿 α 线 β 族滑移线曲率半径的变化量

由图 6.3.6 可知，无限小的圆弧长 $\Delta S_\beta = -R_\beta \Delta\varphi_\beta$，因而 ΔS_β 沿弧 S_α 的变化率为

$$\frac{d(\Delta S_\beta)}{dS_\alpha} = -\frac{d(R_\beta \Delta\varphi_\beta)}{dS_\alpha} = -\left(\Delta\varphi_\beta \frac{\partial R_\beta}{\partial S_\alpha} + R_\beta \frac{\partial \Delta\varphi_\beta}{\partial S_\alpha}\right) \tag{6.3.13}$$

根据汉基第一定理，β 族滑移线的转角 $\Delta\varphi_\beta$ 不随点沿 S_α 移动而变化，故式（6.3.13）右边第二项为零，于是有

$$\frac{d(\Delta S_\beta)}{dS_\alpha} = -\Delta\varphi_\beta \frac{\partial R_\beta}{\partial S_\alpha} \tag{6.3.14}$$

当曲线四边形单元趋近无限小时，图 6.3.6 认为 Am 等于 $d(\Delta S_\beta)$，并结合式（6.3.14）可得

$$\sin\Delta\varphi_\beta = \frac{Am}{AB} = \frac{d(\Delta S_\beta)}{dS_\alpha} = -\Delta\varphi_\beta \frac{\partial R_\beta}{\partial S_\alpha} = \Delta\varphi_\beta \tag{6.3.15}$$

通过式（6.3.15）可得

$$\frac{\partial R_\beta}{\partial S_\alpha} = -1 \tag{6.3.16}$$

同理，也可得到

$$\frac{\partial R_\alpha}{\partial S_\beta} = -1 \qquad (6.3.17)$$

汉基第二定理表明，同族滑移线必然具有相同的曲率方向。

知识运用： 假设某一理想刚塑性材料工件的压缩过程是平面变形，其滑移线场如图 6.3.7 所示。已知 B 点的静水压力 $p_B = 400\text{MPa}$，$k = 100\text{MPa}$，试求 C 点的 σ_x、σ_y、τ_{xy} 和 D 点静水压力值。（答案：C 点 $\sigma_x = -300\text{MPa}$，$\sigma_y = -500\text{MPa}$，$\tau_{xy} = 0$；$p_D = 504.7\text{MPa}$。）

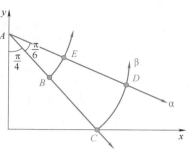

图 6.3.7 滑移线场

6.4 应力边界条件

利用滑移线法求解实际塑性工程问题时，首先应绘制滑移线场，然后基于建立的滑移线场和边界条件，利用汉基应力方程求解相应点的应力分布规律，其求解步骤如图 6.4.1 所示。

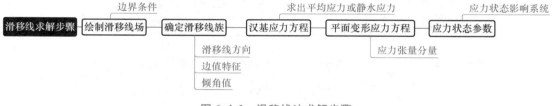

图 6.4.1 滑移线法求解步骤

6.4.1 滑移线方向及倾角规则

虽然前述明确了滑移理论中滑移线族确定方法及倾角确定基准，但缺乏明确的原则，导致实际工程问题分析时的多解性。图 6.4.2 所示为 α 族、β 族已知的滑移线场示意图。图 6.4.2a 中滑移线没有明确的方向，根据倾角确定原则，M 点的角度值可以是 φ、$\varphi - \pi$、$\varphi - 2\pi$、$\pi + \varphi$ 四种情况，而图 6.4.2b 中滑移线方向明确，根据规定，在满足 x 轴为基准的规定下，M 点角度值可以是 φ 或 $\varphi - 2\pi$。这么多角度值代入汉基应力方程以及求解点的应力状态时必然产生多解，不符合点的应力状态唯一性。

解决实际工程问题时，滑移线场往往未知，滑移线场绘制及应力求解一般需要基于自由表面、光滑接触表面、黏着摩擦接触表面三类简单的应力边界条件，故正确确定应力边界上某点的 α 族和 β 族滑移线方向和倾角 φ 成为滑移线理论求解工程问题的关键。

假设某一个单元体 N（图 6.4.3）受到 σ_1 和 σ_3 的作用，则可判断该单元体的变形趋势，然后确定最大剪应力 k 的方向，从而根据滑移线两侧的最大切应力 k 所组成的时针转向

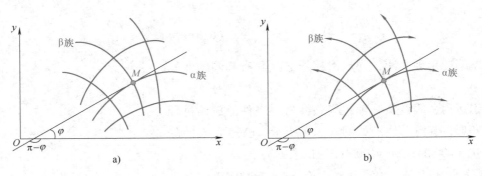

图 6.4.2 滑移线场示意图

a) 无方向滑移线场 b) 有方向滑移线场

来确定该滑移线的族别。剪应力大小相等、成对出现，所以某点相交的 α 线和 β 线在边界处同时指向或背离交点，而滑移线在应力边界上，根据变形体金属流动趋向和受力情况，α 线和 β 线合成方向与第一主应力方向一致，故同时指向第一主应力方向或同时背离第三主应力方向。

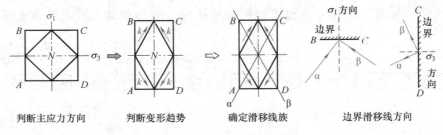

判断主应力方向　　判断变形趋势　　确定滑移线族　　边界滑移线方向

图 6.4.3　应力边界滑移线方向判定示意图

滑移线是最大剪应力轨迹，根据剪应力和剪应变特征，对于无速度奇异点的连续渐变滑移线，从 P_1 点到 P_2 点转角不超过 π（图 6.4.4），所以在以 Ox 为基准选取角度时，在方向已知条件下虽然有两个角度（图 6.4.2b 中 φ 或 $\varphi-2\pi$），但应选取绝对值小于 π 的角度值，以确保沿滑移线利用汉基应力方程求解时，倾角差的绝对值小于或等于 π。

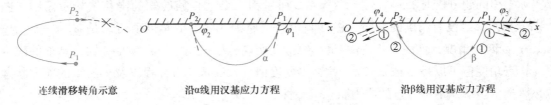

连续滑移转角示意　　　沿 α 线用汉基应力方程　　　　沿 β 线用汉基应力方程

图 6.4.4　倾角 φ 的确定示意图

综上所述，实际问题求解中，滑移线场通常较为复杂，而 α 线与 β 线方向及 φ 角的确定直接关系到应力分布规律求解的准确性，其值大小的确定应遵守以下原则：

1）在简单应力边界条件上，根据剪应力大小相等、成对出现原则，某点相交的 α 线和 β 线同时指向或背离该点。

2）当沿 α 滑移线两点代入汉基应力方程进行问题分析时，如果滑移线方向和角度可根据应力边界条件确定，则该滑移线上另一点的方向和角度也按照该方向确定，如果不能确定方向，则由 B 到 A 进行问题求解时（图 6.4.5），切线方向应保持一致，即 $\varphi_A = \varphi_1$、$\varphi_B = \varphi_2$ 或 $\varphi_A = -(\pi - \varphi_1)$、$\varphi_B = -(\pi - \varphi_2)$，且根据曲率方向性特点，两结点的角度差一般应小于 180°，即 $|\Delta\varphi_{AB}| \leqslant \pi$。

3）如果沿着 β 线的两个结点由 B 到 C 进行问题求解，过 B 和 C 两点的 α_1 和 α_2 线的切线应保持相同的曲率方向，即 $\varphi_C = \varphi_3$、$\varphi_B = \varphi_2$ 或 $\varphi_C = -(\pi - \varphi_3)$、$\varphi_B = -(\pi - \varphi_2)$。

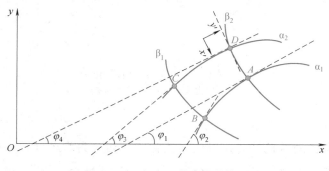

图 6.4.5　角度 φ 的确定示意图

6.4.2　滑移线边值特征

如前所述，对某给定的平面塑性变形问题绘制滑移线场时，需要利用其边界上的受力条件确定边界处滑移线特点，而塑性加工过程常见的边界条件有自由表面、光滑接触表面、黏着摩擦接触表面和滑动摩擦接触表面四种情况。

1. 自由表面

塑性加工过程中，塑性区域有可能扩展到自由表面附近。一般情况下，自由表面的法向正应力 σ_n 和切向剪应力 τ_f 均为零，所以自由表面是主平面，自由表面的法线方向是一个主方向。

此时，由式（6.1.8）可知滑移线边界点上的 φ_k 角和静水压力 p_k 分别为

$$\begin{cases} 2\varphi_k = \arccos(\tau_k/k) = \pm\pi/2 \\ p_k = -\sigma_n + k\sin(2\varphi_k) = k \end{cases} \qquad (6.4.1)$$

所以

$$\sigma_x = -k - k\sin(2\varphi_k) = -2k \qquad (6.4.2)$$

由上可见，变形区自由表面上的倾角和静水压力已知，即 $\varphi_k = \pm\pi/4$（"+"为压应力状态，"−"为拉应力状态），$p_k = k$（压应力状态）。

依照滑移线族确定方法，可根据 σ_y 为主应力，由 σ_1 或 σ_3（即自由表面的外法线方向）确定拉应力状态或压应力状态下的 α 族和 β 族。根据剪应力成对出现原则，某点相交的 α 线和 β 线同时指向或背离该点。根据主应力顺序 $\sigma_1 \geqslant \sigma_2 \geqslant \sigma_3$、$\sigma_1' \geqslant 0$、$\sigma_3' \leqslant 0$ 和 $\mathrm{d}\varepsilon_1 > 0$ 和

$d\varepsilon_3<0$，金属质点流动方向指向第一主应力，背离第三主应力，也可以理解为在边界上剪应力合力方向指向第一主应力，背离第三主应力，如图6.4.6所示。

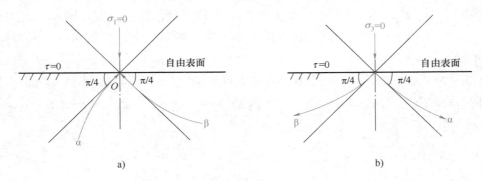

图 6.4.6　自由表面滑移线特点

a）压应力状态　b）拉应力状态

2. 光滑（无摩擦）接触表面

当接触表面光滑且润滑良好时，可认为接触摩擦切应力为零（$\tau_k=0$），由式（6.1.8）可知，滑移线与接触表面相交的$\varphi_k=\pm\pi/4$（"+"为压应力状态，"−"为拉应力状态）。接触表面上的正应力σ_n可以为代数值最大的第一主应力σ_1，也可以为代数值最小的第三主应力σ_3。根据金属质点流动方向指向第一主应力、背离第三主应力准则，可确定α族、β族及方向，当接触表面法线方向为第一主应力时，$\varphi=\pi/4$，当该方向为第三主应力时，$\varphi=-\pi/4$，如图6.4.7所示。

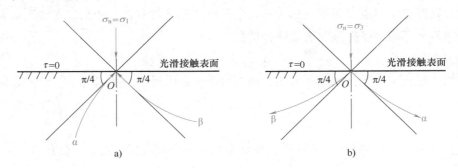

图 6.4.7　光滑接触表面滑移线特点

a）接触表面法线方向为第一主应力　b）接触表面法线方向为第三主应力

3. 黏着摩擦接触表面

高温塑性加工且无润滑时，如热挤压、热轧和热锻等，工件与工具间易出现全黏着现象，使接触表面上的摩擦应力$\tau_k=k$为最大，按式（6.1.8）可知，$\sigma_n=\sigma_m$。α线与β线应根据接触表面剪应力τ_k的正负指向情况来确定，在剪应力作用下金属质点的流动方向与剪应力方向一致，所以滑移线与接触表面的夹角φ为0或$-\pi/2$，如图6.4.8所示。

4. 滑动摩擦接触表面

许多金属塑性加工过程，如冷轧、拉拔过程等，接触表面的摩擦应力与正压力有直接关

图 6.4.8　黏着摩擦接触表面滑移线特点
a) $\tau = -k$　b) $\tau = k$

系，即 $\tau_k = f\sigma_n$，因此滑移线与接触表面的夹角为

$$\varphi_k = (1/2)\arccos(f\sigma_n/k) \neq \pi/4 \tag{6.4.3}$$

通常，σ_n 在接触面上各点是不同的，即 φ 角是变化的，滑移线是以变化的角度与接触面相交。在这种情况下，接触面上的法向正应力 σ_n 不是主应力，假设主应力与正应力有一个偏转方向，夹角为 γ，如图 6.4.9 所示，则可依据图中主应力 σ_1 和 σ_3 确定 α 线与 β 线族及方向。

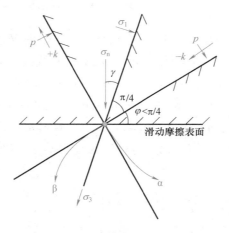

图 6.4.9　滑动摩擦条件下滑移线特点

6.5　滑移线场绘制的数值计算方法*

求解实际塑性加工问题时，滑移线场的绘制通常借助数值计算方法，滑移线数值计算方法的实质是用差分方程近似代替滑移线的微分方程，计算出各结点的坐标位置，建立滑移线场。当建立完滑移线场后便可利用汉基应力方程，计算各点的平均应力 p 和 φ 角。根据滑移线场的邻接情况，滑移线场的边值有三类。

6.5.1　特征线问题

给定两条相交的滑移线为初始线，求整个滑移线网的边值问题，即黎曼（Riemann）问题。设选定相邻两结点的等倾角差为 $\Delta\varphi_\alpha = \Delta\varphi_\beta = \Delta\varphi$，沿已知 α 滑移线 OA 取点 $(1，0)$、$(2，0)$、$(3，0)$ …… $(m，0)$ 和 β 线 OB 取点 $(0，1)$、$(0，2)$、$(0，3)$ …… $(0，n)$。$(m，n)$ 表示第 m 条线和第 n 条线的结点编码，如图 6.5.1 所示。

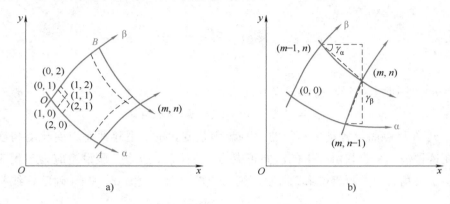

图 6.5.1　特征线边值计算示意图

任意网点上的参数 $p(m，n)$ 和 $\varphi(m，n)$，可根据汉基第一定理得到沿线从点 $(m-1，n-1)$ 到点 $(m，n-1)$，再沿线从点 $(m，n-1)$ 到点 $(m，n)$，有

$$\begin{cases} p(m,n)=p(m-1,n)+p(m,n-1)-p(m-1,n-1) \\ \varphi(m,n)=\varphi(m-1,n)+\varphi(m,n-1)-\varphi(m-1,n-1) \end{cases} \tag{6.5.1}$$

式中，$\varphi(m，n-1)=\varphi(m-1，n-1)+\Delta\varphi$；$\varphi(m-1，n)=\varphi(m-1，n-1)+\Delta\varphi$。

任意网点 $(m，n)$ 的坐标 $(x，y)$，可将滑移线的微分方程式（6.2.4）写成差分方程形式，即

$$\begin{cases} \dfrac{\mathrm{d}y}{\mathrm{d}x}\Big|_\alpha = \dfrac{\Delta y}{\Delta x}=\tan\varphi \\[2mm] \dfrac{\mathrm{d}y}{\mathrm{d}x}\Big|_\beta = \dfrac{\Delta y}{\Delta x}=\tan(\varphi+\pi) = -\cot\varphi \end{cases} \tag{6.5.2}$$

式（6.5.2）表示为差分，实质上是以弦代替微分弧，弦的斜率为两端结点的斜率平均值，则将坐标值代入式（6.5.2）可写成

$$\begin{cases} \dfrac{y(m,n)-y(m-1,n)}{x(m,n)-x(m-1,n)}= \tan\gamma_\alpha \\[2mm] \dfrac{y(m,n)-y(m,n-1)}{x(m,n)-x(m,n-1)}= -\cot\gamma_\beta \end{cases} \tag{6.5.3}$$

式中

$$\begin{cases} \gamma_\alpha = \dfrac{1}{2}\big[\varphi(m-1,n)+\varphi(m,n)\big] = \varphi(m-1,n)+\Delta\varphi/2 = A \\ \gamma_\beta = \dfrac{1}{2}\big[\varphi(m,n-1)+\varphi(m,n)\big] = \varphi(m,n-1)+\Delta\varphi/2 = B \end{cases} \tag{6.5.4}$$

于是可以得到结点坐标为

$$\begin{cases} x(m,n) = \big[y(m,n-1)-y(m-1,n)+Ax(m-1,n)+Bx(m,n-1)\big]/(A+B) \\ y(m,n) = \big[Ay(m,n-1)+By(m-1,n)+ABx(m-1,n)-ABx(m,n-1)\big]/(A+B) \end{cases} \tag{6.5.5}$$

据此，可依次逐渐求得场内全部结点的坐标，依编码连线，从而可绘制出等倾角差为 $\Delta\varphi$ 的滑移线场。

6.5.2 特征值问题

这是已知一条不为滑移线的边界 AB 上任意一点的应力分量（σ_x，σ_y，τ_{xy}）的初始值，求滑移线场的问题，即所谓的柯西问题。如图 6.5.2 所示，将边界线 AB 分成若干等分，等分点的编码为（1，1）、（2，2）、（3，3）……（m，m）。

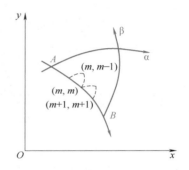

图 6.5.2 特征值问题计算示意图

由莫尔圆的关系式，计算该边界上等分点的参数 p（m，n）和 φ（m，n），即

$$\begin{cases} -p_k = (\sigma_x+\sigma_y) = -p(m,m) \\ \varphi_k = (1/2)\arctan\big[(\sigma_x-\sigma_y)/(-2\tau_{xy})\big] = \varphi(m,m) \end{cases} \tag{6.5.6}$$

再利用汉基第一定理，计算出变形区内结点（m，$m+1$）上的 p（m，$m+1$）和 φ（m，$m+1$），即

$$\begin{cases} p(m,m+1) = \dfrac{1}{2}\big[p(m,m)+p(m+1,m+1)\big]+k\big[\varphi(m,m)-\varphi(m+1,m+1)\big] \\ \varphi(m,m+1) = \dfrac{1}{2}\big[\varphi(m,m)+\varphi(m+1,m+1)\big]+\big[p(m,m)-p(m+1,m+1)\big]/(4k) \end{cases}$$

$$\tag{6.5.7}$$

依次计算所需结点的 p 和 φ 值，以及坐标（x，y）的位置，并依编码大小可连续得到整个滑移线场。

6.5.3 混合问题

给定一条 α 线 OA，以及与之相交的另一条不是滑移线的某曲线 OB（可能是接触边界线或变形区中的对称轴线）上倾角 φ_1 值（图 6.5.3）。如对称轴线上，其 φ_1 等于 $\pi/4$。

先假设找到了给定滑移线上点 O 附近的第一条 β_1 线，它与滑移线 α 和边界线的交点为 a_1（1，0）和 b_1（1，1），根据以弦代弧的几何关系，可得

$$\begin{cases} \angle a_2 Ob_1 = \dfrac{1}{2}\left[\varphi(0,0)+\varphi(1,0)\right]=\varphi(0,0)+\Delta\varphi_\alpha/2 \\ \angle Ob_1a_1 = \pi-\pi/2-\varphi(1,1)-\Delta\varphi_\beta/2=\pi/2-\varphi(1,1)-\Delta\varphi_\beta/2 \\ \angle Oa_1b_1 = \pi/2+\Delta\varphi_\alpha/2-\Delta\varphi_\beta/2 \end{cases}$$

$$(6.5.8)$$

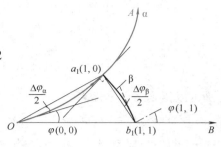

图 6.5.3　混合问题计算示意图

由于三角形三个内角之和为 π，由此可得

$$\Delta\varphi_\beta=\varphi(0,0)-\varphi(1,1)+\Delta\varphi_\alpha \qquad (6.5.9)$$

式中，$\Delta\varphi_\alpha$ 和 $\Delta\varphi_\beta$ 分别为所预选的 α、β 线的倾角差。

由汉基第一定理，可计算出点 a_1 和 b_1 的静水压力为

$$p(1,1)=p(0,0)+2k(\Delta\varphi_\alpha-\Delta\varphi_\beta) \qquad (6.5.10)$$

至于点 a_1 和 b_1 的坐标位置，可根据三角形正弦定理求出。找到 β_1 线后，便可按黎曼问题计算其余各结点的坐标，绘制出整个滑移线场。

6.6　滑移线求解案例

6.6.1　光滑平冲头压入半无限体

刚性平冲头对理想塑性材料的压入问题是平面变形的典型案例。如图 6.6.1 所示，假定冲头和半无限体在 z 轴方向（垂直纸面的方向）的尺寸很大，则认为是平面变形。由于冲头的宽度与半无限体的厚度相比很小，所以塑性变形仅发生在表面局部区域之内，又由于压入时在冲头附近的自由表面的金属受挤压而凸起，所以该自由表面区域中也发生塑性变形。下面分别研究塑性变形开始阶段的滑移线场及单位压力公式。

1. 绘制滑移线场

由于变形是对称的，所以只研究一侧的滑移线场。

1）含自由表面的 AFD 和 $BF'D'$ 区（图 6.6.1），根据边界条件，有 $p=k$、$\varphi=\pi/4$。在自由表面 AD 上，已知 $p=p_0=$ 常数时，$\triangle AFD$ 中为均匀应力状态的直线场。代数值最大的主应力 $\sigma_1=0$，从而按右手（$\alpha\text{-}\beta$ 坐标系）法则可定出 α 线和 β 线的方向。

2）在 ACG 区，冲头表面光滑无摩擦，即 $\tau_f=\tau_n=0$，依据光滑接触边界条件，冲头表面各点静水压力 p 为常数，$\varphi=3\pi/4$ 也为常数，故此区域也是均匀应力状态的直线场。按无摩擦接触表面的边界条件可知，σ_1 是代数值最大的主应力，从而可以确定出 α 线和 β 线的方向。

3）在 AGF 区，按滑移线的几何性质参照图 6.3.4 可知，在两个三角形（$\triangle ADF$ 和 $\triangle ACG$）场之间的过渡场是有心扇形场，A 点是应力奇异点。

4）根据应力边界条件以及 φ 值确定原则，确定滑移线方向，如图 6.6.1 所示，D 点和

D' 的 α 线和 β 线方向指向自由表面，而 C 点 α 线和 β 线方向背离接触表面。

以上是对左半部分 3 个区的滑移线场分析，右半部分变形与左半部分对称，滑移线场分布规律相同，最后可得出整体滑移线场，该滑移线场最早由希尔（Hill）提出，故称为 Hill 场。

应当指出，变形塑性区先在 A、B 点出现，然后逐渐向内扩展。但是在没有扩展到 C 点以前，冲头是不能压入的，因为假定材料是理想刚塑性体，故当中间还存在有限宽度的刚性区时，冲头就不能压入，只有当塑性区扩展到 C 点，冲头才能开始压入。

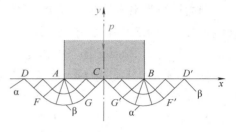

图 6.6.1　光滑平冲头压入半无限体滑移线场（Hill 场）

2. 单位压力公式计算

假设接触表面光滑无摩擦，如图 6.6.1 所示，利用汉基应力方程式，按 β 线 $DFGC$，有

$$p_D - 2k\phi_D = p_C - 2k\phi_C \Rightarrow p_C = p_D + 2k(\phi_C - \phi_D) \tag{6.6.1}$$

由于 D 点为自由表面上的点，因此根据式（6.6.1）可知 $p_D = k$，而根据相同曲率方向原则和图 6.6.1 中的 D 点处滑移线方向，可得 $\varphi_D = \dfrac{\pi}{4}$、$\varphi_C = \dfrac{3\pi}{4}$，将角度代入式（6.6.1），则

$$p_C = k + 2k\left(\frac{3\pi}{4} - \frac{\pi}{4}\right) = k(1 + \pi) \tag{6.6.2}$$

得到 C 点处的静水压力后，按照平面变形应力方程式（6.1.8）可得到该点处应力张量分量，有

$$
\begin{cases}
\sigma_x = -p_C - k\sin 2\varphi_C = -k(1+\pi) - k\sin\left(\dfrac{3\pi}{2}\right) = -k(1+\pi) + k = -3.14k \\[2mm]
\sigma_y = -p_C + k\sin 2\varphi_C = -k(1+\pi) + k\sin\left(\dfrac{3\pi}{2}\right) = -k(1+\pi) - k = -5.14k \\[2mm]
\tau_{xy} = k\cos 2\varphi_C = k\cos\left(\dfrac{3\pi}{2}\right) = 0 \\[2mm]
\sigma_z = \dfrac{1}{2}(\sigma_x + \sigma_y) = -4.14k
\end{cases}
\tag{6.6.3}
$$

当然，如果依据 C 点的滑移线方向，则 $\varphi_D = -\dfrac{3\pi}{4}$、$\varphi_C = -\dfrac{\pi}{4}$，将其代入式（6.6.2）和式（6.6.3）可得到相同的结果。

因为 AGC 区为均匀应力区，所以平均单位压力为

$$\bar{p} = -\sigma_y = 5.14k \tag{6.6.4}$$

根据屈雷斯加屈服准则中屈服应力与剪切屈服强度的关系，$\sigma_s = 2k$，应力状态影响系数为

$$n_\sigma = \frac{\overline{p}}{2k} = 2.57 \tag{6.6.5}$$

6.6.2　粗糙平冲头压入半无限体 Prandtl 解

前面讲述光滑平冲头压入半无限体时的应力求解，下面对接触面为黏着接触摩擦时的滑移线场和应力求解进行表述。如图 6.6.2 所示，该滑移线场是 1920 年普朗特（Prandtl）绘制的，又称之为 Prandtl 场，根据变形对称性，主要分析左半部分。

1）由于冲头足够粗糙，可认为等腰三角形 △ABC 如同一个附着在冲头上的刚性金属帽。同无摩擦情况一样，在自由表面上的塑性区也应是均匀应力状态的直线场 ADE。

2）由于流动的对称性，垂直对称轴上，$\tau_{xy} = 0$。于是，从冲头边角引出的直线滑移线必须与垂直对称轴成 45°角，由此定出 △ABC 两底角为 45°。根据滑移线几何性质，如图 6.3.4所示，ABC 与 ADE 间是有心扇形场。

3）依据边界条件可判断自由表面 α 线和 β 线方向合力指向外法线方向，在 C 点 α 和 β 滑移线形成刚性直角三角形区，且 C 点为奇异点，速度方向发生变化（如 BC 和 CD 方向相反）。

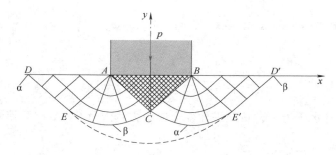

图 6.6.2　粗糙平冲头压入半无限体滑移线场（Prandtl 场）

下面推导接触面表面粗糙情况下的单位压力公式，如图 6.6.2 所示，按汉基应力方程沿 β 线 DEC，有

$$p_C = p_D + 2k(\varphi_C - \varphi_D) \tag{6.6.6}$$

与无摩擦接触面情况相同，由于 D 点为自由表面上的点，因此根据式（6.4.1）可得 $p_D = k$，根据滑移线方向，$\varphi_D = \dfrac{\pi}{4}$、$\varphi_C = \dfrac{3\pi}{4}$，所以

$$p_C = k(1 + \pi) \tag{6.6.7}$$

直线 AC 面上的剪应力为常摩擦条件，$\tau = k$，根据式（6.1.8）和黏着摩擦条件，可得 $\cos 2\varphi = 1$、$\sin 2\varphi = 0$、$\varphi_{C'} = \dfrac{\pi}{2}$，与上述的 $\varphi_C = \dfrac{3\pi}{4}$ 并不相等。

究其原因，$\varphi_{C'} = \dfrac{\pi}{2}$ 参照的是局部坐标系（图 6.6.3），在 $x'Oy'$ 坐标系下，参照式（6.1.8）可知，局部坐标系下，C 点的应力张量分量为 $\sigma_{x'} = \sigma_{y'} = -p_C = k(1 + \pi)$、$\tau_{xy} = $

$k\cos2\varphi=k$；$\varphi_C=\dfrac{3\pi}{4}$参照的是原坐标系，在原 xOy 坐标系下，参照式（6.1.8）可得 xOy 坐标系下，C 点的应力张量分量为 $\sigma_x=-k\pi$、$\sigma_y=-k(2+\pi)$、$\tau_{xy}=0$。可见，不同坐标系下应力张量分量具有可变性，而静水压力（等于平均应力及第一张量不变量）具有不变性。

由于沿直线滑移线 AC 上各点的静水压力为常数，所以垂直于 AC 面的正压力 σ_n 为常数，其值与局部坐标系下 y' 方向正应力相等，于是，垂直于 AC 面的正压力为

$$\sigma_n=\sigma_{y'C}=-p_C+k\sin2\varphi_{C'}=-p_C=-k(1+\pi) \tag{6.6.8}$$

然后，根据三角形 $\triangle ABC$ 的平衡条件可求出接触面上的平均单位压力 $\bar{p}$，如图 6.6.3 所示。

如图 6.6.3 所示，列 y 方向力的平衡方程，可得

$$\bar{p}\cdot AO=k\cdot AC\cdot\cos\dfrac{\pi}{4}+p_C\cdot AC\cdot\sin\dfrac{\pi}{4} \tag{6.6.9}$$

$$AO=AC\cdot\cos\dfrac{\pi}{4}=AC\cdot\sin\dfrac{\pi}{4}$$

所以

$$\bar{p}=p_C+k \tag{6.6.10}$$

将式（6.6.7）代入式（6.6.10），则

$$\bar{p}=k(1+\pi)+k=k(2+\pi)=5.14k \tag{6.6.11}$$

所以，状态影响系数为

$$n_\sigma=\dfrac{\bar{p}}{2k}=2.57 \tag{6.6.12}$$

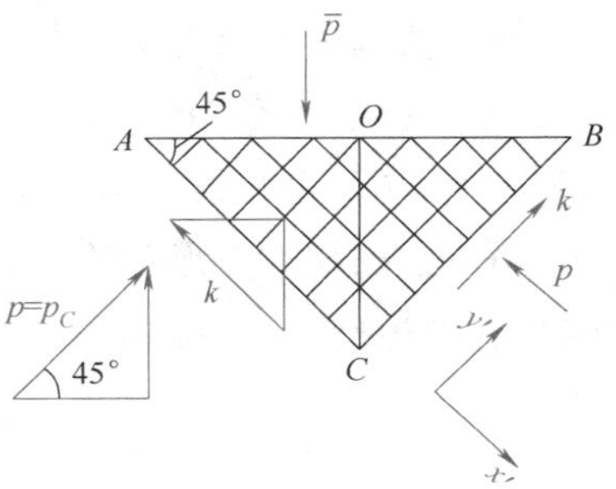

图 6.6.3　三角形 ABC 平衡条件

由式（6.6.5）和式（6.6.12）可见，两种情况滑移线场所得到的平均单位压力完全相同，这表明压缩半无限体时，Hill 场解有较大误差，不能准确反映表面接触摩擦对 $\dfrac{\bar{p}}{2k}$ 的影响。而且无论是光滑平冲头还是粗糙平冲头，由于受到外端影响其应力状态影响系数 $n_\sigma=2.57$ 较大，不利于塑性变形进行。

6.6.3　粗糙平冲头压入半无限体非 Prandtl 解

前述可知，Prandtl 场在求解粗糙平冲头压入半无限体的计算结果与光滑平冲头相同，计算结果误差较大，未能真实反映摩擦对变形的影响规律。为此，在研究相关文献构建滑移线场的基础上，依据应力边界条件和滑移线边值规律，本书编者构建了图 6.6.4 所示的滑移线混合场，即非 Prandtl 场。

仍以左半部分分析为主，关于该滑移线场的构建思路和解释如下：

1）接触面为最大黏着接触摩擦，AM 和 BN 线为最大剪切面，即为滑移线，符合最大摩擦条件的应力边值特征，AM 两侧剪应力为顺时针方向，BN 两侧剪应力为逆时针方向，根据规则，AM 为 α 线、MD_1 为 β 线，与 AM 垂直；BN 为 β 线、NE_1 为 α 线，与 BN 垂直。

2）由于冲头足够粗糙，与 Prandtl 场类似，中心非常小区域可近似为刚性等腰三角形 $\triangle MNC$，MN 为特殊边界，MN 与 NC 从 AB 线弧形过渡到 C 点，C_1 点为中心对称点，并不发生 x 方向变形（无摩擦存在），C 点为速度不连续点，M、N 和 C 非常接近 C_1 点，α 线 AM 的延长线（MC）与 β 线 BN 的延长线（NC）相交于 C 点并相互垂直。

3）同无摩擦情况下 Hill 场一样，自由表面上的塑性区也应是均匀应力状态的直线场 AFD 和 BGE，边界滑移线与表面成 $45°$ 角。

4）由于流动的对称性，从冲头接触面引出的滑移线必须与 AFD 和 BGE 直线滑移线场连接，并与接触面成 $90°$，根据滑移线几何性质可知，AFC_1 和 BGC_1 为有心扇形场，只是该扇形场在 MNC 微刚性区发生速度不连续变化。

5）依据边界条件可以判断自由表面 α 线和 β 线方向上的合力指向外法线方向，左半部分塑性变形区 AM、AC、AF 为 α 线，平行于 CFD 的弧线为 β 线，而右半部分塑性变形区 BN、BC、BG 为 β 线，平行于 CGE 的弧线为 α 线。

6）根据塑性变形秒流量相等原则，所以速端图闭合，如图 6.6.4 所示，C_1、C、M、N 四个点极为接近，应力求解中，刚性小三角形可以忽略。

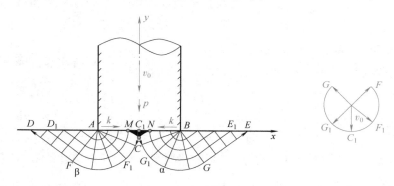

图 6.6.4　粗糙平冲头压入半无限体滑移线混合场

由于 MNC 为微刚性区，M 和 N 点接近 C_1 点，可认为 $\sigma_{yM}=\sigma_{yN}=\sigma_{yC_1}$，基于汉基应力方程式，如果沿 β 线（弧线 MD_1），有

$$p_{D_1}-2k\varphi_{D_1}=p_M-2k\varphi_M \Rightarrow p_M=p_{D_1}+2k\left(\varphi_M-\varphi_{D_1}\right) \tag{6.6.13}$$

由于 D_1 点为自由表面上的点，因此 $p_{D_1}=k$，而沿 β 线求解时，需遵守 α 线相同曲率方向这一原则，如图示滑移线方向，可得

$$\begin{cases} \varphi_{D_1}=-\dfrac{3\pi}{4},\varphi_M=0 \quad (\alpha \text{ 线曲率相同}) \\[2mm] \varphi_{D_1}=\dfrac{\pi}{4},\varphi_M=\pi \quad (\alpha\text{、}\beta \text{ 线速度方向}) \end{cases} \tag{6.6.14}$$

将式（6.6.14）中的任一组角度代入式（6.6.13），均可得到

$$p_M=k+2k\left(\pi-\frac{\pi}{4}\right)=k\left(1+\frac{3\pi}{2}\right) \tag{6.6.15}$$

如果沿 α 线（弧线 NE_1），E_1 为自由表面上的点，因此 $p_{E_1}=k$，然后，根据滑移线 α 的速度方向，确定角度 $\varphi_{E_1}=\dfrac{\pi}{4}$、$\varphi_N=-\dfrac{\pi}{2}$，代入汉基应力方程式，可得

$$p_{E_1}+2k\phi_{E_1}=p_N+2k\phi_N \Rightarrow p_N=k+2k\left(\frac{\pi}{4}+\frac{\pi}{2}\right)=k\left(1+\frac{3\pi}{2}\right) \tag{6.6.16}$$

由式（6.6.16）可见，沿不同滑移线得到的 AB 线上的静水压力相同，即 N 点处静水压力等于 M 点处静水压力值。

得到 M 点处的静水压力后，按照点的应力张量与静水压力关系式（6.1.8），可得到该点处应力张量分量分别为

$$\begin{cases} \sigma_{xM}=-p_M-k\sin2\varphi_M=-k\left(1+\dfrac{3\pi}{2}\right)-k\sin(2\pi)=-k\left(1+\dfrac{3\pi}{2}\right)=-5.71k \\[2mm] \sigma_{yM}=-p_M+k\sin2\varphi_M=-k\left(1+\dfrac{3\pi}{2}\right)+k\sin(2\pi)=-k\left(1+\dfrac{3\pi}{2}\right)=-5.71k \\[2mm] \tau_{xyM}=k\cos2\varphi_M=k\cos(2\pi)=k \\[2mm] \sigma_{zM}=\dfrac{1}{2}(\sigma_x+\sigma_y)=-5.71k \end{cases} \tag{6.6.17}$$

由式（6.6.17）可得，粗糙平冲头压入半无限体时试样与冲头接触面的平均单位压力为

$$\bar{p}=-\sigma_y=5.71k \tag{6.6.18}$$

根据屈雷斯加屈服准则中屈服应力与剪切屈服强度的关系，$\sigma_s=2k$，可得应力状态影响系数为

$$n_\sigma=\frac{\bar{p}}{2k}=2.86 \tag{6.6.19}$$

该滑移线场求解的单位压力 $5.71k$ 明显大于 Prandtl 场的求解值 $5.14k$。通过与光滑平冲头压入半无限体结果对比，可以判断出由于受到摩擦作用，接触面 y 方向单位接触压力和应力状态影响系数增加了 11%，而 x 方向的应力增加更为明显，约为 82%，受摩擦影响，金属在 x 方向流动困难。计算结果相比 Prandtl 解更能准确反映外摩擦使塑性变形力和能耗增加的塑性变形理论，构建的滑移线场合理可靠。另外，由于 Prandtl 解与光滑平冲头求解结果相同，可认为 $5.14k$ 是粗糙平冲头压入半无限体的平均单位压力下限解，$5.71k$ 为上限解。

6.6.4　楔体单边受压极限载荷

已知楔体单边受压应力载荷 $\bar{p}$ 如图 6.6.5 所示，请绘制滑移线场并求出此楔体的极限载荷，楔体顶角夹角为钝角 γ。根据应力边界条件，BC 为自由边界，滑移线与该面成 45°，AC 为均匀载荷边界，相当于无摩擦边界条件，滑移线与该面也成 45°，故可以绘制三角形 $\triangle ADC$ 和 $\triangle ABE$ 为均匀滑移线场，中间由有心扇形场 ADE 连接（图 6.6.5）。

根据主应力方向，由右手坐标系可以容易判断出 BEDC 为 β 线，与其垂直的为 α 线，根据 x 和 y 坐标轴方向，有 $\varphi_C=-\dfrac{\pi}{4}$，$\varphi_B=-\left(\gamma-\dfrac{\pi}{4}\right)=\dfrac{\pi}{4}-\gamma$，根据汉基应力方程，沿 β 线有

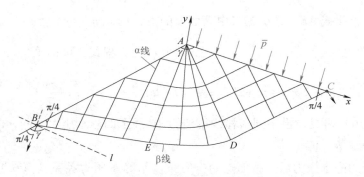

图 6.6.5　楔体单边受压滑移线场

$$P_C - 2k\varphi_C = P_B - 2k\varphi_B \tag{6.6.20}$$

又由于 B 点为自由表面上的点，因此 $P_B = k$，故

$$P_C = P_B - 2k(\varphi_B - \varphi_C) = P_C - 2k\left(\frac{\pi}{4} - \gamma + \frac{\pi}{4}\right) = k(1 - \pi + 2\gamma) \tag{6.6.21}$$

将式（6.6.21）代入式（6.1.8），可以得到 B 点处的应力张量分量为

$$\sigma_{yC} = -P_C + k\sin2\varphi_C = -2k\left(1 - \frac{\pi}{2} + \gamma\right) \tag{6.6.22}$$

又由 $\bar{p} = -\sigma_{yC}$，可得

$$\bar{p} = 2k\left(1 + \gamma - \frac{\pi}{2}\right) \tag{6.6.23}$$

所以应力状态影响系数为

$$\frac{\bar{p}}{2k} = 1 + \gamma - \frac{\pi}{2} \tag{6.6.24}$$

根据一种由滑移线场求出的极限载荷表达式，可根据几何关系推广到许多边值问题的极限载荷表达式。常见边值问题的极限载荷如图 6.6.6 所示。

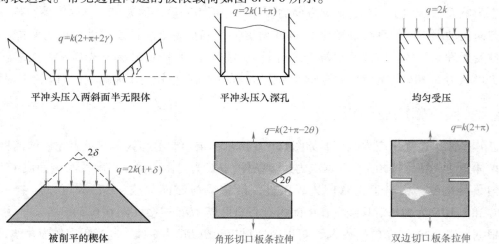

图 6.6.6　常见边值问题的极限载荷

6.6.5　平辊轧制厚件过程

将轧制厚件简化为斜平板间压缩厚件，并参照压缩厚件滑移线场的画法，得到平辊轧制厚件的滑移线场，如图 6.6.7 所示。由于轧制时其滑移线场不随时间变化，故这种场称为稳定场。

稳定轧制过程中，整个轧件处于力的平衡状态。此时，在接触面上作用有法向正应力 σ_n 和切向剪应力 τ_f。如图 6.6.7 所示，滑移线 AC 与接触面 AB 的夹角为 $-(\varphi_C-\beta)$。于是，接触面上的单位正压力和摩擦剪应力为

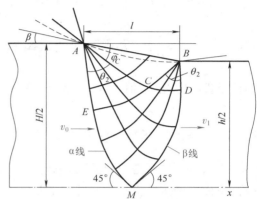

$$\begin{cases} p_n=-\sigma_n=p_C+k\sin2(\varphi_C-\beta) \\ \tau_f=k\cos2(\varphi_C-\beta) \end{cases} \qquad (6.6.25)$$

由于整个轧件处于静力平衡状态，所以作用在轧件上的力在水平方向投影之和为零，即

$$p_n \cdot AB \cdot \sin\beta=\tau_f \cdot AB \cdot \cos\beta \qquad (6.6.26)$$

图 6.6.7　轧制厚件厚度 $(l/\bar{h})$ <1 的滑移线场

或

$$p_n=\frac{\tau_f}{\tan\beta} \qquad (6.6.27)$$

式中，β 为 AB 弦的倾角，$\beta=\dfrac{\alpha}{2}$（α 是轧制时的咬入角）。

故轧制总压力为

$$P=p_n \cdot AB \cdot \cos\beta+\tau_f \cdot AB \cdot \sin\beta \qquad (6.6.28)$$

将式 (6.6.27) 和 $AB=\dfrac{l}{\cos\beta}$ 代入式 (6.6.28)，得

$$P=\frac{\tau_f l}{\cos\beta}\left(\frac{\cos\beta}{\tan\beta}+\sin\beta\right)=\frac{2\tau_f l}{\sin2\beta} \qquad (6.6.29)$$

求出轧制时的平均单位压力为

$$\bar{p}=\frac{P}{l}=\frac{2\tau_f}{\sin2\beta} \qquad (6.6.30)$$

将式 (6.6.25) 代入式 (6.6.30) 中，得

$$\bar{p}=\frac{2k\cos2(\varphi_C-\beta)}{\sin2\beta} \qquad (6.6.31)$$

应力状态影响系数为

$$n_\sigma=\frac{\bar{p}}{2k}=\frac{\cos2(\varphi_C-\beta)}{\sin2\beta} \qquad (6.6.32)$$

式中，φ_C 按满足静力和速度条件的滑移线场来确定。

将式（6.6.23）代入式（6.6.24），则有

$$p_C = \frac{k\cos2(\varphi_C-\beta)\cos\beta-\sin2(\varphi_C-\beta)\sin\beta}{\sin\beta} = \frac{k\cos(2\varphi_C-\beta)}{\sin\beta} \tag{6.6.33}$$

确定 φ_C 时，可先取一系列的 φ_C，由式（6.6.33）求出 p_C，绘制滑移线场可得一系列的 $\varphi_M = \frac{3\pi}{4}$ 的点，取其中沿 AEM 和 BDM 线上水平力为零的点 M。过 M 点作一水平轴线求出 $\frac{l}{h}$ 值$\left(\bar{h}=\frac{H+h}{2}，l=\sqrt{R(H-h)}，R \text{ 为轧辊半径}\right)$，与此对应的 p_C 和 φ_C 便满足了上述的静力和速度条件，把此 φ_C 值代入式（6.6.33），便可求出与此 $\frac{l}{h}$ 相对应的 n_σ。

6.6.6 板条挤压过程

平面应变挤压是一种无宽向变形，只有厚度的减薄与长度增加的挤压过程。现讨论光滑模面平面应变挤压板条，且挤压比 $H/h=3$ 的情况。

这种特殊挤压比的平面应变板条挤压的滑移线场如图 6.6.8 所示。滑移线场也是由均匀三角形场块和有心扇形场构成，由于 AB 界面上无摩擦，按柯西问题可作出均匀应力场块 $\triangle ABC$。对称轴出口处认为无阻力，$\sigma_{xD}=0$，x 方向为代数值最大的主应力 σ_1，据此可确定场中 α、β 线的方向。

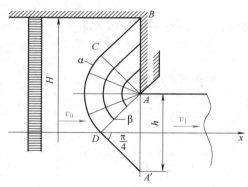

图 6.6.8　平面应变板条挤压$\left(f=0，\frac{H}{h}=3，\text{不计死区}\right)$

根据出口处 $\sigma_{xD}=-p_D-k\sin2\varphi_D=0$，可得 $p_D=k$。又由图可知，$\varphi_D=-\pi/4$、$\varphi_C=-3\pi/4$，因此沿 α 线，有

$$p_C = p_D+2k(\varphi_D-\varphi_C) = k(1+\pi) \tag{6.6.34}$$

将式（6.6.34）代入式（6.1.8）可得

$$\sigma_{xC} = -p_C-k\sin2\varphi_C = -k(2+\pi) \tag{6.6.35}$$

根据 x 方向力平衡条件，可得

$$\bar{p}H = -\sigma_{xC}(H-h) \Rightarrow \bar{p} = -\frac{2}{3}\sigma_{xC} = \frac{2}{3}k(2+\pi) \tag{6.6.36}$$

所以应力状态影响系数 n_σ 为

$$n_\sigma = \bar{p}/2k = (2+\pi)/3 = 1.71 \tag{6.6.37}$$

图 6.6.9 列举了其他几种特殊挤压情况下的板条平面应变正挤压、反挤压及不对称正挤压时的滑移线场。

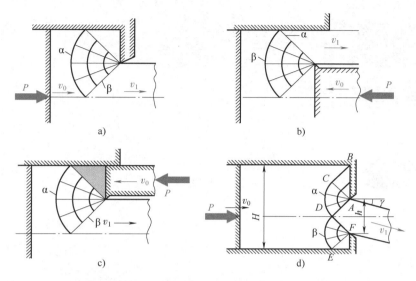

图 6.6.9　几种特殊情况下的板条平面应变挤压的滑移线场
a）正挤压（$H/h=2$，$f=0$）　　b）反挤压（$H/h=2$，$f=0$，挤压杆作用心部）
c）反挤压（$H/h=2$，$f=0$，挤压杆作用边部）　　d）不对称正挤压（$H/h=2.5$，$f=0$）

知识拓展： 我国著名力学家、地球动力学家王仁（1921—2001）教授在塑性动力学和地质构造应力场分析等方面的研究成果在国内外均有较大影响，是我国将力学与地质学和固体地球物理学结合的先驱者。对于滑移线理论，他给出了一个从圆形边界出发的滑移线网的解析解，可用于检验差分解的精度，并利用滑移线理论对带 V 形和半圆形缺口的拉伸试件塑性区域随缺口扩展的发展过程进行了分析，成为滑移线理论中少数大变形非定常运动的准确解之一。后来他还首次在压延分析中考虑模具上的摩擦力，对筋条压制工作再次进行滑移线大变形分析。

第 7 章

极限原理及上限法

知识速递

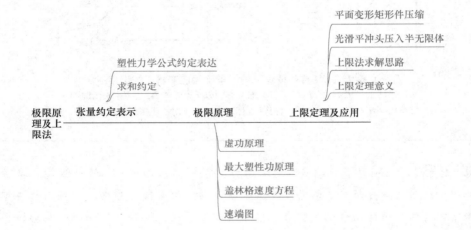

- 极限原理及上限法
  - 张量约定表示
    - 塑性力学公式约定表达
    - 求和约定
  - 极限原理
    - 虚功原理
    - 最大塑性功原理
    - 盖林格速度方程
    - 速端图
  - 上限定理及应用
    - 平面变形矩形件压缩
    - 光滑平冲头压入半无限体
    - 上限法求解思路
    - 上限定理意义

◆ 理解虚功原理、最大塑性功原理以及上限和下限法的含义

◆ 掌握求和约定规则、塑性力学张量表达方法以及上限法求解方法

◆ 能够绘制速端图，并利用非连续速度场和连续速度场求解简单的塑性变形过程

◆ 虚功原理意义和证明

◆ 最大塑性功原理证明

◆ 上限法和下限法意义

◆ 典型工程问题速端图绘制及上限法求解

7.1　极限原理与上限法

如前所述，由材料加工变形过程力学分析得到，应力与应变的真实解必须在整个变形体内部满足如下条件：

1）静力平衡方程 $\sigma_{ij,j} = 0$。

2）几何方程 $\varepsilon_{ij} = \dfrac{1}{2}(u_{i,j} + u_{j,i})$。

3）应力边界条件 $p_i = \sigma_{ij} n_j$。

4）塑性条件 $\sigma'_{ij} \sigma'_{ij} = \dfrac{2\sigma_s^2}{3} = 2k^2$。

5）本构方程（应力应变关系方程） $\mathrm{d}\varepsilon_{ij} = \sigma'_{ij} \mathrm{d}\lambda$。

6）位移（或速度）边界条件 $u_i = \overline{u}_i$ 或 $v_i = \overline{v}_i$。

由于实际材料加工中求出满足以上条件的真实解相当困难，因而在极值定理的基础上需要放松一些条件寻求解的上限最小值或下限最大值，即上、下限法。

1）上限法。对工件变形区设定一个只满足几何方程、体积不变条件与速度边界条件的速度场，称为运动许可速度场，相应条件称为运动许可条件，以速度场确定的功率消耗及相应的变形载荷大于真实解，据此寻求其中最小值的解析方法称为上限法。上限法求解塑性加工问题思路如图 7.1.1 所示。

2）下限法。对工件变形区设定一个只满足静力平衡方程、应力边界条件且不破坏屈服条件的应力场，称为静力许可应力场，相应条件称为静力许可条件，以应力场确定的功率消

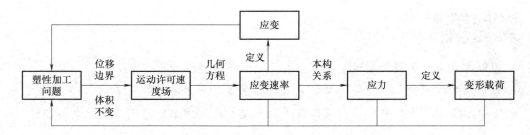

图 7.1.1　上限法求解塑性加工问题思路

耗及相应的变形载荷小于真实解，据此寻求其中最大值的解析方法称为下限法。下限法求解塑性加工问题思路如图 7.1.2 所示。

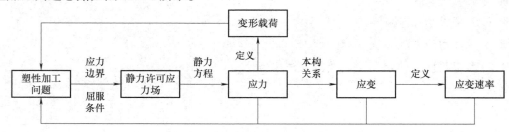

图 7.1.2　下限法求解塑性加工问题思路

　　理论与试验均已证明真实解介于二者之间（图7.1.3），由于任何塑性加工过程都存在诸多满足运动许可条件的速度场与满足静力许可条件的应力场，因此存在诸多上限解和下限解，如何在诸多上限解中寻求最小的或在诸多下限解中寻求最大的才能得到更接近真实的解，这是上、下限法解析成形问题的关键。

　　由于设定运动许可速度场比静力许可应力场容易，而且上限解又能满足塑性加工设备强度和功率验算上安全的要求，故上限法应用更为广泛。

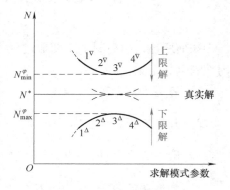

图 7.1.3　上限和下限解与真实解对比

> **知识拓展：** 极限的概念可追溯到古希腊时代，德谟克利特（公元前460—公元前370年）是古希腊的哲学家，他博学多才，著作多达五六十种，涉及哲学、数学、天文、生物、医学、逻辑、教育与文学艺术等方面。在他的著作中有一种原子法，把物体看作是由大量微小部分叠加而成，利用这一理论，他求得锥体体积是等底等高柱体体积的 $\frac{1}{3}$，这正是极限思想的萌芽。马克思、恩格斯称他为"经验的自然科学家和希腊人中第一个百科全书式的学者"，马克思的博士论文《德谟克利特的自然哲学与伊壁鸠鲁自然哲学的差别》，更是以他的研究结果为基础展开的哲学探索。

> 朴素、直观的极限思想在我国古代的文献中也有记载。《墨经》中讲："穷，或（域）有前（边界），不容尺（线）也。"《庄子·天下》中载有："一尺之棰，日取其半，万世不竭。"公元 3 世纪中国数学家刘徽所创的割圆术，从圆内接正六边形出发割圆，得到圆内接正 6×2n 边形序列，且割得越细，正多边形的面积与圆面积之差就越小，"割之又割，以至于不可测，则与圆合体，而无所失矣。"其中包含了深刻的极限思想。

7.1.1　虚功原理

虚功原理：在稳定状态的变形体中，当给予该变形体一几何约束所许可的微小位移（该位移只是几何约束许可，并未发生）时，则位移在此虚位移上所做的功（称虚功）必然等于变形体内的应力在虚应变上所做的虚应变功率。

平面变形状态下，速度连续时虚功原理可表示为

$$\int_B (p_x v_x + p_y v_y)\,\mathrm{d}S = \int_F (\sigma_x \dot{\varepsilon}_x + \sigma_y \dot{\varepsilon}_y + 2\tau_{xy}\dot{\varepsilon}_{xy})\,\mathrm{d}F \tag{7.1.1}$$

式（7.1.1）左边的积分式表示外力做虚功功率；右边积分式表示内部变形功率；$\mathrm{d}F$ 为 F 区的面素；$\mathrm{d}S$ 为边界 B 上的线素。下面证明虚功原理。

式（7.1.1）右边的积分可写成

$$\int_F (\sigma_x \dot{\varepsilon}_x + \sigma_y \dot{\varepsilon}_y + 2\tau_{xy}\dot{\varepsilon}_{xy})\,\mathrm{d}F$$

$$= \int_F \sigma_x \frac{\partial v_x}{\partial x}\mathrm{d}F + \int_F \sigma_y \frac{\partial v_y}{\partial y}\mathrm{d}F + \int_F \tau_{xy}\left(\frac{\partial v_x}{\partial y} + \frac{\partial v_y}{\partial x}\right)\mathrm{d}F$$

$$= \int_F \left[\frac{\partial}{\partial x}(\sigma_x v_x) + \frac{\partial}{\partial y}(\sigma_y v_y)\right]\mathrm{d}F + \int_F \left[\frac{\partial}{\partial x}(\tau_{yx} v_y) + \frac{\partial}{\partial y}(\tau_{xy} v_x)\right]\mathrm{d}F -$$

$$\int_F \left(v_x \frac{\partial \sigma_x}{\partial x} + v_y \frac{\partial \sigma_y}{\partial y} + v_y \frac{\partial \tau_{xy}}{\partial x} + v_x \frac{\partial \tau_{xy}}{\partial y}\right)\mathrm{d}F \tag{7.1.2}$$

根据平面应力条件下应力平衡条件，$\dfrac{\partial \sigma_x}{\partial x} + \dfrac{\partial \tau_{yx}}{\partial y} = 0$、$\dfrac{\partial \tau_{yx}}{\partial x} + \dfrac{\partial \sigma_y}{\partial y} = 0$，故式（7.1.2）右侧最后一项为零，式（7.1.2）可简化为

$$\int_F (\sigma_x \dot{\varepsilon}_x + \sigma_y \dot{\varepsilon}_y + 2\tau_{xy}\dot{\varepsilon}_{xy})\,\mathrm{d}F = \int_F \left[\frac{\partial}{\partial x}(\sigma_x v_x) + \frac{\partial}{\partial y}(\sigma_y v_y)\right]\mathrm{d}F +$$

$$\int_F \left[\frac{\partial}{\partial x}(\tau_{yx} v_y) + \frac{\partial}{\partial y}(\tau_{xy} v_x)\right]\mathrm{d}F \tag{7.1.3}$$

由格林（Green）公式表示形式，若 D 为以闭曲线 L 为界的单连域，且 $P(x, y)$ 和 $Q(x, y)$ 及其一阶导数在 D 域上连续，则

$$\iint \left(\frac{\partial P}{\partial x} + \frac{\partial Q}{\partial y}\right)\mathrm{d}x\mathrm{d}y = \int_L (P\mathrm{d}y - Q\mathrm{d}x) \tag{7.1.4}$$

假设某一变形体的应力边界如图 7.1.4 所示，$\mathrm{d}y$ 和 $\mathrm{d}x$ 可以描述为边界线素的关系式，

即 $dy = dS\cos(y, n)$，$dx = dS\cos(x, n)$。

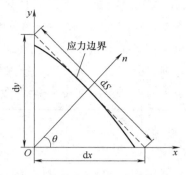

应力边界

图 7.1.4　应力边界示意

则式（7.1.4）可以表示为

$$\iint \left(\frac{\partial P}{\partial x} + \frac{\partial Q}{\partial y}\right) dxdy = \int_L \left[P\cos(y,n) - Q\cos(x,n)\right] dS \qquad (7.1.5)$$

根据格林公式的表示形式，结合式（7.1.5），将二重积分表示为线积分，于是式（7.1.3）可写成

$$\int_F (\sigma_x \dot{\varepsilon}_x + \sigma_y \dot{\varepsilon}_y + 2\tau_{xy}\dot{\varepsilon}_{xy}) dF = \int_B \left[(\sigma_x \cos\theta - \tau_{xy}\sin\theta)v_x + (\tau_{xy}\cos\theta - \sigma_y\sin\theta)v_y\right] dS \quad (7.1.6)$$

由式（3.2.2）应力边界条件方程，假设应力均为正的条件下，平面应力条件下的应力边界条件可以描述为

$$\begin{cases} p_x = \sigma_x l + \tau_{yx} m \\ p_y = \tau_{xy} l + \sigma_y m \end{cases} \qquad (7.1.7)$$

实际力学问题分析中，正负号仅代表不同的应力假设，根据力学表示的一般形式，式（7.1.6）右侧第一项和第二项可分别表示边界 B 线素 S 上施加的外应力，因此可得

$$\int_B \left[(\sigma_x \cos\theta - \tau_{xy}\sin\theta)v_x + (\tau_{xy}\cos\theta - \sigma_y\sin\theta)v_y\right] dS = \int_B (p_x v_x + p_y v_y) dS \qquad (7.1.8)$$

由式（7.1.8）可见，只要应力满足力平衡微分方程和应力边界条件（静力许可条件），应变速率和位移速度满足几何关系、速度边界条件和体积不变条件（运动许可条件），则虚功原理便成立。应当指出，在这个式子中，应力和应变速率以及表面力和位移速度没有必要建立物理上的因果关系，可各自独立选择。

于是，可以得到不存在速度不连续面时，三维条件下的虚功原理表达式为

$$\int_S p_i v_i dS = \int_V \sigma_{ij} \dot{\varepsilon}_{ij} dV \qquad (7.1.9)$$

式中，左边为外力所做虚功或虚功率；右边为虚应变功耗或虚应变功率消耗。

当存在速度不连续面时，图 7.1.5 所示为一平面变形。用速度不连续线 L 把 F 区分割为 F_1 区和 F_2 区，这两个区内应力和速度连续。F_1 区的边界线为 B_1 和 L，F_2 区的边界线为 B_2 和 L。

速度不连续线上法向速度分量连续，即 $v_{n1} = v_{n2}$，而切向速度分量 v_t 可产生不连续，其

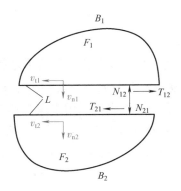

图 7.1.5　存在速度不连续面

不连续量为 $\Delta v_t = v_{t1} - v_{t2}$。$F_2$ 区对 F_1 区单位界面上作用的法向和切向力分量分别为 N_{12} 和 T_{12}；而 F_1 区对 F_2 区单位界面上作用的法向和切向力分量分别为 N_{21} 和 T_{21}。

对于 F_1 区和 F_2 区，虚功原理分别成立，在 F_1 区

$$\int_{B_1} (p_x v_x + p_y v_y)\,\mathrm{d}S + \int_L (N_{12} v_{n1} + T_{12} v_{t1})\,\mathrm{d}S = \int_{F_1} (\sigma_x \dot{\varepsilon}_x + \sigma_y \dot{\varepsilon}_y + 2\tau_{xy} \dot{\varepsilon}_{xy})\,\mathrm{d}F \qquad (7.1.10)$$

在 F_2 区

$$\int_{B_2} (p_x v_x + p_y v_y)\,\mathrm{d}S + \int_L (N_{21} v_{n2} + T_{21} v_{t2})\,\mathrm{d}S = \int_{F_2} (\sigma_x \dot{\varepsilon}_x + \sigma_y \dot{\varepsilon}_y + 2\tau_{xy} \dot{\varepsilon}_{xy})\,\mathrm{d}F \qquad (7.1.11)$$

把式（7.1.10）和（7.1.11）相加，可得

$$\int_B (p_x v_x + p_y v_y)\,\mathrm{d}S + \int_L (N_{12} v_{n1} + T_{12} v_{t1} + N_{21} v_{n2} + T_{21} v_{t2})\,\mathrm{d}S = \int_F (\sigma_x \dot{\varepsilon}_x + \sigma_y \dot{\varepsilon}_y + 2\tau_{xy} \dot{\varepsilon}_{xy})\,\mathrm{d}F$$

$$(7.1.12)$$

由 $v_{n1} = v_{n2}$，$v_{t1} - v_{t2} = \Delta v_t$，$N_{21} = -N_{12}$，$T_{21} = -T_{12} = \tau$，可得

$$\int_B (p_x v_x + p_y v_y)\,\mathrm{d}S - \int_L \tau \Delta v_t\,\mathrm{d}S = \int_F (\sigma_x \dot{\varepsilon}_x + \sigma_y \dot{\varepsilon}_y + 2\tau_{xy} \dot{\varepsilon}_{xy})\,\mathrm{d}F \qquad (7.1.13)$$

如果存在几个速度不连续线的情况，对于每个速度不连续线，分别求出相当于式（7.1.13）左边的第三积分项，然后相加，即 $\sum_{i=1}^{n} \int_{L_i}^{L} \tau \Delta v_t\,\mathrm{d}S$ 或简写成 $\sum \tau \Delta v_t\,\mathrm{d}S$。这样，存在速度不连续线时的虚功原理为

$$\int_B (p_x v_x + p_y v_y)\,\mathrm{d}S = \int_F (\sigma_x \dot{\varepsilon}_x + \sigma_y \dot{\varepsilon}_y + 2\tau_{xy} \dot{\varepsilon}_{xy})\,\mathrm{d}F + \sum \int_B \tau \Delta v_t\,\mathrm{d}S \qquad (7.1.14)$$

可以证明，只要应力满足平衡方程和边界条件以及表示应变速率和位移速度关系的几何关系，则对一般三维变形问题的虚功原理也成立，其表达式为

$$\int_S p_i v_i\,\mathrm{d}S = \int_V \sigma_{ij} \dot{\varepsilon}_{ij}\,\mathrm{d}V + \sum \int_{S_D} \tau \Delta v_t\,\mathrm{d}S \qquad (7.1.15)$$

式中，p_i 为表面上任意点处的单位表面力；v_i 为表面上任意点处的位移速度；σ_{ij} 为应力状态的应力分量；$\dot{\varepsilon}_{ij}$ 为应变速率状态的应变速率分量；Δv_t 为沿速度不连续面 S_D 上的切向速度不连续量；τ 为沿速度不连续面 S_D 上作用的剪应力。

7.1.2 最大塑性功原理

材料塑性加工过程发生变形时，单位体积内塑性变形功的增量可以写为

$$\mathrm{d}A = \boldsymbol{\sigma}_{ij}\mathrm{d}\boldsymbol{\varepsilon}_{ij} = \sigma_x\mathrm{d}\varepsilon_x + \sigma_y\mathrm{d}\varepsilon_y + \sigma_z\mathrm{d}\varepsilon_z + 2(\tau_{xy}\mathrm{d}\varepsilon_{xy} + \tau_{yz}\mathrm{d}\varepsilon_{yz} + \tau_{zx}\mathrm{d}\varepsilon_{zx}) \qquad (7.1.16)$$

在主应力坐标系下，塑性变形功增量也可以用主应力和应变增量表示，即

$$\mathrm{d}A = \sigma_1\mathrm{d}\varepsilon_1 + \sigma_2\mathrm{d}\varepsilon_2 + \sigma_3\mathrm{d}\varepsilon_3 = \sigma_i\mathrm{d}\varepsilon_i \qquad (7.1.17)$$

由于 $\sigma_i = \sigma_i' + \sigma_{\mathrm{m}}$，代入式（7.1.17），根据 $\mathrm{d}\varepsilon_1 + \mathrm{d}\varepsilon_2 + \mathrm{d}\varepsilon_3 = 0$，塑性变形功也可以用偏差应力张量和应变增量表示为

$$\mathrm{d}A = \boldsymbol{\sigma}_{ij}'\mathrm{d}\boldsymbol{\varepsilon}_{ij} \text{ 或 } \mathrm{d}A = \sigma_i'\mathrm{d}\varepsilon_i \qquad (7.1.18)$$

最大塑性功原理可表述为：在一切许可的塑性应变增量 $\mathrm{d}\varepsilon_{ij}$（应变速率 $\dot{\varepsilon}_{ij}$）或许可的应力状态中，以符合增量理论关系的应力状态 $\boldsymbol{\sigma}_{ij}$ 或塑性应变增量 $\mathrm{d}\varepsilon_{ij}$（应变速率 $\dot{\varepsilon}_{ij}$）所耗塑性应变功（或功率消耗）最大，即 $\int_V (\boldsymbol{\sigma}_{ij} - \boldsymbol{\sigma}_{ij}^*)\mathrm{d}\boldsymbol{\varepsilon}_{ij}\mathrm{d}V \geq 0$ 或 $\int_V (\boldsymbol{\sigma}_{ij} - \boldsymbol{\sigma}_{ij}^*)\dot{\varepsilon}_{ij}\mathrm{d}V \geq 0$。

证明：假设变形体内一点的应力状态矢量及偏张量为 $\boldsymbol{\sigma}_{ij}^*$ 和 $\boldsymbol{\sigma}_{ij}'^*$，在 π 平面内的投影用矢量 $\overrightarrow{OP^*}$ 表示（图7.1.6），为运动许可的某一塑性应变增量为 $\mathrm{d}\varepsilon_{ij}$，$\pi$ 平面内的投影用矢量 $\overrightarrow{OR}$ 表示，与该塑性应变增量满足塑性增量理论关系的应力状态矢量及偏张量为 $\boldsymbol{\sigma}_{ij}$ 和 $\boldsymbol{\sigma}_{ij}'$，在 π 平面内的投影用矢量 $\overrightarrow{OP}$ 表示。根据塑性增量理论可知，应力张量偏量与应变增量主轴重合，矢量 $\overrightarrow{OR}$ 与 $\overrightarrow{OP}$ 方向一致。

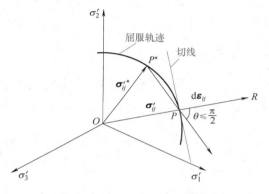

图 7.1.6　最大塑性功耗原理示意图

两种状态下的塑性功耗之差的矢量形式为

$$\mathrm{d}A - \mathrm{d}A^* = (\boldsymbol{\sigma}_{ij}' - \boldsymbol{\sigma}_{ij}'^*)\mathrm{d}\boldsymbol{\varepsilon}_{ij} = (\boldsymbol{\sigma}_{ij} - \boldsymbol{\sigma}_{ij}^*)\mathrm{d}\boldsymbol{\varepsilon}_{ij} = \overrightarrow{OP} \cdot \overrightarrow{OR} - \overrightarrow{OP^*} \cdot \overrightarrow{OR} = \overrightarrow{PP^*} \cdot \overrightarrow{OR} \quad (7.1.19)$$

由于米塞斯屈服准则几何轨迹在 π 平面投影为圆（凸函数），所以矢量 $\overrightarrow{PP^*}$ 与 $\overrightarrow{OR}$ 的夹角小于90°，即 $\theta \leq \dfrac{\pi}{2}$，所以矢量的点积必大于零，故式（7.1.19）为

$$\mathrm{d}A - \mathrm{d}A^* = (\boldsymbol{\sigma}_{ij} - \boldsymbol{\sigma}_{ij}^*)\mathrm{d}\boldsymbol{\varepsilon}_{ij} \geq 0 \qquad (7.1.20)$$

对于体积为 V 的刚塑性体，则

$$\int_V (\boldsymbol{\sigma}_{ij} - \boldsymbol{\sigma}_{ij}^*)\mathrm{d}\boldsymbol{\varepsilon}_{ij}\mathrm{d}V \geq 0 \qquad (7.1.21)$$

实际中常用功率表示，其表达式为

$$\int_V (\boldsymbol{\sigma}_{ij} - \boldsymbol{\sigma}_{ij}^*)\dot{\boldsymbol{\varepsilon}}_{ij}\mathrm{d}V \geq 0 \qquad (7.1.22)$$

式（7.1.21）和式（7.1.22）为最大塑性功原理的表达式。该原理表明：刚塑性体在

应变增量 $\mathrm{d}\varepsilon_{ij}$（或应变速率 $\dot{\varepsilon}_{ij}$）给定时，对该 $\mathrm{d}\varepsilon_{ij}$（或 $\dot{\varepsilon}_{ij}$）适合于列维-米塞斯流动法则和米塞斯屈服准则的应力状态 σ_{ij} 所形成的塑性功或功率消耗最大。

7.1.3　盖林格速度方程及速端图

塑性加工过程中，一般情况下，应力场和速度场都是不均匀。前已述知，极限原理分析中满足位移或速度边界条件的许可速度场相比满足静力方程的许可应力场更容易寻找，因此确定变形体中的速度场对塑性加工过程的极限分析具有重要意义。

1. 盖林格速度方程

前已述知，滑移线求解塑性加工时，汉基应力方程应满足静力平衡微分方程和屈服准则的静力许可值，实际上对滑移线场还要检验其是否满足几何方程和体积不变条件，即运动许可条件，故滑移线场和速度场存在一定的关联性。

沿滑移线方向，线应变或线应变速率为零。如图 7.1.7 所示，在滑移线上，沿 α 滑移线取一微小线素 $\overline{P_1P_2}$ 和 $\overline{P_2P_3}$（因为线素很小，所以可以用直线代替曲线）。

点 P_1 的速度为 v_1，其在 α 线和 β 线的切线方向的速度分量分别为 v_α 和 v_β；点 P_2 的速度为 v_2，其在 α 线和 β 线的切线方向的速度分量分别为 $v_\alpha+\mathrm{d}v_\alpha$ 和 $v_\beta+\mathrm{d}v_\beta$。因为沿 α 线上线段 $\overline{P_1P_2}$ 的线应变等于零，即不发生伸长或收缩，所以点 P_1 和点 P_2 处的速度在 $\overline{P_1P_2}$ 上的投影应该相等，即

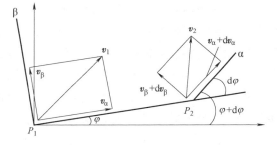

图 7.1.7　滑移线方向的速度分量

$$v=(v_\alpha+\mathrm{d}v_\alpha)\cos(\mathrm{d}\varphi)-(v_\beta+\mathrm{d}v_\beta)\sin(\mathrm{d}\varphi)$$

$$(7.1.23)$$

因为 $\mathrm{d}\varphi$ 很小，所以 $\cos(\mathrm{d}\varphi)\approx 1$，$\sin(\mathrm{d}\varphi)\approx \mathrm{d}\varphi$。经整理并忽略高阶量，可得到沿 α 线速度变化方程为

$$\mathrm{d}v_\alpha-v_\beta\mathrm{d}\varphi=0 \qquad\qquad (7.1.24)$$

同理，可以得到沿 β 线速度变化方程为

$$\mathrm{d}v_\beta-v_\alpha\mathrm{d}\varphi=0 \qquad\qquad (7.1.25)$$

式（7.1.24）和式（7.1.25）是盖林格（H. Geiringer）于 1930 年提出的，一般称为速度协调方程，简称盖林格速度方程。式（7.1.24）和式（7.1.25）表明，对于均匀应力状态及简单应力状态，当滑移线是直线（$\mathrm{d}\varphi=0$）时，沿滑移线的速度是常数。如果已知沿滑移线的法向速度分量及一点的切向速度分量，那么沿滑移线对式（7.1.24）和式（7.1.25）进行积分，便可求得滑移线上各点的切向速度分量。

假设某一 α 线上任意两点 A 和 B 点，A 点切向速度 v_A 和该滑移线上的法向速度 v_B 已知法向速度相等，则对式（7.1.4）移项后进行定积分，可以得到 B 点的切向速度，即

$$\int_A^B \mathrm{d}v_\alpha=\int_A^B v_\beta\mathrm{d}\varphi\Rightarrow(v_\alpha)_B-(v_\alpha)_A=v_\beta(\varphi_B-\varphi_A)\Rightarrow(v_\alpha)_B=(v_\alpha)_A+v_\beta(\varphi_B-\varphi_A)\quad(7.1.26)$$

2. 速度间断面

由盖林格速度方程式可以看出，滑移线场内的滑移线有可能是速度不连续线。例如，沿 α 线速度方程式（7.1.24），当某一组速度 v_α、v_β 满足方程时，则 $v_\alpha + C$、v_β 也满足该方程，说明在同一条滑移线上，两侧金属质点的切向速度可能具有不同的数值，并能够证明切向速度差是一常数，而这种切向速度不连续，不会破坏质点的速度连续条件。

刚塑性材料变形体内，塑性变形的产生是材料的一部分变形体相对于另一部分变形体的移动所致。这样，在塑性区及刚性区的边界上，一定存在着速度不连续线。

如图 7.1.8 所示，以速度 v 流动的平行四边形体素 $ABCD$（厚度垂直纸面，并取单位厚度）横过速度不连续线 L 时，$ABCD$ 变成了 $A'B'C'D'$，其速度由 v 变成了 v'。将 v 和 v' 分解为速度不连续线的切线方向速度 v_t 和 v'_t 及法线方向速度 v_n 和 v'_n。由于塑性变形必须满足体积不变条件，即材料在速度间断面两侧不允许出现间隙、空穴或重叠堆积等，根据秒流量（或秒体积）相等关系，有

$$v_n \cdot AD = v' \cdot A'D' \cdot \sin\theta \tag{7.1.27}$$

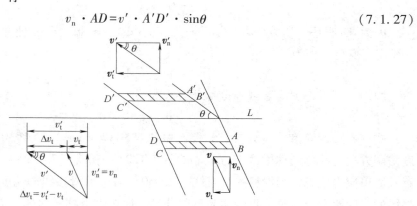

图 7.1.8 在速度不连续线上法向速度的连续性及切向速度的不连续性

如图 7.1.8 所示，$AD = A'D'$，$v'\sin\theta = v'_n$，代入式（7.1.27），可得四边形体素在穿过速度不连续线时，其法向速度分量相等，即

$$v_n = v'_n \tag{7.1.28}$$

可见，沿速度不连续线 L 的法线方向的速度是连续的。

平行四边形体素横过 L 线，其速度由 v 变成了 v' 时，因为 v_n 必等于 v'_n，所以切向速度分量不连续，其不连续量为

$$\Delta v_t = v'_t - v_t \tag{7.1.29}$$

所以整个速度间断量等于切向速度间断量，即速度矢量关系表达式为

$$v' = v + \Delta v_t \tag{7.1.30}$$

式（7.1.30）表明，当已知速度不连续线 L 一侧的速度 v 及 L 线上的速度不连续量 Δv_t 时，则 L 线另一侧的速度 v' 等于速度 v 和速度不连续量 Δv_t 的矢量和。

四边形 $ABCD$ 穿过速度间断面时，需消耗功率，若速度不连续线为直线，穿越的速度间断长度为 L_t，则所消耗的剪切功率为

$$N_t = \tau_t \cdot \Delta v_t \cdot L_t \tag{7.1.31}$$

速度间断面上，$\tau_t \leqslant k$。

应当指出，实际材料塑性加工变形中，速度不连续发生在一个微元薄层中，而速度不连续线是这一微薄层的极限位置。在层中，切向速度由 v_t 连续变化到 v'_t。因为薄层的剪应变速率为 $\dfrac{\Delta v_t}{h}$，所以当层厚 h 趋于零时，剪应变速率将变为无穷大。因为最大剪应力方向与最大剪应变速率方向一致，所以从极限角度而言，速度不连续线的方向和滑移线的方向重合。

如前所述，对于速度不连续线，两侧法向速度连续，那么，以 α 线为例，则横过 α 线的 β 线的速度 v_β 在速度不连续线的 α 线两侧必然相等，而沿 α 线两侧的切向速度不等，分别用 $v'_{\alpha t}$ 和 $v''_{\alpha t}$ 表示。于是，在 α 线两侧沿 α 线分别采用盖林格速度方程式则

$$\begin{cases} dv'_{\alpha t} - v_\beta d\varphi = 0 \\ dv''_{\alpha t} - v_\beta d\varphi = 0 \end{cases} \tag{7.1.32}$$

由式（7.1.32）可得

$$\begin{cases} dv'_{\alpha t} = dv''_{\alpha t} \\ v'_{\alpha t} = v''_{\alpha t} + C \end{cases} \tag{7.1.33}$$

可见，切向速度不连续量沿速度不连续线是一常数（即速度差为常数）。

3. 速端图

塑性变形区内，如果滑移线场已绘出，按盖林格速度方程和相应的速度边界条件可求出速度场，但比较麻烦，此时，采用速端图进行图解会相对比较方便。

速端图是以代表刚性区内一不动基点（例如 O 点）为所有速度矢量的起始点（也称为基点或极点），所作变形区内各质点速度矢量端点的轨迹图形。速端图是研究平面变形问题时，确定刚性界面和接触摩擦界面上相对滑动速度（速度间断量）的一个重要手段。

速度连续变化如图 7.1.9 所示，$\overline{P_1 P_2}$ 和 $\overline{P_2 P_3}$ 是取在滑移线上的微小线素。P_1、P_2、P_3 点处其质点的合速度分别为 v_1、v_2 和 v_3。以 O 点为基点，画出各合速度矢量分别为 $\overline{OP'_1}$、$\overline{OP'_2}$、$\overline{OP'_3}$。因为滑移线无伸缩，所以 v_1、v_2 在线素 $\overline{P_1 P_2}$ 上的投影必相等。在图 7.1.9 中，

作$\overline{OQ}$平行$\overline{P_1P_2}$，作$\overline{OR}$平行$\overline{P_2P_3}$。这样，v_1、v_2 在$\overline{OQ}$方向上的投影都等于$\overline{OQ}$，于是连接合速度矢量$\overline{OP_1'}$、$\overline{OP_2'}$端点的线段$\overline{P_1'P_2'}$必与$\overline{OQ}$垂直。同理，$\overline{P_2'P_3'}$与$\overline{OR}$也相互垂直。可见，以点O作为基点，则可以将滑移线上诸点的速度矢量画出来，连接诸速度矢量的端点所构成的线图即为速端图。速端图线与滑移线正交，速端图网络与滑移线网络正交。

前已述知，非直线滑移线也是速度不连续线，如图7.1.10a 所示，L 线是速度不连续线（也是滑移线），其在速端图上反映为两条线。A、B 是速度不连续线 L 上的两点，在 L 线两侧，与此两点相对应的点分别是A'、A''和B'、B''。如果用 OA'、OA''和OB'、OB''分别表示 A 和 B 点在 L 线两侧的速度，则 L 线上线段 AB 在速端图上便反映两条线 $A'B'$（即 C' 线）和 $A''B''$（即 C'' 线），如图7.1.10b 所示。

点 A 和点 B 处，L 线的法向速度分量必须连续，只是切向速度分量不连续，其速度不连续量分别为 $A'A''$ 和 $B'B''$，根据 L 线切向速度不连续量为常数，可知 $A'A''=B'B''=$常数，其中 $A'A''$ 和 $B'B''$的方向分别为过 L 线上点 A 和点 B 的切线方向。由于速端图上的两条线 C' 和 C'' 必须在相应点与 L 线垂直（参照图 7.1.8），所以过速端图上的两条线在相应点所作的切线应彼此平行，即 C' 和 C''必须平行。

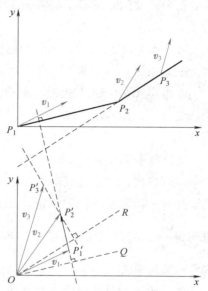

图 7.1.9　滑移线与速端图的正交性

假设在速度不连续线一侧金属不产生塑性变形而做刚性移动或保持不动。由于这一侧所有点都具有相同的速度（图 7.1.10 中的 $OA'=OB'$），则速度不连续线 L 上的 AB 线段在速端图上所反映的两条线中，A' 和 B' 点归于一点（图 7.1.10c），而另一条为其半径等于切向速度不连续量 $A'A''$（或 $B'B''$）的圆弧 $A''B''$，如图 7.1.10a、c 所示，$A''B''$所对的圆心角等于 L 线上 AB 线段切线的转角。

假设 L 线是直线，且在 L 线一侧的金属不产生塑性变形仅做刚性移动或保持不动，由于 L 线上 AB 线段切线的转角等于零，所以 $A'A''$ 必须与 $B'B''$重合，此时 AB 线段在速端图上反映为两个点（图 7.1.10d）。

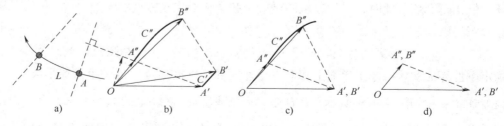

图 7.1.10　速度不连续线 L 和速端图

如图 7.1.11 所示，交于 M 点的两条速度不连续线将流动平面分为 A、B、C、D 四个区。令 $\boldsymbol{v}_A$、$\boldsymbol{v}_B$、$\boldsymbol{v}_C$、$\boldsymbol{v}_D$ 表示 M 点无穷小邻域内的速度，$\boldsymbol{v}_{AB}$、$\boldsymbol{v}_{BC}$、$\boldsymbol{v}_{CD}$、$\boldsymbol{v}_{DA}$ 表示 M 点附近的速度不连续量。

按速度矢量定义，则有

$$
\begin{cases}
\boldsymbol{v}_{A'B'} = \boldsymbol{v}_A - \boldsymbol{v}_B \\
\boldsymbol{v}_{D'A'} = \boldsymbol{v}_D - \boldsymbol{v}_A \\
\boldsymbol{v}_{B'C'} = \boldsymbol{v}_B - \boldsymbol{v}_C \\
\boldsymbol{v}_{C'D'} = \boldsymbol{v}_C - \boldsymbol{v}_D
\end{cases}
\tag{7.1.34}
$$

将式（7.1.34）中等号左右相加之后，结果为零，可见，两条速度不连续线相交于一点 M 附近的速度不连续量的矢量和为零。

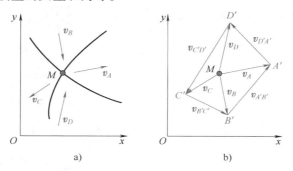

图 7.1.11　两条速度不连续线之交点处的速度和速度不连续量

7.2　上限定理及应用

7.2.1　上限定理

前已述知，上限法是按满足几何方程、体积不变条件和位移速度（或位移增量）边界条件来设定变形体内部的运动许可速度场。这种速度场沿某截面 S_D 的法线方向位移速度必须连续，而切线方向位移速度可以不连续。

把变形体表面分成位移速度已知域 S_v 和单位表面力已知域 S_p，令 v_i^* 为虚拟的运动许可的位移速度，依据几何关系方程可求出对应的应变速率 $\dot{\varepsilon}_{ij}^*$，而由 $\dot{\varepsilon}_{ij}^*$ 按列维-米塞斯增量理论求出对应的 σ_{ij}^*。虽然这样确定的应力未必满足力平衡条件和应力边界条件，但该应力 σ_{ij}^* 却与虚拟的运动许可应变速率 $\dot{\varepsilon}_{ij}^*$ 适合列维-米塞斯流动法则。按最大塑性功原理式（7.1.22），则有

$$
\int_V (\sigma_{ij}^* - \sigma_{ij}) \dot{\varepsilon}_{ij}^* \, dV \geqslant 0 \Rightarrow \int_V \sigma_{ij}^* \dot{\varepsilon}_{ij}^* \, dV \geqslant \int_V \sigma_{ij} \dot{\varepsilon}_{ij}^* \, dV
\tag{7.2.1}
$$

对于必然满足静力许可条件的真实应力 σ_{ij} 和运动许可位移速度 v_i^* 以及沿速度不连续面 S_D 上的切向速度不连续量 Δv_t^*，式（7.1.15）成立，所以

$$\int_S p_i v_i^* \, \mathrm{d}F = \int_V \sigma_{ij} \dot{\varepsilon}_{ij}^* \, \mathrm{d}V + \sum \int_{S_D} k \Delta v_t^* \, \mathrm{d}F \tag{7.2.2}$$

将式（7.2.2）代入不等式（7.2.1）可得

$$\int_S p_i v_i^* \, \mathrm{d}F \leqslant \int_V \sigma_{ij}^* \dot{\varepsilon}_{ij}^* \, \mathrm{d}V + \sum \int_{S_D} \tau \Delta v_t^* \, \mathrm{d}F \tag{7.2.3}$$

根据不同的已知边界条件区域，外力所做虚功可以表示为

$$\int_S p_i v_i^* \, \mathrm{d}F = \int_{S_v} p_i v_i^* \, \mathrm{d}F + \int_{S_p} p_i v_i^* \, \mathrm{d}F \tag{7.2.4}$$

将式（7.2.4）代入式（7.2.3），则

$$\int_{S_v} p_i v_i^* \, \mathrm{d}F + \int_{S_p} p_i v_i^* \, \mathrm{d}F \leqslant \int_V \sigma_{ij}^* \dot{\varepsilon}_{ij}^* \, \mathrm{d}V + \sum \int_{S_D} k \Delta v_t^* \, \mathrm{d}F \tag{7.2.5}$$

由于虚拟的运动许可位移速度场满足 S_v 上的位移速度边界条件，所以在 S_v 上，$v_i^* = v_i$，并注意到 $k \geqslant \tau$，则得

$$\int_{S_v} p_i v_i^* \, \mathrm{d}F \leqslant \int_V \sigma_{ij}^* \dot{\varepsilon}_{ij}^* \, \mathrm{d}V + \sum \int_{S_D} k \Delta v_t^* \, \mathrm{d}F - \int_{S_p} p_i v_i^* \, \mathrm{d}F \tag{7.2.6}$$

若考虑惯性力功率、裂纹形成功率消耗、表面变化功率等，则

$$\int_{S_v} p_i v_i^* \, \mathrm{d}F \leqslant \int_V \sigma_{ij}^* \dot{\varepsilon}_{ij}^* \, \mathrm{d}V + \sum \int_{S_D} k \Delta v_t^* \, \mathrm{d}F - \int_{S_p} p_i v_i^* \, \mathrm{d}F + \sum \dot{W}_k \tag{7.2.7}$$

或

$$J \leqslant J^* = \dot{W}_i + \dot{W}_s + \dot{W}_b + \dot{W}_k \tag{7.2.8}$$

式中，p_i 为真实载荷；$\dot{\varepsilon}_{ij}^*$ 为按运动许可速度场确定的应变速率；Δv_t^* 为在运动许可速度场中，沿速度不连续面上的切向速度不连续量。

式（7.2.8）左边的积分 J 表示真实外力功率；右边各积分项表示按运动许可速度场确定的功率 J^*，第一积分项表示内部塑性变形功率 $\dot{W}_i$；第二积分项表示速度不连续面（包括工具与工件的接触面）上的剪切功率 $\dot{W}_s$；第三积分项表示位移面上已知表面力在给定速度下所做的附加功率 $\dot{W}_b$；第四项 $\dot{W}_k$ 为惯性力、裂纹扩展功率、表面变化功率等。

1）内部塑性变形功率

$$\int_V \sigma_{ij} \dot{\varepsilon}_{ij} \, \mathrm{d}V = \int_V \sigma_e \dot{\varepsilon}_e \, \mathrm{d}V \tag{7.2.9}$$

对于刚塑性体，$\sigma_e = \sigma_s$，由式 $\dot{\varepsilon}_e = \sqrt{\dfrac{2}{3} \dot{\varepsilon}_{ij} \dot{\varepsilon}_{ij}}$，所以

$$\int_V \sigma_{ij} \dot{\varepsilon}_{ij} \, \mathrm{d}V = \sigma_s \int_V \dot{\varepsilon}_e \, \mathrm{d}V = \sigma_s \sqrt{\frac{2}{3}} \int_V \sqrt{\dot{\varepsilon}_{ij} \dot{\varepsilon}_{ij}} \tag{7.2.10}$$

2）剪切功率主要包括速度不连续面剪切所耗的功率 $\dot{W}_D$ 和工具与工件接触摩擦所消耗

的功率 $\dot{W}_f$。

$$\dot{W}_s = \dot{W}_f + \dot{W}_D = \int_{S_f} \tau_f |\Delta v_f| \mathrm{d}S + k \int_{S_D} |\Delta v_t| \mathrm{d}S \qquad (7.2.11)$$

式中，相对滑动速度 $|\Delta v_f|$ 或速度不连续量的绝对值 $|\Delta v_t|$ 可根据塑性加工过程实际情况确定，上限法中，摩擦剪应力常用 $\tau_f = mk = m\dfrac{\sigma_s}{\sqrt{3}}$，于是有

$$\dot{W}_s = m\frac{\sigma_s}{\sqrt{3}} \int_{S_f} |\Delta v_f| \mathrm{d}S + \frac{\sigma_s}{\sqrt{3}} \int_{S_D} |\Delta v_t| \mathrm{d}S \qquad (7.2.12)$$

3）当存在附加外力时应考虑附加外力功率 $\dot{W}_b$。例如，带前后张力（或推力）轧制时（注意，p_i 与 v_i 方向相同时，$p_i v_i$ 为正，p_i 与 v_i 方向相反时，$p_i v_i$ 为负），则

$$\dot{W}_b = -\int_{S_p} p_i v_i \mathrm{d}S = \sigma_b S_0 v_0 - \sigma_f S_1 v_1 \qquad (7.2.13)$$

式中，σ_f、σ_b 为前、后张应力；S_1、S_0 为轧制前、后轧件截面积；v_1、v_0 为轧件入口端和出口端速度。

7.2.2 上限法求解思路

上限法解析塑性加工问题多采用三角形速度场（非连续速度场）上限模式和连续速度场上限模式。三角形速度场上限模式主要用于解平面变形问题，而连续速度场上限模式既可求解平面变形问题，也可求解轴对称问题，如果速度场选择合适，数学方法得当，也可解析三维塑性变形问题。

三角形速度场上限模式主要基于滑移线场，其基本思路是设想塑性变形区由若干个刚性三角形构成，塑性变形时完全依靠三角形场间的相对滑动产生，变形过程中每一个刚性块是一个均匀速度场，块内不发生塑性变形，于是块内的应变速率 $\dot{\varepsilon}_{ij} = 0$。

假定已知单位表面力的表面 S_p 为自由表面，即不计附加外力，也不计其他功率消耗，则上限功率表达式（7.2.8）变为

$$J \le J^* = \dot{W}_i \qquad (7.2.14)$$

三角形速度场（非连续速度场）的上限法求解基本步骤如图 7.2.1 所示，其简单描述如下：

1）根据变形的具体情况，参照该问题的滑移线场，确定变形区的几何位置与形状，再根据金属流动的大体趋势，将变形区划分为若干个刚性三角形块。

2）根据变形区划分的刚性三角形块情况及速度边界条件，绘制速端图。

3）根据所作几何图形，计算各刚性三角形边长及速端图，计算各刚性块之间的速度间断量，然后按式（7.2.12）计算剪切功率。

4）划分刚性三角形块时，几何形状上包含若干个待定几何参数，须先对待定参数求极值以确定其具体数值，进而求得上限解。

连续速度场上限模式的基本思路是把整个变形区内金属质点流动用一个连续速度场函数

图 7.2.1　非连续速度场上限法求解基本步骤示意

$v_i = f_i(x, y, z)$ 描述，并考虑塑性区与刚性区界面上速度的间断性及摩擦功率的影响，此时，可采用功率计算式为

$$J^* = \dot{W}_i + \dot{W}_s + \dot{W}_b = \int_V \sigma_{ij}^* \dot{\varepsilon}_{ij}^* \, \mathrm{d}V + \Sigma \int_{S_D} k \Delta v_t^* \, \mathrm{d}S - \int_{S_p} p_i v_i^* \, \mathrm{d}S \tag{7.2.15}$$

利用式（7.2.10）、式（7.2.12）、式（7.2.13）及连续速度函数，求得上限功率表达式，所得上限功率表达式中一般都含有待定参数，故求此上限功率中的极值，即最佳的上限解来确定力能参数。

7.2.3　光滑平冲头压入半无限体

利用三角形速度场分析该问题。参照该问题的滑移线场，假定此时的变形区速度场及速端图如图 7.2.2 所示。变形区由三个刚性等腰三角形块构成，底角 θ 为待定参数，虚线表示金属质点的流线。由于变形的对称性，下面只研究竖直对称轴的左侧部分。$\triangle AGO$ 以速度 Δv_{GO} 沿刚性区的边界 GO 滑动，显然此速度应当是 $\triangle AGO$ 向下移动速度 v_0 与水平速度 v_{AO} 的矢量和 $\Delta v_{GO} = v_0 + v_{AO}$。速度 Δv_{GO} 与速度不连续线 AO 上的速度不连续量 Δv_{AG} 的矢量和等于 $\triangle AFG$ 的水平速度 Δv_{FG}，即 $\Delta v_{FG} = \Delta v_{GO} + \Delta v_{AG}$。同理，速度 Δv_{FG} 与速度不连续线 AF 上的速度不连续量 Δv_{AF} 的矢量和等于 $\triangle AFD$ 沿 FD 方向的速度 Δv_{DF}，即 $\Delta v_{DF} = \Delta v_{FG} + \Delta v_{AF}$。

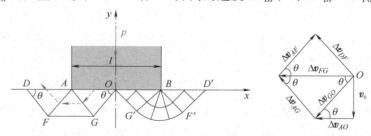

图 7.2.2　光滑平冲头压入半无限体速度场及速端图

由于 $DFGO$ 以下的材料为移动速度等于零的刚体，速度 Δv_{GO}、Δv_{FG} 和 Δv_{DF} 分别为 GO、FG 和 DF 线上的速度不连续量；Δv_{AF} 和 Δv_{AG} 分别为 AF 和 AG 线上的速度不连续量。速端图中的 θ 为待定参数。如图 7.2.2 所示，在 DF、AF、AG 和 GO 上的速度不连续量为

$$\Delta v_{DF} = \Delta v_{AF} = \Delta v_{AG} = \Delta v_{GO} = \frac{v_0}{\sin\theta} \tag{7.2.16}$$

在 FG 上的速度不连续量为

$$\Delta v_{FG} = \frac{2v_0}{\tan\theta} \tag{7.2.17}$$

假设冲头宽度为 l，根据图形几何关系，各速度间断线的长度分别为

$$DF = AG = AF = GO = \frac{l}{4\cos\theta}, FG = \frac{l}{2} \tag{7.2.18}$$

冲头接触面是光滑的，接触摩擦功率为零，按照式（7.2.12）计算速度不连续面上的剪切功率为

$$J^* = \sum k \mid \Delta v_t \mid \Delta F = 4k \cdot \Delta v_{DF} \cdot DF + \Delta v_{FG} \cdot FG$$

$$= k \left(4 \cdot \frac{lv_0}{4\cos\theta\sin\theta} + \frac{2v_0}{\tan\theta} \cdot \frac{l}{2} \right) = klv_0 \left(\frac{2}{\tan\theta} + \tan\theta \right) \tag{7.2.19}$$

令 $x = \tan\theta$，由 $\dfrac{\mathrm{d}J^*}{\mathrm{d}x} = 0$，得到 $x = \tan\theta = \sqrt{2}$ 或 $\theta = 54°42'$。按 $J^*_{\min} = J$，并注意到 $J = \bar{p}\dfrac{l}{2}v_0$，可得

$$\bar{p}\frac{l}{2}v_0 = klv_0 \left(\frac{2}{\sqrt{2}} + \sqrt{2} \right) \tag{7.2.20}$$

从而得到上限解中最小的 $\dfrac{\bar{p}}{2k}$，即

$$\frac{\bar{p}}{2k} = \frac{2}{\sqrt{2}} + \sqrt{2} = 2.83 \tag{7.2.21}$$

由上可见，按滑移线场求解的 $\dfrac{\bar{p}}{2k} = 2.57$，最小上限解 2.83 比滑移线解 2.57 略高。

7.2.4　平面变形矩形件压缩

假定不考虑侧面鼓形，利用连续速度场求解该问题。在变形体内若 v_i 及按几何方程确定的 $\dot{\varepsilon}_{ij}$ 连续变化，则此速度场为连续速度场。矩形件平面变形压缩不考虑侧面鼓形时，速度场设定如图 7.2.3a 所示。上压板以 $-v_0$ 向下运动，下压板以 $+v_0$ 向上运动。忽略宽向变形，即 $v_z = 0$，$\dot{\varepsilon}_z = 0$。根据变形对称性，仅研究四分之一部分并取单位宽度（单位厚度为 1），在水平方向（x 方向）中心对称轴上 $v_x = 0$，在竖直方向（y 方向）中心对称轴上 $v_y = 0$。

假定位移速度的垂直分量 v_y 与坐标 y 呈线性关系，即

$$v_y = -\frac{2y}{h}v_0 \tag{7.2.22}$$

很显然，式（7.2.22）需满足速度边界条件，即

$$\begin{cases} v_y \mid_{y=0} = 0 \\ v_y \mid_{y=\pm\frac{h}{2}} = \mp v_0 \end{cases} \tag{7.2.23}$$

根据几何方程式（2.4.3），可得

$$\dot{\varepsilon}_y = \frac{\partial v_y}{\partial y} = -\frac{2}{h}v_0 \tag{7.2.24}$$

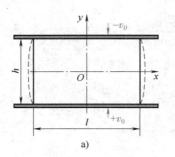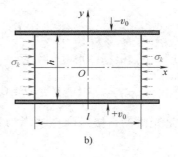

图 7.2.3　不考虑侧面鼓形时平面变形矩形件压缩
a) 无附加外力　b) 有附加外力

又由塑性变形体积不变条件，平面变形时 $\dot{\varepsilon}_x = -\dot{\varepsilon}_y$，所以，$\dot{\varepsilon}_x = \dfrac{\partial v_x}{\partial x} = \dfrac{2}{h} v_0$。

由题设可知，该变形过程不考虑鼓形，即 v_x 与 y 无关，则式（7.2.24）也可以描述为

$$\frac{\mathrm{d}v_x}{\mathrm{d}x} = \dot{\varepsilon}_x = \frac{2}{h} v_0 \qquad (7.2.25)$$

所以 v_x 可以积分为

$$v_x = \int \dot{\varepsilon}_x \mathrm{d}x = \int \frac{2}{h} v_0 \mathrm{d}x = \frac{2}{h} v_0 x + C \qquad (7.2.26)$$

利用边界条件，$x = 0$ 时，$v_x = 0$，代入式（7.2.26），可求出 $C = 0$，于是

$$v_x = \frac{2}{h} v_0 x \qquad (7.2.27)$$

所以，矩形件平面变形压缩情况的运动许可速度场为

$$v_x = \frac{2v_0}{h} x, v_y = -\frac{2v_0}{h} y, v_z = 0 \qquad (7.2.28)$$

利用几何关系方程，可以得到运动许可的应变速率场为

$$\dot{\varepsilon}_x = -\dot{\varepsilon}_y = \frac{2v_0}{h}, \dot{\varepsilon}_z = 0 \qquad (7.2.29)$$

因为不考虑鼓形，所以 $\dot{\varepsilon}_{xy} = \dot{\varepsilon}_{yz} = \dot{\varepsilon}_{zx} = 0$，即 x，y，z 轴也为主轴，按式（7.2.10）可计算其 $\dfrac{1}{4}$ 塑性变形功率为

$$\dot{W}_i = \sqrt{\frac{2}{3}} \sigma_s \int_V \dot{\varepsilon}_e \mathrm{d}V = \sqrt{2} k \int_V \left(\frac{2v_0}{h}\right) \sqrt{2} \mathrm{d}V = 4k \int_0^{l/2} \left(\int_0^{h/2} \frac{v_0}{h} \mathrm{d}y\right) \mathrm{d}x = kv_0 l \qquad (7.2.30)$$

沿 x 轴方向材料的位移速度分量与 y 无关，所以 $y = \pm\dfrac{h}{2}$ 时，工件对工具表面的相对速度 $\Delta v_f = v_x = \dfrac{2v_0}{h} x$。

假设没有速度不连续量，由式（7.2.12）可知，此时的 $\dot{W}_s$ 等于接触表面摩擦功率

$\dot{W}_f$，即

$$\dot{W}_s = \dot{W}_f = \frac{m}{\sqrt{3}}\sigma_s \int_{S_f} |\Delta v_f| dS = mk\frac{2v_0}{h}\int_0^{l/2} x dx = mk\frac{l^2}{4h}v_0 \tag{7.2.31}$$

无附加外力作用下，总的功率为

$$J^* = \dot{W}_i + \dot{W}_f = 4\times\left(kv_0 l + mk\frac{l^2}{4h}v_0\right) = 4kv_0 l + mk\frac{l^2}{h}v_0 \tag{7.2.32}$$

由外力功率 $J = 2\bar{p}lv_0$，$J = J^*$，$\dfrac{\bar{p}}{2k}$ 的上限解为

$$\frac{\bar{p}}{2k} = 1 + \frac{ml}{4h} \tag{7.2.33}$$

由式（7.2.33）可以看出，在无附加外力且当摩擦因子取 $m = 1$ 时，所求结果与工程法得到的结果一致。

为减少边部开裂，通常外部可加以均匀水平压应力 σ_k，以提升三向压应力状态，如图 7.2.3b 所示。考虑附加外力 σ_k 时，$x = l/2$ 处，有

$$v_x = \frac{2v_0}{h}x = \frac{v_0}{h}l \tag{7.2.34}$$

假定外加的应力 σ_k 沿厚向均匀分布，且外力与速度方向相反，则按照式（7.2.13）可以计算克服的外加功率应为

$$\dot{W}_b = 4\times\frac{h}{2}v_x\sigma_k = 4\times\frac{h}{2}\frac{v_0 l}{h}\sigma_k = 2lv_0\sigma_k \tag{7.2.35}$$

所以

$$J^* = \dot{W}_i + \dot{W}_f + \dot{W}_b = 4kv_0 l + mk\frac{l^2}{h}v_0 + 2lv_0\sigma_k \tag{7.2.36}$$

由式（7.2.36）可得此时 $\dfrac{\bar{p}}{2k}$ 的上限解为

$$\frac{\bar{p}}{2k} = 1 + \frac{ml}{4h} + \frac{\sigma_0}{2k} \tag{7.2.37}$$

由式（7.2.37）可知，外加静水压力时，抵抗塑性变形的力更大，材料更难以发生塑性变形，但却不利于裂纹萌芽和扩展，所以对难加工材料（如镁合金、硅钢、钛合金等）塑性能力提升是有益的。

第 8 章

有限元和人工智能初步

知识速递

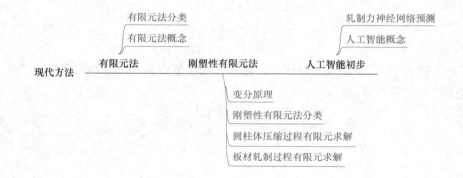

学习目标

◆ 了解有限元法和人工智能概念及应用
◆ 理解有限元求解方法和思路及刚塑性有限元变分原理和分类特点
◆ 能够利用力学知识简单分析工程问题的有限元求解结果

📅 **学习要点**

◆ 有限元法概念及求解思路
◆ 刚塑性有限元变分原理及应用案例
◆ 人工智能概念及神经网络思想

8.1　有限元法

8.1.1　有限元法概念

有限元（Finite Element，FE）基本思想的出现最早要追溯到 1943 年，库兰特（Courant）曾尝试应用一系列三角形区域上定义的分片连续函数和最小位能原理结合来求解圣维南扭转问题。1956 年，特纳（Turner）和克拉夫（Clough）等人将刚架分析中的位移法推广到弹性力学平面问题，并应用于飞机结构强度分析；1960 年，克拉夫进一步求解平面弹性问题，并首次提出有限单元法（Finite Element Method，FEM）。随着电子计算机的发展，有限元法得到了迅速发展和应用。目前，FEM 已是工程领域应用最广的一种现代数值计算方法。它不但可以解决工程中的结构分析问题，而且已成功解决了传热学、流体力学、电磁学和声学等领域的问题。

有限元法的基本原理是将求解未知场变量的连续介质体（变形体或工件）划分为有限个单元，单元之间用结点连接，如图 8.1.1 所示。每个单元内用插值函数表示场变量，插值函数由结点值确定，单元之间的作用由结点传递，建立物理方程。将全部单元的插值函数集合成整体场变量的方程组，然后进行数值计算。

> 🔗 **知识拓展：** 冯康（1920—1993），数学家、中国有限元法创始人、计算数学研究
> 的奠基人和开拓者，中国科学院院士，中国科学院计算中心创始人。1965 年，冯康发

表了名为《基于变分原理的差分格式》的论文，这篇论文被国际学术界视为中国独立发展有限元法的重要里程碑。1997 年，冯康的哈密尔顿系统的辛几何算法获得国家自然科学奖一等奖。1994 年设立"冯康科学计算奖"旨在奖励海内外在科学计算领域做出突出贡献的 45 岁以下华人科学家。

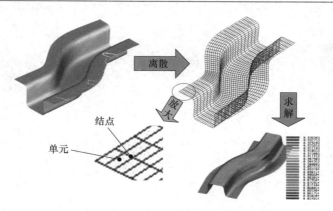

图 8.1.1　有限元单元结点及求解示意图

　　有限元法分析过程大体分为前处理、求解、后处理三大步骤，如图 8.1.2 所示。对实际连续体离散化就建立了有限元分析模型，这一过程是有限元的前处理过程。在这一阶段，要构造计算对象的几何模型，划分有限元网格，生成有限元分析的输入数据，这一步是有限元分析的关键。有限元求解过程主要包括单元分析、整体分析、载荷移置、引入约束、求解约束方程等。这一过程是有限元分析的核心，有限元理论主要体现在这一过程。有限元分析的后处理主要包括对计算结果的加工处理、编辑组织和图形表示三个方面。它可以把有限元分析得到的数据进一步转换为人们直接需要的信息，如应力分布状况、结构变形状态等，并绘成直观的图形。

　　有限元法的实质是用有限个单元体的集合来代替原有的连续体。因此，首先要对所分析体进行必要的简化，再将分析体划分为有限个单元组成的离散体。单元之间通过单元结点连接，由单元、结点、结点连线构成的集合称为网格。通常把平面问题划分成三角形或四边形单元的网格（图 8.1.3a、b），而三维实体划分成四面体或六面体单元的网格(图 8.1.3c、d)。

　　一般来说，相比三角形单元和四面体单元，四边形单元和六面体单元求解精度更高，但由于单元数相同时结点数更多（仅考虑单元定点为结点，假设单元边长中间无结点），所以求解速度较慢。

知识拓展：单元和结点数目对 FEM 求解效率有直接影响，一般认为：单元数目越多，求解速度越慢，耗费计算时间呈指数增加，随着单元数目增加，求解精度越高，但对求解精度的影响逐渐减弱，当单元数目达到一定数目时，求解精度基本不变化。图 8.1.4 所示为不同单元数目对 FEM 求解板材轧制力和每迭代步耗费计算时间的影响。当单元数目大于 200 时，轧制力和总能耗率泛函求解趋近稳定值，相对变化率不超过 0.5%；随着单元数目增加，平均每迭代步耗费计算时间呈抛物线增加，过多的单元数目会使总计算时间成倍增加。

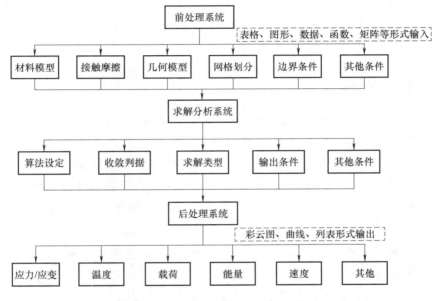

图 8.1.2　有限元法分析过程示意图

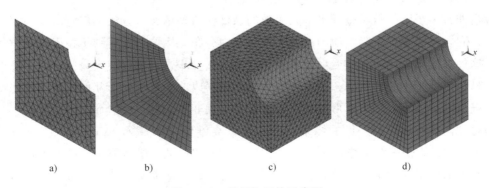

图 8.1.3　单元和网格示意图

a）三角形单元　b）四边形单元　c）四面体单元　d）六面体单元

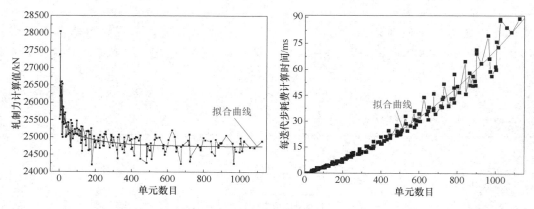

图 8.1.4　轧制力计算与每迭代步耗费计算时间

8.1.2　有限元法分类

金属塑性加工领域，有限元法应用大致分为弹塑性有限元和刚塑性有限元。弹塑性有限元法同时考虑弹性变形和塑性变形，弹性区采用胡克定律，塑性区采用普朗特-路易斯增量理论方程和米塞斯屈服准则。对于小塑性变形所求的未知量是单元结点位移，适用于分析结构的失稳、屈服等工程问题，而对于大塑性变形，采用增量法分析。弹塑性有限元法考虑弹性区与塑性区的相互关系，既可以分析加载过程，又可以分析卸载过程，可以计算残余应力应变、回弹以及模具和工件之间的相互作用，能够处理几何非线性和非稳态问题，其缺点是所取步长不能太大，工作量繁重。弹塑性有限元法主要用于拉深、弯曲、冲裁等板料成形。

对于大多数体积成形问题，由于弹性变形量较小，可以忽略，即可将材料视为刚塑性体。李（C. H. Lee）和小林史郎（S. Kobayashi）于 1973 年首次提出基于变分原理的刚塑性有限元法，并用该方法成功求解了圆柱体压缩等塑性加工过程。常用的刚塑性有限元法主要包括拉格朗日乘子法、罚函数法和可压缩体积法三种。

拉格朗日乘子法的数学基础是多元函数的条件极值理论，该方法不仅解决了不可压缩条件的约束问题，又求出了静水压力，从而求解应力分布。用拉格朗日乘子技术施加体积不变条件，这种方法不采用应力应变增量求解，计算时增量步进可取得较大一些，对于每次增量变形，材料仍处于小变形状态，下一步计算是在材料以前的累加变形几何形状和硬化特性基础之上进行的，故可以用小变形的计算方法来处理大变形问题。

为处理体积不可压缩条件的约束，1975 年辛克维奇（O. C. Zienkiewicz）提出有限元分析中的罚函数法，后来许多学者在金属塑性加工过程罚函数法求解方面开展了大量的研究工作。罚函数求解塑性加工时，只有当惩罚因子无穷大时，才能满足体积不变条件，得出正确的静水压力值，而实际上惩罚因子只能取有限值，如何选取合适的惩罚因子会极大地影响刚塑性有限元迭代求解过程和计算结果。

塑性力学求解的体积不可压缩条件必然得出屈服与静水压力无关的条件，使得刚塑性有限元求解时不能由变形速度场直接求出应力场，而且体积不可压缩也增加了初始速度场设定难度。事实上，塑性变形中的体积并非绝对不可压缩，体积不可压缩只是一种近似处理。1973 年，大矢根等在研究粉末冶金烧结材料的塑性理论时提出了与静水压力有关的屈服条件。小坂田宏造（Osakada）和森谦一郎（Mori）等人首次使用可压缩法求解了圆柱体压缩、薄板压缩过程，后来又采用可压缩法求解了轧制过程。可压缩法既有严密的数学推导，又有相应明确的物理概念，解决体积不可压缩约束条件的同时又求解了应力。1983 年东北大学刘相华等人首次使用刚塑性可压缩有限元法求解三维平板轧制过程和高件轧制问题，后来又采用可压缩法成功求解了万能孔型中轧制 H 型钢问题。在此基础上，刘相华课题组推导了对于屈服条件与静水压力有关的刚塑性可压缩材料的变分原理，证明了总能率泛函在给定的初值附近区域仅有一个极小值点且是真实解理论，并成功应用于板坯立轧、孔型轧制、异型板坯轧制等三维刚塑性有限元分析。

基于有限元分析算法有直接解法和迭代解法。直接解法总能收敛，但不能保证求解速度很快，迭代解法求解速度很快，但不能保证所有的算法都是收敛的，而有限元求解塑性加工过程应用方式主要是开发专用有限元计算程序，或使用 ANSYS、MARC、ABAQUS、DEFORM 等商用有限元软件两大类。专用程序可以有效提高计算效率，利于在线预测与分析，但应用范围较窄，且需基于塑性力学基础理论进行程序开发，所以难以掌握。

商用软件功能强大，能够分析各类工程问题，操作和学习简单，但部分特殊的边界条件不易施加，需要二次开发实现特殊要求，迭代收敛性和求解精度不易保证，且求解速度比专用程序低。尽管如此，随着计算机技术的发展，由于商用软件可免去程序编制烦恼、使用便捷，使其在优化分析工艺过程和预测塑性加工过程应力、应变及组织性能方面应用广泛。

知识拓展： 徐芝纶（1911—1999），中国科学院资深院士，力学家、力学教育家，长期致力于工程力学的教学与结构数值分析的研究。他编著的《弹性力学》教材在国内被广泛采用。1974 年，徐芝纶编著出版了我国第一部关于有限单元法的专著《弹性力学问题的有限单元法》，为有限元在我国的推广应用奠定了坚实基础。他善于根据学生实际以及生产实际，恰到好处地将理论放在实际背景中去讲授，以加深学生的理解与掌握。他从不满足于已取得的成绩，也从不因循守旧、墨守成规。

8.2 刚塑性有限元法

8.2.1 刚塑性有限元变分原理

刚塑性材料的第一变分原理又称为马尔可夫（Markov）变分原理，可以描述为在满足速度-应变速率关系方程 $\dot{\varepsilon}_{ij} = \dfrac{1}{2}(v_{i,j}+v_{j,i})$、体积不可压缩条件 $\dot{\varepsilon}_V = \dot{\varepsilon}_{kk} = 0$ 及速度边界条件 $v_i = \bar{v}_i$ 的一切运动许可速度 v_{ij}^* 和 ε_{ij}^* 中使如下泛函变分为零，即

$$\phi_1 = \sqrt{\frac{2}{3}}\,\sigma_s \int_V \sqrt{\dot{\varepsilon}_{ij}\dot{\varepsilon}_{ij}}\,\mathrm{d}V - \int_{S_p} \bar{p}_i v_i \,\mathrm{d}S \tag{8.2.1}$$

泛函变分为零与函数求极值问题类似，即 $\delta\phi_1 = 0$，在 ϕ_1 取最小值的 v_i 必为本问题的真实解。

第一变分原理中，所选择的速度场必须满足速度-应变速率关系方程、体积不可压缩条件及速度边界条件，而由前述可知，求解实际塑性力学工程问题中，有些条件比较容易满足，而有些条件则不易满足。为了使速度场选择更为容易，利用条件变分的概念，利用拉格朗日乘子 $\alpha_{ij} = (\alpha_{ij})$、$v_i$ 和 λ，将运动许可解所必须满足的条件引入泛函中，则得到新的泛函为

$$\phi_1^* = \sqrt{\frac{2}{3}}\,\sigma_s \int_V \sqrt{\dot{\varepsilon}_{ij}\dot{\varepsilon}_{ij}}\,\mathrm{d}V - \int_{S_p} \bar{p}_i v_i \,\mathrm{d}S - \int_V \alpha_{ij}\left[\dot{\varepsilon}_{ij} - \frac{1}{2}(v_{i,j}+v_{j,i})\right]\mathrm{d}V +$$

$$\int_V \lambda\,\dot{\varepsilon}_{ij}\delta_{ij}\,\mathrm{d}V - \int_{S_v} \mu_i(v_i - \bar{v}_i)\,\mathrm{d}S \tag{8.2.2}$$

在一切 σ_{ij} 和 v_i、$\dot{\varepsilon}_{ij}$ 的函数中，使泛函式（8.2.2）取驻值的 σ_{ij} 和 v_i、$\dot{\varepsilon}_{ij}$ 为真实解，这便是刚塑性材料完全的广义变分原理。由第一变分原理计算的近似解比广义变分原理得到的解更精确，但前者在预先满足运动许可条件的速度场时却比后者更为困难。

选取运动许可求解 v_i 和 $\dot{\varepsilon}_{ij}$ 时，可将其应满足的三个条件中的任意两个或一个事先得到满足，而将其余的一个或两个，通过拉格朗日乘子引入泛函中，组成新的泛函，真实解使泛函取驻值，这就是不完全广义变分原理。由于预设速度场时，几何方程与速度边界条件容易满足，体积不变条件不易满足，所以只把体积不变条件用拉格朗日乘子 λ 引入泛函中可以得到新泛函，即

$$\phi_1^{**} = \sqrt{\frac{2}{3}}\,\sigma_s \int_V \sqrt{\dot{\varepsilon}_{ij}\dot{\varepsilon}_{ij}}\,\mathrm{d}V - \int_{S_p} \bar{p}_i v_i \,\mathrm{d}S + \int_V \lambda\dot{\varepsilon}_{ij}\delta_{ij}\,\mathrm{d}V \tag{8.2.3}$$

可以证明，在一切满足应变速率与速度关系以及速度边界条件的 v_i 中，泛函式（8.2.3）取驻值的 v_i 为真实解，这就是刚塑性材料不完全的广义变分原理。

> **知识拓展：** 泛函的变分过程就是函数的求极值问题，而极值问题是导致微积分产生、发展和应用的几类基本科学问题之一。17 世纪初，德国天文学家、数学家开普勒（1571—1630）得到了著名的行星运动三大定律：椭圆轨道定律——所有行星的运动轨道都是椭圆，太阳位于椭圆的一个焦点；相等面积定律——行星的向径（太阳中心到行星中心连线）在相等的时间内扫过的面积相等；调和定律——行星公转周期的平方与椭圆轨道的半长轴的立方成正比。根据这三条定律，行星在围绕太阳公转时，其运行速度随时都在改变，并且在近日点最大，在远日点最小，所以对于求函数最大值和最小值问题的近代科学研究是由开普勒的观察开始的。他在酒桶体积的测量中提出了一个确定最佳比例的问题，启发他考虑很多有关的极大值和极小值问题，他发现：当体积接近极大值时，由于尺寸的变化而产生的体积变化将越来越小，这正是在极值点处导数为零这一命题的原始形式。

8.2.2　刚塑性有限元法分类

刚塑性有限元法最初是从上限法和变分原理发展而来的，根据处理体积不可压缩条件的方法不同，前已述知，常用的刚塑性有限元法主要包括拉格朗日乘子法、罚函数法和可压缩体积法三种。

1. 拉格朗日乘子法

为了使有限元计算方便，把刚塑性材料不完全的广义变分原理式（8.2.3）写成矩阵形式，并用 ϕ 代替 ϕ_1^{**} 可得

$$\phi = \sqrt{\frac{2}{3}}\,\sigma_s \iiint_V \sqrt{\{\dot{\varepsilon}\}^{\mathrm{T}}\{\dot{\varepsilon}\}}\,\mathrm{d}V - \iint_{S_p} \{v\}^{\mathrm{T}}\{p\}\,\mathrm{d}S + \iiint_V \lambda\,\{\dot{\varepsilon}\}^{\mathrm{T}}\{C\}\,\mathrm{d}V \qquad (8.2.4)$$

式中，$\{\dot{\varepsilon}\}$ 为应变速率列阵；$\{v\}$ 为速度列阵；$\{p\}$ 为应力边界 S_p 上给定的表面力列阵；$\{C\}$ 为矩阵记号，$\{C\} = [111000]^{\mathrm{T}}$。$\phi$ 可看作是速度场和拉格朗日乘子的函数。可以证明，使泛函 ϕ 取驻值的速度场 $\{v\}$ 是真实的，且拉格朗日乘子等于平均应力（负的静水压力），即 $\lambda = \sigma_{\mathrm{m}}$。

2. 罚函数法

刚塑性有限元法的一个基本假设是体积不变，罚函数法从这一点入手，引入一个很大的正数乘以体积应变速率的平方，使得到的新泛函取极值时，$\dot{\varepsilon}_V$ 趋于零。取 $M = \dfrac{\zeta}{2}$（ζ 是一个足够大的数），则新泛函可写为

$$\phi_p = \iiint_V \overline{\sigma}\,\overline{\dot{\varepsilon}}\,\mathrm{d}V - \iint_{S_p} \overline{p}v_i\,\mathrm{d}S + \iiint_V \frac{\zeta}{2}\dot{\varepsilon}_V^2\,\mathrm{d}V \qquad (8.2.5)$$

对于式（8.2.5）中的惩罚项 $\displaystyle\iiint_V \frac{\zeta}{2}\dot{\varepsilon}_V^2\,\mathrm{d}V$ 中，$\dot{\varepsilon}_V$ 是平方项，需要在每个单元内每一点

$\dot{\varepsilon}_V$ 都为零，才能实现 $\int_V \frac{\zeta}{2}\dot{\varepsilon}_V^2 dV = 0$，该条件极不容易满足，为此，把式（8.2.5）改写成

$$\phi_p = \iiint_V \overline{\sigma}\,\dot{\overline{\varepsilon}}\,dV - \iint_{S_p} \overline{p}v_i dS + \frac{\zeta}{2}\left(\iiint_V \dot{\varepsilon}_V^2 dV\right)^2 \tag{8.2.6}$$

泛函式（8.2.6）在无约束条件下求驻值便可得到近于正确解的速度场，这种方法称为罚函数法。

3. 可压缩体积法

由于塑性变形过程中体积不可压缩条件不易满足，为此，可压缩体积法认为材料是微可压缩的，依据变分原理，求解能耗率泛函在许可速度场下的极小值点，即可获得真实的速度场。能耗率泛函表示为

$$\phi = \iiint_V \overline{\sigma}\,\dot{\overline{\varepsilon}}\,dV - \iint_{S_p} v_i \overline{p}_i dS \tag{8.2.7}$$

式（8.2.7）中，等效应力和等效应变速率可表示为

$$\begin{cases} \overline{\sigma} = \sqrt{\left(\dfrac{3}{2}\sigma'_{ij}\sigma'_{ij} + \dfrac{1}{g}\sigma_m^2\right)} \\ \dot{\overline{\varepsilon}} = \sqrt{\left(\dfrac{2}{3}\dot{\varepsilon}'_{ij}\dot{\varepsilon}'_{ij} + \dfrac{1}{g}\dot{\varepsilon}_V^2\right)} \end{cases} \tag{8.2.8}$$

式（8.2.8）中，g 为可压缩因子，一般取 $0.0001 \sim 0.01$，可压缩因子取值对有限元计算精度和迭代求解收敛稳定性有重要影响。尽管理论上分析认为取 $g = 0.01$ 时，比较接近米塞斯屈服条件，且此时体积变化也较小，但本书编者通过轧制过程实际求解研究发现取 $g = 0.001 \sim 0.01$ 时，迭代求解过程收敛速度和稳定性较好，计算精度相差不大。

知识拓展： 东北大学刘相华教授证明了刚塑性可压缩材料的变分原理和特定材料总能耗率泛函极值点的唯一性，国际上率先用刚塑性有限元法解析了复杂截面型钢轧制过程，并开发了各类轧制过程解析的系列有限元软件，其团队首次系统研究分析了可压缩体积法快速求解轧制过程理论算法和模型，依托实际钢铁企业热连轧生产过程，开展了力能参数和温度的有限元在线预测试验，为有限元高速算法研究及其在线应用奠定了理论基础。

8.2.3　圆柱体压缩过程有限元求解

1. 试验材料及方法

本文分析用原材料为真空熔炼的 Fe-6.5%Si 钢铸锭，主要化学成分为（质量分数，%）：C-0.021，Si-6.5，Mn-0.037，P-0.017，S-0.005，Al-0.02，Fe-余量。铸态高硅钢热塑性变形过程峰值应力本构方程参见相关文献。本文主要分析变形温度为 800℃、变形速率为 $1s^{-1}$

的等温变形过程，该变形条件下的真实应力-应变曲线与本构方程简化如图 8.2.1 所示。由图可知，变形初始阶段由于加工硬化主导作用使流动应力迅速增加，在极小的变形范围内达到峰值。达到峰值后，动态软化机制和加工硬化基本保持平衡，随着应变量继续增加，流动应力保持一定的稳定状态。根据真实应力-应变曲线特点，将铸态高硅钢 800℃ 变形温度和 $1s^{-1}$ 变形速率下的物理方程简化为理想弹塑性材料模型。该变形条件下的弹性模量约为 10GPa，屈服应力 σ_s 约为 200MPa，临界应变 ε_0 约为 0.02。计算中设定的模具材料为 H13 钢，弹性模量为 200GPa。

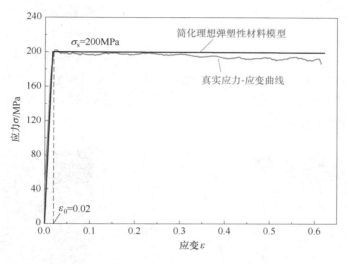

图 8.2.1　真实应力-应变曲线与本构方程简化

计算用试样直径为 10mm，高度为 12mm，压缩变形过程假定上模下行位移为 5mm。计算分析用其他参数设定为：泊松比为 0.3，密度为 7700kg/m³。采用库仑摩擦形式，摩擦系数设定为 0.3。压缩变形过程求解中忽略塑性变形做功和摩擦生热。所有软件如非特殊情况均采用默认设置，上下砧设定为刚性（ANSYS 多物理模块没有刚性体设置选项，故增大模具弹性模量提升其模具刚度），试样设置为弹塑性体。由于几何形状为对称圆柱体，为提高计算效率可以简化为平面对称问题进行求解，计算用几何模型和有限元简化模型如图 8.2.2 所示。网格划分后，试样单元数共 240 个，节点数 273 个。

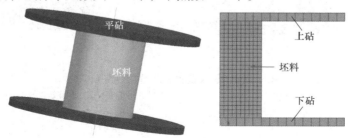

图 8.2.2　几何模型和有限元简化模型

2. 应力应变分析

图 8.2.3 所示为四款软件求解的圆柱体等温压缩后等效塑性应变分布。其中，应变为量纲为一的量。由图可以看出，四种软件的等效应变分布规律基本类似，与金属塑性变形理论及物理实验结果吻合，心部应变值最大为易变形区，接触表面靠近中心部位应变值最小为难变形区，轴线方向侧表面区为自由变形区。从易变形区沿半径方向向外有一个羊角形状的扩展区域，该区域为剪切变形区，应变值介于易变形区和自由变形区之间。从变形后的网格可以看出，网格分布质量较好，没有重叠和严重的畸变区域；压缩过程中随着变形量增加，侧面近端部的金属发生侧面翻平现象，因而该区域的单元网格角度存在大于 90° 的情况；ANSYS 和 MARC 软件计算的变形后的网格形状比较接近，而 ABAQUS 和 DEFORM 软件计算的变形后的网格接近，从侧面流动到端部接触面的区域更多。根据每款软件后台输出信息看，ANSYS 求解等温压缩过程金属塑性变形问题耗费 CPU 时间约 12s，MARC 耗费 CPU 时间为 8.92s，DEFORM 耗费 CPU 时间约 5s，ABAQUS 耗费 CPU 时间约 8s，DEFORM 计算速度最快，ANSYS 计算速度最慢。

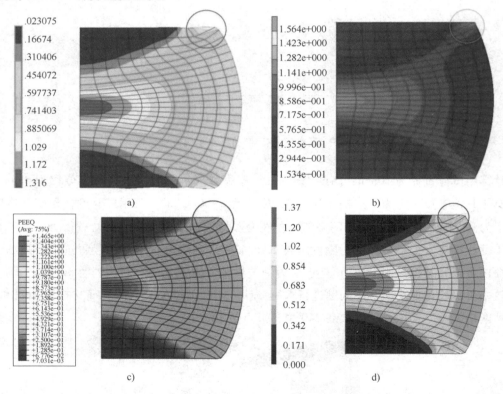

图 8.2.3　等效塑性应变分布计算结果
a）ANSYS 软件　b）MARC 软件　c）ABAQUS 软件　d）DEFORM 软件

图 8.2.4 所示为第一主应力分布。其中，ANSYS 软件应力计算结果单位为 Pa，其他三款软件单位为 MPa。四款软件的最大主应力分布规律基本相同，整个变形区大部分的第一主应力均为压应力，压缩过程基本应力状态以三向压应力为主；靠近自由变形区第一主应力逐

渐为拉应力，这些拉应力是压缩过程中表面产生周向裂纹的主要原因；易变形区第一主应力代数值相对较小，呈苹果形，由于发生侧面翻平现象，在强剪切和挤压作用下位于羊角形状区域的第一主应力代数值也相对较小。第一主应力最大代数值主要位于自由表面，该区域应变状态主要是两向压缩一向拉伸（图 8.2.3）。

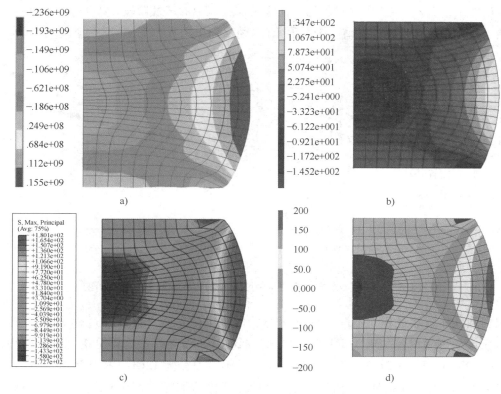

图 8.2.4　第一主应力分布计算结果
a) ANSYS　b) MARC　c) ABAQUS　d) DEFORM

3. 接触面应力与载荷

图 8.2.5 所示为不同软件及方法求解的接触面压缩方向应力沿接触面（由中心到边界）变化和载荷变化。如图 8.2.5a 所示，在本文计算条件下，沿接触面上压缩方向压应力值分布从中心到自由表面逐渐增大，距离中心 4.5mm 内四款软件计算值相差不大，而主应力法求解属于理想状态，因而压应力分布逐渐减小。在黏着区中心区域，MARC 计算的压应力值最大，ABAQUS 计算压应力值最小。沿着半径方向逐渐远离中心区过程中，ABAQUS 计算的压应力计算值逐渐增加，MARC 计算的应力值变化比较平稳，在距离中心 2~4.5mm 范围内，MARC 计算的压应力值最小，ABAQUS 计算的压应力值最大。距离 A 点大于 4.5mm 后，进入侧面翻平区域，受到金属流动过程强剪切和压缩的影响，压缩方向压应力值均有一个快速增加过程，ANSYS 计算的压应力值增加明显高于其他款软件，这可能是 ANSYS 软件中上下砧没有设置刚性体的缘故（图 8.2.3 和图 8.2.4 均可以看出 ANSYS 计算后的坯料接触面不是平直线，这和摩擦接触算法设定也有关系）。在接近自由表面区域，除了 MARC 软件，

其他三款软件接触面压缩方向应力有一个减小过程。如图 8.2.5b 所示，圆柱体压缩过程变形载荷在弹性阶段呈线性，快速增加至 16kN，然后进入塑性变形阶段，尽管材料为理想塑性材料，但由于接触面面积增加引起载荷进一步缓慢增加至变形结束时约 27kN。四款软件虽然计算的接触面压缩方向应力有所差别，但计算的压缩载荷差别不大，塑性阶段载荷计算值相对误差小于 3%。主应力法求解的圆柱体压缩过程中的塑性阶段变形载荷，与有限元法计算结果变化趋势接近，计算值高于有限元计算值约 10%。

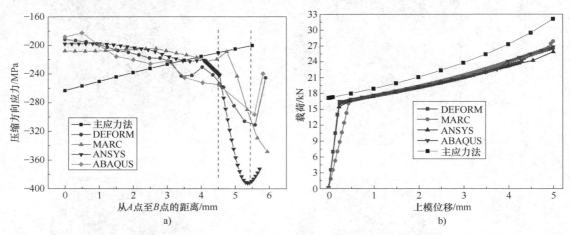

图 8.2.5　接触面压缩方向应力从中心 *A* 点到边界 *B* 点变化和载荷变化

根据圆柱体压缩过程，不同软件求解的后台输出信息看，仅计算过程 ANSYS 耗费约 12s，MARC 耗费 8.92s，DEFORM 耗费约 5s，ABAQUS 耗费约 8s。计算机配置：处理器为 Intel（R）Xeon（R）CPU E5630，缓存为 2.53GHz，内存为 12GB，操作系统为 64 位，硬盘容量为 500GB。证明即使在当前常规计算机硬件配置条件下，商用有限元软件远不能满足在线高速预测和应用的毫秒量级要求。

8.2.4　板材轧制过程有限元求解

1. 试验材料与方法

利用有限元数值模拟方法分析了 AZ91 镁合金带材热辊热带轧制方式（辊面和带材均加热，Heated Strip Rolling with Heated Roll，HSR-HR）、热辊冷带轧制方式（辊面加热而带材不加热，Normal Strip Rolling with Heated Roll，NSR-HR）和冷辊热带轧制方式（辊面不加热而带材加热，Heated Strip Rolling with Normal Roll，HSR-NR）的变形分布规律及应力状态参数。

计算用 AZ91 镁合金其他热物理性能参数为：密度 1820kg/m³，弹性模量 44.8MPa，泊松比 0.35，热胀系数 $2.6 \times 10^{-5} K^{-1}$，热导率 72W/（m·K），比热容 1.9kJ/（kg·K），塑性做功热转化因子取 0.9，摩擦因子取 0.3。变形过程求解所用 AZ91 镁合金材料不同，应变速率和温度条件下本构方程见式（4.4.42）~式（4.4.44）。数值模拟分析用轧辊直径为 300mm，板带长度为 50mm，入口厚度设定为 4mm、8mm、12mm 和 16mm，压下率为 30%，轧制速度为 0.05m/s。塑性加工求解中温度设定：HSR-HR 条件下，辊面和轧件温度均设定为 350℃；NSR-HR 条件下辊面温度为 350℃，轧件入口温度设定为 20℃；HSR-NR 条件下辊面温度为 20℃，轧件入口温度设定为 350℃。为提高计算精度采用四边形网格，板带沿轧制方向划分 100 个单元，厚度方向划分 4 个单元，共计 400 个单元，轧辊划分 1000 个单元。为防止网格畸变导致的计算不收敛，采用网格重划分技术，干涉尺寸为 0.1mm。为提高计算速度，将板带材三维求解问题简化为平面应变问题，划分的有限元网格如图 8.2.6 所示。

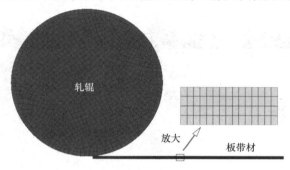

图 8.2.6　有限元网格

2. 应力分析

不同轧制条件下等效应力和应变速率分布如图 8.2.7 所示，带材入口厚度为 4mm。如图 8.2.7a~c 所示，不同轧制条件下等效应力分布没有明显的应力集中区域，应力大小由变形区中间向入口端和出口端逐渐减小，且应力较大区域更靠近入口端。等效应力最大值从小到大依次为 HSR-HR、NSR-HR 和 HSR-NR。其中，由于 HSR-NR 轧制过程中热损失较快使得带材变形过程硬化显著，应力最大值约为 257MPa，而 HSR-HR 工艺条件下软化起主导作用，应力值最大约为 116 MPa。如图 8.2.7d 所示，NSR-HR 轧制过程中变形区各质点的应变速率不同导致变形不均匀，在中性点及外端与变形区交界面点附近区域质点流动速度易产生速度奇异性。为此，将中性点以及外端与变形区交界面点作为典型结点对应力状态参数进行分析（在中性点和入口端附近选 5 个点进行应力计算，取其平均值），可为不同加热轧制变形区的变形能力提供重要参考。

3. 应力状态参数分析

由第 5 章知识可知，常见表征材料塑性加工变形过程的应力状态参数主要有应力三轴度 R_d、罗德系数 μ_d、应力状态软性系数 α 和应力状态影响系数 n_σ。通过有限元法求解塑性加工过程应力分布规律，可通过式（5.1.2）~式（5.1.5）求解应力状态参数，判断塑性加工工艺的塑性变形能力，进而优化塑性加工工艺。

不同初始厚度及轧制条件下典型点的应力三轴度如图 8.2.8 所示，HSR-HR、NSR-HR 和 HSR-NR 三种轧制方式的应力三轴度依次增大，A 点和 B 点的应力三轴度值均小于 0，证明三种轧制方式的轧制过程均处于压应力状态，温度对塑性加工工艺整体应力状态影响较小。随着轧件初始厚度的增加，交界面点 A 应力三轴度却降低，而中性点 B 位置的应力三轴度增加，由此可知，随着厚度增加，轧件入口端塑性交界处容易产生裂纹，但三向压应力

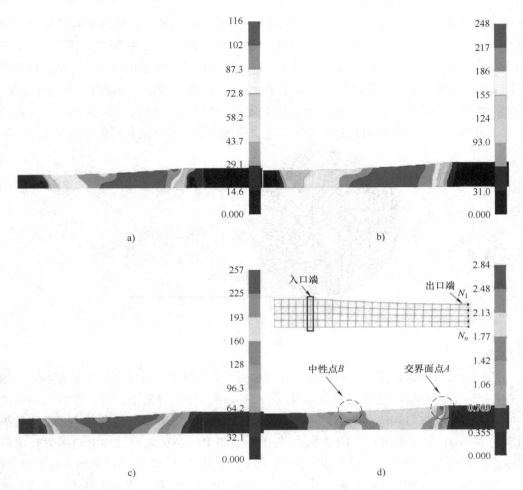

图 8.2.7　不同轧制条件下等效应力和应变速率分布
a）HSR-HR，等效应力　b）NSR-HR，等效应力　c）HSR-NR，等效应力　d）NSR-HR，应变速率

状态使得轧件进入轧制稳定区后塑性变形能力增强。轧制时中性点 B 处应力三轴度的值随初始厚度的增加逐渐增大，HSR-NR 方式下，轧件温降过快使得塑性变形能力低于 NSR-HR 方式，HSR-HR 轧制方式处于较强的三向压应力状态，十分利于轧制过程塑性变形能力提升。

　　图 8.2.9 所示为不同初始厚度及轧制条件下典型点的应力状态软性系数。交界面点 A 的应力状态软性系数明显小于中性点 B 的值，属于容易开裂区域。不同轧制方式的交界面点应力状态软性系数从大到小依次为 HSR-HR、HSR-NR 和 NSR-HR，由于热量来不及传递使得 NSR-HR 方式下入口端部分应力状态软性系数较小，容易开裂。随着厚度增加，NSR-HR 轧制方式下的热量在厚度方向传递不足，塑性变形更难，初始厚度为 16mm 时，应力状态软性系数最小约为 0.78，而 HSR-HR 轧制方式下，随着厚度增加，轧件散热更慢，初始厚度为 16mm 时，入口端应力状态软性系数较高，最大约为 0.97。如图 8.2.9b 所示，NSR-HR 轧制过程中由于热量传递带材温度升高，轧件塑性能力逐渐增强，因而中性点附近的应力状态软性系数高于 HSR-NR 轧制方式，三种方式下，中性点附近的应力状态软性系数从大到小

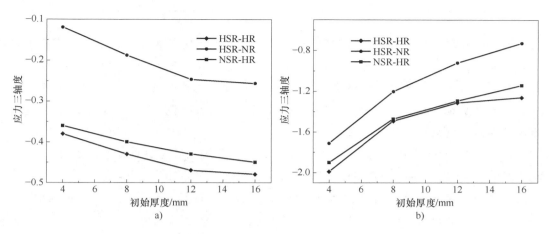

图 8.2.8　不同典型点的应力三轴度

a) *A* 点　b) *B* 点

依次为 HSR-HR、NSR-HR 及 HSR-NR。随着厚度增加，三种轧制方式下中性点的应力状态软性系数逐渐减小。

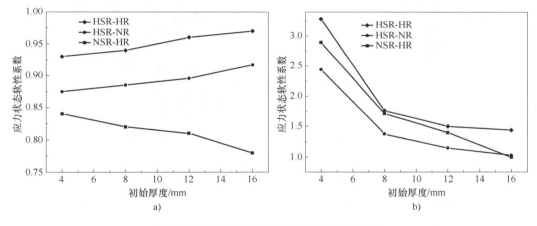

图 8.2.9　不同典型点的应力状态软性系数

a) *A* 点　b) *B* 点

综上所述，基于变分原理的刚塑性有限元法能够提供相近的塑性加工过程任意质点的应力分布特征和变形规律，已成为科研工作者分析塑性加工过程力学问题十分重要和有效的手段之一。尽管 ANSYS、DEFORM、MARC、ABAQUS、FORGE 等商用有限元软件免去了科研工作者编译程序的烦恼，但这些商用有限元软件受限于计算速度和迭代收敛稳定性，距离当今在线应用的毫秒级要求仍有较大提升空间，故更多应用于实验室离线分析和工艺优化。如何大幅度提升求解速度和收敛稳定性是实现塑性加工过程中应力分布特征和变形规律有限元在线预测的瓶颈问题，而针对特种塑性加工过程构建专用有限元求解模型并开发专用求解程序甚至引入人工智能算法是实现有限元在线应用的有效手段。

知识拓展： 有限元计算时间只有到毫秒量级才可能实现其在线应用，而有限元的迭代求解速度受优化算法、网格划分、初始值设定、软硬件配置等多方面因素影响。在论证东北大学李长生教授主持的国家自然科学基金重点项目"板材轧制过程中有限元高速在线算法基础"中，专家们一致认为单道次轧制过程时间少于0.5s是实现轧制过程有限元在线预测应用的最低要求。

图8.2.10所示为本书编者在研究黄金分割搜索算法和引入智能搜索算法的基础上，提出了混合算法，并利用FORTRAN开发的快速有限元程序计算连轧过程，在个人计算机上即使划分800个单元网格，单道次轧制过程的计算时间也基本控制在0.1s之内，一个连轧过程的计算时间基本控制在0.5s之内，为有限元高速响应和在线应用进一步奠定了理论基础。

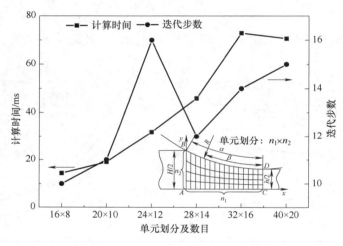

图 8.2.10　快速有限元求解轧制过程迭代步数和计算时间

8.3　人工智能初步

8.3.1　人工智能概念

第一次工业革命后，机器代替手工劳动。20世纪，计算机控制融入了机器生产过程中，生产率和产品质量大大提高。随着人类历史的发展，人们对客观世界不断探索。相比于其他科学领域，人类对自身智能却知之甚少，"智能"一词总给人一种神秘感。虽然如此，人们从没停止对它的探索，试图寻求可以用人工的方法与技术，模仿、扩展人类的智能，即实现所谓的人工智能。1950年，图灵发表论文预言了创造出具有真正智能机器的可能性，从此人工智能成为人类对科技追求的最高理想。

人工智能是研究和开发用于模拟、延伸和拓展人的智能的理论、方法、技术及应用系统的一门新的技术科学。人工智能问世以来，获得了科学家和公众的广泛关注，随着计算机、数据和算法的更新升级，人工智能不断发展，在各行各业得到了广泛应用。人工智能可描述为让计算机从大量经验数据中获取知识，从而认识复杂环境下客观世界的能力，而深度学习是使计算机具有人工智能的方法，是用大量简单的概念组成多层次的体系来挖掘复杂数据获取知识的方法，而专家系统和神经网络已广泛应用于塑性加工领域。

人工智能避开了对轧制过程深层次规律的无止境探求，主要依据大量真实数据学习解决高度非线性、复杂性和不确定性问题。常用的人工智能算法有专家系统、神经网络、模糊逻辑及智能优化算法等。

专家系统是一个具有大量专门知识与经验的计算机系统，能够模拟人类专家的决策过程，以便解决那些需要人类专家处理的复杂问题。模糊系统是一种将输入、输出和状态变量定义在模糊集上的系统，可以模仿人的综合推断来处理常规数学方法难以解决的模糊信息处理问题。神经网络系统是一种由大量处理单元互联组成的非线性、自适应信息处理系统，具有自学习功能、联想存储功能和高速寻找优化解答能力。

人工神经网络法（Artificial Neural Network，ANN）具有良好的非线性逼近、自学习以及快速计算优势，广泛应用于塑性加工过程中应力分布特征和变形规律等关键参数的预测。图 8.3.1 所示为一个以轧制入口厚度、出口厚度、轧制速度、初始温度、轧辊直径等参数为输入层变量，以轧制力为输出层变量的 BP 人工神经网络预测模型。通过大量的试验数据对该神经网络进行训练，便可通过轧制中的参数迅速预测轧制力，实现轧制力的在线高精度快速预测。

人工智能模型虽然避开了不必要的数学运算，且构建的模型预测速度快，但一方面智能模型构建的基础是海量的实际数据，而这些数据的获得通常要基于大量的试验，使得获取有价值的典型数据难度过大、代价过高；另一方面，在人工智能模型深度学习数据和训练中，存在收敛速度慢、易于局部收敛而难以获得全局最优解；再有就是基于某组特征数据学习而构建的人工智能模型面对较大的输入参数时，泛化能力往往较弱。因此基于有限元、数学解析（工程法、滑移线法等）、人工智能等方法，构建塑性加工过程力能参数和变形规律的混合求解模型，成为未来实现高、精、尖塑性加工过程在线智能控制的一个重要

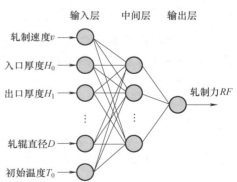

图 8.3.1　轧制力的 BP 人工神经网络预测模型示意图

研究领域。图 8.3.2 所示为轧制过程力能参数 P 的混合预测模型及在线控制应用示意图。

混合建模时，各模型之间可通过加法规则或乘法规则以及权重系数进行调整和改进，以确保模型预测精度。例如：采用加法规则，则参数 P 的预测模型可描述为

$$P = \alpha P_1 + \beta P_2 + \gamma P_3 \qquad (8.3.1)$$

式中，α，β，γ 为权重系数。

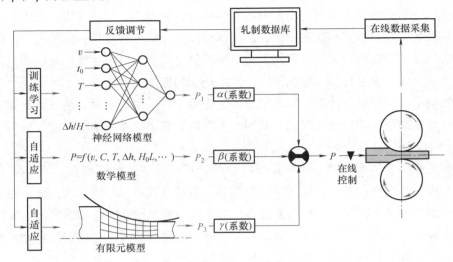

图 8.3.2 轧制过程力能参数 P 的混合预测模型及在线控制应用示意图

知识拓展： 艾伦·麦席森·图灵（1912—1954），在计算机领域，他被誉为"计算机之父"，在现代科技领域，他还被称为"人工智能之父"。1950 年，图灵发表了一篇名为《计算机器和智能》的论文，提问"机器会思考吗？"并提出一种用于判定机器是否具有智能的试验方法——图灵测试。如果一台机器能够与人类展开对话（通过电传设备）而不能被辨别出其机器身份，那么称这台机器具有智能。1956 年 8 月 31 日，由约翰·麦卡锡等召集志同道合的人在计算机大会上共同讨论"人工智能"，"人工智能"的概念就此诞生。

8.3.2　轧制力神经网络预测

在机器设备学习的大量门类里，卷积神经网络系统是一类实际有效深度前馈人工神经网络，卷积神经网络的人工神经元可以响应周围单元，从而建立神经元之间的相关性，增强模型的泛化能力。与其他人工神经网络不同，卷积神经网络主要分为输入层、卷积层、池化层、全连接层和输出层五个部分，其输入层和输出层与人工神经网络基本模型无异。

卷积层的主要作用是提取数据的特征，卷积层提取的特征难度从输入层向输出层逐渐增加，即特征逐渐细化。池化层的存在旨在降低神经网络回归计算的繁琐性，也在一定程度上防止过拟合，池化层设置在两个卷积层之间，但不是必须存在的。全连接层是指将前部分卷积层和池化层处理过程中输出的所有数据结点按照一定的顺序或函数规律连接起来，起整理所有数据、整合预测量的作用，最耗时。卷积神经网络的基本结构如图 8.3.3 所示。

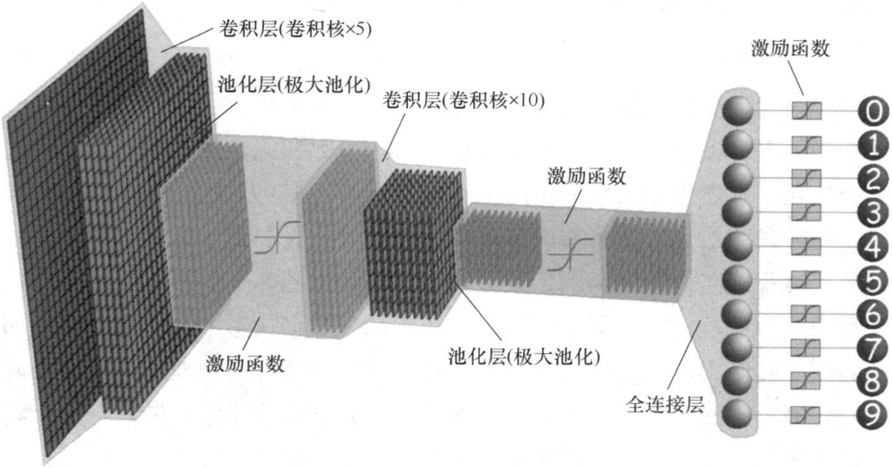

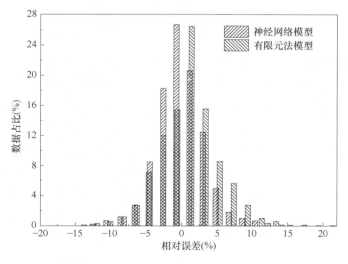

图 8.3.3　卷积神经网络基本结构

　　基于 Python 语言、PyTorch 模型框架，利用卷积神经网络对某钢厂采集的 3500 组真实轧制力参数数据进行训练学习和建模，其中 3000 组数据属于训练集，500 组数据属于测试集，将训练集构造成一个自学习的轧制力回归预测模型，将测试集数据用于测试模型准确程度。根据实际测试数据特点，选择压下率，设定宽度、轧辊半径、碳当量、轧制温度、带钢速度为模型训练输入参数，轧制力为输出参数。图 8.3.4 所示为有限元和神经网络轧制力预测结果对比。人工神经网络具备较强的非线性映射能力，训练学习后的模型预测速度快，针对特征条件相近的工艺过程，力能参数的计算精度与有限元法模型基本相同，而面对工艺参数特征变化较大的条件时泛化能力较弱，预测精度比有限元会有一定程度的降低。

图 8.3.4　有限元和神经网络轧制力预测结果对比

8.3.3 智能+有限元理论

由于有限元法求解速度较慢，工程应用还有较长距离，但该方法非线性问题求解能力强，因此基于有限元计算结果进行人工智能建模已逐渐成为热点，而数学模型预测为主、人工智能辅助修正的混合模型构建在塑性加工过程力能参数在线预测和控制中已有应用。人工智能和有限元法在未来塑性加工领域中的力学问题，甚至热-力-组织耦合问题求解中必将成为一个主要研究方向和热点，并为智能塑性加工技术的发展奠定了坚实理论基础。

以带材热轧过程轧制力预测为例，编者构造了一种如图 8.3.5 所示的局部线性回归与指数平滑混合有限元自学习模型，即先利用已有历史加工数据构造的局部加权线性回归模型对有限元模型的预测轧制力进行修正，同时利用经局部加权线性回归模型修正过的轧制力与实测轧制力通过轧制力预测学习模型计算出本次轧制力自学习修正系数的实测值，将初始自学习修正系数设为 1，利用轧制力预报值与实测值的比值计算出下次自学习修正系数，并保存到记事本文件中，下次预报时，有限元模型通过局部线性回归模型修正预测轧制力，读取存在记事本中的修正系数，利用前道次带材的轧制经验对本次预报轧制力进行修正。之后的轧制力预报重复上述过程，在一定周期后更新局部加权线性回归模型的训练集，进而实现轧制力智能+有限元在线或离线预测。

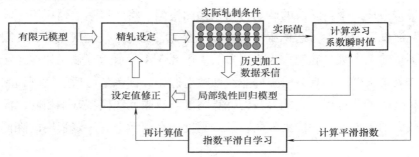

图 8.3.5　混合有限元自学习模型

使用 FORTRAN 语言开发了使用局部加权线性回归学习算法、混合自学习算法的刚塑性有限元 RPFEM 程序，并对某钢厂 Q235A、P510L、Q345B 钢轧制过程轧制力进行了求解分析。图 8.3.6 所示为不同学习算法+有限元预测不同钢种的轧制力泛化能力测试结果。其中，RPFEM 为刚塑性有限元法，ML-RPFEM 为局部加权线性回归算法+有限元法，SLML-RPFEM 为混合学习算法（指数平滑+线性回归）+有限元法。通过结果可以看出，RPFEM、ML-RPFEM 与 SLML-RPFEM 对单一钢种或混合钢种的轧制力预报都有较高的精度。当训练集样本足够多时，在 RPFEM 程序中加入学习模型可以降低最大预报误差。其中，SLML-RPFEM 有着最小的最大预报误差。当以绝对误差小于 10% 作为命中指标时，加入混合自学习模型的 SLML-RPFEM 程序的命中率最高。

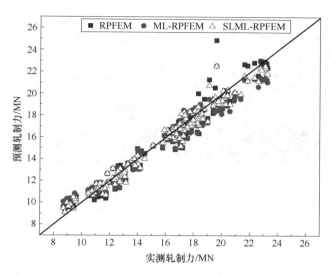

图 8.3.6 不同轧制条件下不同算法轧制力测试结果

附　录

附录 A　求和约定

　　自然规律是独立存在的客观事实。为了定量揭示这些规律，就需要引入坐标系加以描述，在物理规律，特别是力学尤为如此。这就给人们提出了以下问题：用某一坐标表示的自然规律是否具有普通意义？它描述的规律是否不依赖于坐标系而独立存在？除此之外，不同坐标系下，描述同一规律是否有其内在联系？基于自然规律的客观实在性，可以设想应该存在各种坐标系都成立的描述物理规律的基本方程，而张量分析提供了实现这一设想的可能性工具。虽然张量分析的研究是在坐标系下进行的，但自然规律写成张量形式后，就不依赖于某个特定的坐标系。

　　张量约定表达的应用在某种程度上是为了把方程写得简洁、紧凑。需要说明的是，附录叙述的张量分析均在笛卡儿坐标系中进行。

　　（1）自由下标　数学上，将一组 3 个数的集合体用 1 个通式表示，即

$$a_1 a_2 a_3 \text{ 可表示 } a_i(i=1,2,3)$$

而 9 个数的集合体

$$
\begin{array}{ccc}
a_{11} & a_{21} & a_{31} \\
a_{12} & a_{22} & a_{32} \\
a_{13} & a_{23} & a_{33}
\end{array}
$$

可表示为

$$a_{ij}(i,j=1,2,3)$$

　　同理，27 个数的集合体可表示为

$$a_{ijk}(i,j,k=1,2,3)$$

式中，不重复的下标 i、j、k 等称为自由下标，表示组员的个数，即有 3^n 个组员，n 为自由下标的个数。有两个自由下标的表示法如下

$$a_i b_j = a_1 b_1, a_1 b_2, a_1 b_3, a_2 b_1, a_2 b_2, a_2 b_3, a_3 b_1, a_3 b_2, a_3 b_3$$

（2）哑标　数学上，将一组 3 个数的和用 1 个通式表示，即

$$a_{11} + a_{22} + a_{33} \text{可表示} a_{ii}(i=1,2,3)$$

$$a_1 b_1 + a_2 b_2 + a_3 b_3 \text{可表示} a_i b_i(i=1,2,3)$$

式中，i 为重复下标，称为哑标，表示从 1~3 求和。

两个哑标，可表示 9 个数的求和

$$a_{1111} + a_{1122} + a_{1133} + a_{2211} + a_{2222} + a_{2233} + a_{3311} + a_{3322} + a_{3333}$$

可表示为

$$a_{iijj}(i,j=1,2,3)$$

同样

$$a_{11} b_1 + a_{12} b_2 + a_{13} b_3$$
$$a_{21} b_1 + a_{22} b_2 + a_{23} b_3$$
$$a_{31} b_1 + a_{32} b_2 + a_{33} b_3$$

通式中有 1 个自由下标、一个哑标，代表 3 个组员，每个组员有 3 项相加求和，故可表示为 $a_{ij} b_j$（i，$j=1$，2，3）。

（3）带有微分的求和约定表示　将微分表达式表示为规定的通式，如

$$a_{i,i} = a_{1,1} + a_{2,2} + a_{3,3} = \frac{\partial a_1}{\partial x_1} + \frac{\partial a_2}{\partial x_2} + \frac{\partial a_3}{\partial x_3}$$

通式中，只有 1 个下标且重复，为哑标，表示从 1~3 求和，而哑标间有逗号相隔，表示前一下标对后一下标求一阶导数。

与此类似，有

$$a_{ij,j} = \begin{cases} \dfrac{\partial a_{11}}{\partial x_1} + \dfrac{\partial a_{12}}{\partial x_2} + \dfrac{\partial a_{13}}{\partial x_3} \\[2mm] \dfrac{\partial a_{21}}{\partial x_1} + \dfrac{\partial a_{22}}{\partial x_2} + \dfrac{\partial a_{23}}{\partial x_3} \\[2mm] \dfrac{\partial a_{31}}{\partial x_1} + \dfrac{\partial a_{32}}{\partial x_2} + \dfrac{\partial a_{33}}{\partial x_3} \end{cases}$$

附录 B　塑性力学方程约定表示

（1）应力、应变张量

$$T_\sigma = \begin{bmatrix} \sigma_x & \tau_{yx} & \tau_{zx} \\ \tau_{xy} & \sigma_y & \tau_{zy} \\ \tau_{xz} & \tau_{yz} & \sigma_z \end{bmatrix} \rightarrow \sigma_{ij}, \quad T_\varepsilon = \begin{bmatrix} \varepsilon_x & \varepsilon_{yx} & \varepsilon_{zx} \\ \varepsilon_{xy} & \varepsilon_y & \varepsilon_{zy} \\ \varepsilon_{xz} & \varepsilon_{yz} & \varepsilon_z \end{bmatrix} \rightarrow \varepsilon_{ij}$$

（2）静力平衡微分方程

$$\begin{cases} \dfrac{\partial \sigma_x}{\partial x}+\dfrac{\partial \tau_{yx}}{\partial y}+\dfrac{\partial \tau_{zx}}{\partial z}=0 \\[2mm] \dfrac{\partial \tau_{xy}}{\partial x}+\dfrac{\partial \sigma_y}{\partial y}+\dfrac{\partial \tau_{zy}}{\partial z}=0 \rightarrow \sigma_{ij,i}=0 \\[2mm] \dfrac{\partial \tau_{xz}}{\partial x}+\dfrac{\partial \tau_{yz}}{\partial y}+\dfrac{\partial \sigma_z}{\partial z}=0 \end{cases}$$

（3）应力边界条件

$$\begin{cases} P_x=S_x=\sigma_x l+\tau_{yx}m+\tau_{zx}n \\[2mm] P_y=S_y=\tau_{xy}l+\sigma_y m+\tau_{zy}n \rightarrow P_i=\sigma_{ij}n_j \\[2mm] P_z=S_z=\tau_{xz}l+\tau_{yz}m+\sigma_z n \end{cases}$$

（4）几何方程

$$\begin{cases} \varepsilon_x=\dfrac{\partial u_x}{\partial x},\ \varepsilon_{xy}=\dfrac{1}{2}\left(\dfrac{\partial u_x}{\partial y}+\dfrac{\partial u_y}{\partial x}\right) \\[3mm] \varepsilon_y=\dfrac{\partial u_y}{\partial y},\ \varepsilon_{yz}=\dfrac{1}{2}\left(\dfrac{\partial u_y}{\partial z}+\dfrac{\partial u_z}{\partial y}\right) \rightarrow \varepsilon_{ij}=\dfrac{1}{2}(u_{i,j}+u_{j,i}) \\[3mm] \varepsilon_z=\dfrac{\partial u_z}{\partial z},\ \varepsilon_{zx}=\dfrac{1}{2}\left(\dfrac{\partial u_z}{\partial x}+\dfrac{\partial u_x}{\partial z}\right) \end{cases}$$

（5）体积不变条件

$$\varepsilon_x+\varepsilon_y+\varepsilon_z=0 \rightarrow \varepsilon_{ij}\delta_{ij}=0$$

式中，δ_{ij} 为克罗内克符号，$i=j$，$\delta_{ij}=1$；$i\neq j$，$\delta_{ij}=0$。

（6）本构方程

$$\frac{\mathrm{d}\varepsilon_x}{\sigma_x'}=\frac{\mathrm{d}\varepsilon_y}{\sigma_y'}=\frac{\mathrm{d}\varepsilon_z}{\sigma_z'}=\frac{\mathrm{d}\varepsilon_{xy}}{\tau_{xy}}=\frac{\mathrm{d}\varepsilon_{yz}}{\tau_{yz}}=\frac{\mathrm{d}\varepsilon_{zx}}{\tau_{zx}}=\mathrm{d}\lambda \rightarrow \mathrm{d}\varepsilon_{ij}=\sigma_{ij}'\mathrm{d}\lambda$$

（7）屈服准则

$$(\sigma_x-\sigma_y)^2+(\sigma_y-\sigma_z)^2+(\sigma_z-\sigma_x)^2+6(\tau_{xy}^2+\tau_{yz}^2+\tau_{zx}^2)=6k^2=2\sigma_s^2$$

$$\sigma_{ij}'\sigma_{ij}'=\frac{2\sigma_s^2}{3}=2k^2$$

（8）等效应力

$$\sigma_e=\sqrt{3I_2'}=\frac{1}{\sqrt{2}}\sqrt{(\sigma_x-\sigma_y)^2+(\sigma_y-\sigma_z)^2+(\sigma_z-\sigma_x)^2+6(\tau_{xy}^2+\tau_{yz}^2+\tau_{zx}^2)}$$

$$\sigma_e=\sqrt{\frac{3}{2}}\sqrt{\sigma_{ij}'\sigma_{ij}'}$$

（9）等效应变

$$d\varepsilon_e = \sqrt{\frac{2}{9}\left[(d\varepsilon_x - d\varepsilon_y)^2 + (d\varepsilon_y - d\varepsilon_z)^2 + (d\varepsilon_z - d\varepsilon_x)^2 + 6(d\varepsilon_{xy}^2 + d\varepsilon_{yz}^2 + d\varepsilon_{zx}^2)\right]}$$

$$d\varepsilon_e = \sqrt{\frac{2}{9}}\sqrt{3d\varepsilon_{ij}d\varepsilon_{ij}} = \sqrt{\frac{2}{3}}\sqrt{d\varepsilon_{ij}d\varepsilon_{ij}}$$

课后习题

一、填空题

1. 某微元体受力状态如图 1 所示，该微元体的应力张量可以表示为_____。

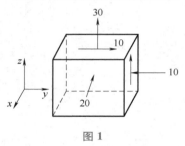

图 1

2. 图 2 描述的应力-应变模型是_____。

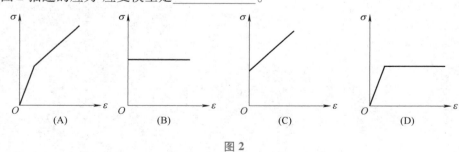

图 2

3. 某一点的应变状态由给定的应变张量表示为 $\varepsilon_{ij} = \begin{bmatrix} -0.005 & -0.001 & 0 \\ -0.001 & -0.002 & 0 \\ 0 & 0 & 0.001 \end{bmatrix}$，该点的

偏应变张量和球应变张量分别为_____和_____。

4. 某变形体内两点的应力应变状态如图 3 所示（单位为 MPa），则此两点的最大剪应力

$\tau_{\max}$ 和最大剪应变 $\gamma_{\max}$ 分别为 _____ 和 _____ 。

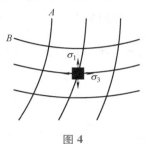

图 3

5. 已知滑移线场及主应力 σ_1 和 σ_3 如图 4 所示，则 α 族滑移线为 _____ 。

图 4

6. 已知某物体在外力作用下发生塑性变形，已知物体内某点的 $\varepsilon_x = 0.001$、$\varepsilon_y = -0.002$，剪应变为零，则该点的 z 方向应变为 _____ 。

7. 平面变形条件下中间主应力满足 _____ 。

8. 塑性条件可以描述为 _____ ，π 平面方程为 _____ 。

9. 主应力图有 _____ 种，主应变图有 _____ 种，主偏差应力图有 _____ ，主剪应力面有 _____ 个。

10. 已知变形体某点在 x 和 y 方向上的坐标为（2，4），该变形体的位移函数为 $u_x = (3x^2 + 20) \times 10^{-2}$、$u_y = (4xy) \times 10^{-2}$，则该点 xOy 平面内的应变张量为 _____ 。

11. 已知某点的塑性变形主应力图如图 5 所示，则该点变形类型为 _____ 。

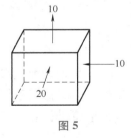

图 5

12. 某锻造方坯锻前高度 $H = 200\text{mm}$，锻后高度 $h = 160\text{mm}$，锻造平均速度 $v = 900\text{mm/s}$，则该方坯锻造过程的平均应变速率为 _____ 。

二、判断题

1. α 线两侧剪应力为顺时针方向，β 线两侧剪应力为逆时针方向。（　　）

2. 同族滑移线可以具有不同方向的曲率。（　　）

3. 直线滑移线上各点的静水压力相等。（　　）

4. α 线与 β 线构成的右手坐标系使第一主应力在第一象限。（　　）

5. 对于轴对称问题，圆周方向无位移，故变形时圆周方向应变也为零。（　　）

6. $\varepsilon_{ij}=\dfrac{1}{2}$（$u_{i,j}+u_{j,i}$）表示几何方程。（　　）

7. a_{ij}（i，$j=1$，2，3）表示 9 个数的集合体。（　　）

8. 不带外端压缩时的平均单位压力随 $\dfrac{l}{h}$ 的增加而增加。（　　）

9. 带外端压缩时，$\dfrac{l}{h}<1$ 时，平均单位压力随 $\dfrac{l}{h}$ 的增加而增加。（　　）

10. 带外端压缩时，在 $\dfrac{l}{h}>1$ 时，平均单位压力随 $\dfrac{l}{h}$ 的增加而减小。（　　）

11. 上界法极值解高于真实解，下界法极值解低于真实解。（　　）

12. 在主坐标系下，全应力的轨迹是椭球面。（　　）

13. 平面变形条件下米塞斯屈服准则与屈雷斯加屈服准则的数学表达式一致。（　　）

14. 刚端是材料变形中不发生变形的部分，外端是材料变形中不与工具接触的部分。（　　）

15. 名义应变既满足可加变形也满足可比变形，而真实应变既不满足可加变形也不满足可比变形。（　　）

16. 塑性变形条件下名义应变大于或等于真实应变。（　　）

17. 弹性条件下应变与应力主轴重合，而塑性条件下应变与应力偏量主轴重合。（　　）

18. 摩擦力在塑性变形中是阻力，会影响变形不均匀性，因此塑性变形过程要尽可能地减小摩擦。（　　）

19. 陈郁诗词《观铸剑》中描述到"良铁曾收汉益州，规模因塑古吴钩。炉安吉位分龙虎，火逸神光身斗牛。入水淬锋疑电闪，临崖发刃有星池。知君斩却楼兰了，戏袖青蛇住十洲。"该诗词描述了吴钩剑的制造主要经历了热塑性变形和淬火处理工艺。（　　）

20. 我国首次自主研发的天问一号火星探测器于 2020 年 7 月 23 日升空，2021 年 5 月 15 日着陆火星乌托邦平原南部。截至 2021 年 10 月中旬，环绕器已经飞行了 450 余天，祝融号火星车驶上火星表面也超过 150 余天。火星探测器需要经受极冷（−140℃）、极热（30℃）环境，那么正常运行的火星车上的零部件在热胀冷缩下发生塑性变形。（　　）

21. 一点的应力状态随坐标轴的改变而改变。（　　）

22. 汉基应力方程中的静水压力 p 可以为负值。（　　）

23. 中国高铁起步于 1998 年，目前运营里程世界第一，且时速可稳定在 600km/h，世界第一，那么高铁在高速运行中必然对铁轨产生巨大的正压力和一定的剪应力。假设单位面积正压力为 700MPa，而铁轨材料屈服强度为 600MPa，则该铁轨必发生塑性变形。（　　　）

三、简答与证明

1. 已知两点的应力张量为 $\boldsymbol{\sigma}_{ij}^{(A)} = \begin{bmatrix} a & 0 & 0 \\ 0 & b & 0 \\ 0 & 0 & 0 \end{bmatrix}$，$\boldsymbol{\sigma}_{ij}^{(B)} = \begin{bmatrix} \dfrac{a+b}{2} & \dfrac{a-b}{2} & 0 \\ \dfrac{(a-b)}{2} & \dfrac{(a+b)}{2} & 0 \\ 0 & 0 & 0 \end{bmatrix}$，这两点是否

属于同一应力状态？为什么？

2. 已知平面变形物体中某质点的位移分量 $u_x = \dfrac{\mu(x^2-y^2)}{2a}$，$u_y = \dfrac{\mu xy}{a}$，式中，$a$ 是常数，试求该点应变分量，并指出在 xOy 坐标面内是否满足应变的连续方程。

3. 试确定以下两种应变状态能否存在：①$\varepsilon_x = k(x^2+y^2)$，$\varepsilon_y = ky^2$，$\varepsilon_z = 0$，$\varepsilon_{xy} = 2kxy$，$\varepsilon_{yz} = 0$，$\varepsilon_{zx} = 0$；②$\varepsilon_x = axy^2$，$\varepsilon_y = ax^2y$，$\varepsilon_z = axy$，$\varepsilon_{xy} = 0$，$\varepsilon_{yz} = az^2+by$，$\varepsilon_{zx} = ax^2+by^2$（式中，$k$、$a$、$b$ 均为常数）。

4. 绘制拉拔、轧制、挤压过程的主应力和主变形图。

5. 写出薄壁管纯扭转时的等效应力和等效应变。

6. 推导一般应力莫尔圆公式并由此推导基本应力方程。

7. 根据虚功原理和最大塑性功原理，证明：按运动许可的速度场确定的功率大于或等于真实外力功率。

8. 证明列维-米塞斯增量理论满足塑性流动条件。

9. 证明变形体平面变形时，$\sigma_2 = \dfrac{\sigma_1+\sigma_3}{2}$。

10. 证明米塞斯屈服表达式可表示为 $\sigma_s = \sqrt{\dfrac{3}{2}(\sigma_1'^2+\sigma_2'^2+\sigma_3'^2)}$。

11. 证明八面体应力为应力不变量。

12. 什么是变形抗力？简述温度、变形程度、应变速率对变形抗力的影响。

13. 证明薄壁圆管内单元体承受拉应力 σ 和剪应力 τ 作用下的屈雷斯加和米塞斯屈服准则表达式分别为 $\sigma^2+4\tau^2 = \sigma_s^2$ 和 $\sigma^2+3\tau^2 = \sigma_s^2$。

14. 试写出有限元法基本思想和求解步骤。

15. 证明位于深海的核潜艇受三向等静压条件下不易发生塑性变形。

16. 证明一张 A4 纸大小的手撕钢受双向等拉时内部剪应力为 0。

17. 已知材料的两条等效应力-应变曲线，如图 6 所示，它们是否考虑了弹性变形？哪一条适合常温冲压成形过程？哪一条适合高温锻造成形过程？

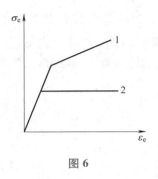

图 6

18. 试简述矩形件压缩时 $\dfrac{l}{h}$（l、h 分别为变形区长和高）对平均单位压力的影响。

19. 如果采用有限元法对板带轧制、棒材挤压、带孔薄板拉伸过程进行塑性变形分析和工艺优化，为提高计算效率通常对这三种工艺进行维度简化，试分析可做何种简化并简述理由。

四、计算题

1. 已知某微元体受到三向应力 $\sigma_x = 10\text{MPa}$、$\sigma_y = 20\text{MPa}$ 和 $\sigma_z = 20\text{MPa}$ 作用发生弹性变形，该微元体弹性模量 $E = 2.2 \times 10^5 \text{MPa}$，泊松比 $\mu = 0.3$，试求其三个方向的应变。

2. 已知某理想塑性材料的应力分量：$\sigma_x = 115\text{MPa}$、$\sigma_y = 55\text{MPa}$、$\tau_{xy} = 40\text{MPa}$、$\sigma_z = 0$，如果该点应力状态满足米塞斯屈服准则下的塑性变形条件，试求出该材料的屈服应力。

3. 如图 7 所示的杆件，截面积为 S，其单位体积力为 f，且为常数，在底部 AB 面上承受向下力 F 的作用。已知：$F = 2fS$，该杆元截面应力分量 $\sigma_x = 0$、$\sigma_y = c_1 y + c_2$、$\tau_{xy} = 0$，试求系数 c_1、c_2。

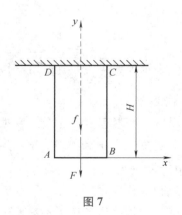

图 7

4. 对于给定的应力张量表示为 $\boldsymbol{\sigma}_{ij} = \begin{bmatrix} \dfrac{3}{2} & -\dfrac{1}{2\sqrt{2}} & -\dfrac{1}{2\sqrt{2}} \\ -\dfrac{1}{2\sqrt{2}} & \dfrac{11}{4} & -\dfrac{5}{4} \\ -\dfrac{1}{2\sqrt{2}} & -\dfrac{5}{4} & \dfrac{11}{4} \end{bmatrix}$ GPa，试完成下列任务：

1）求出应力不变量 I_1、I_2、I_3。

2）求出三个主应力 σ_1、σ_2、σ_3。

3）求出主应力表示的偏应力张量 S_{ij}。

4）求出八面体剪应力 τ_0 与等效应力 $\bar{\sigma}$。

5）求出最大剪应力 τ_{max}。

6）画出该点的应力简图。

5. 已知某物体内 a、b 两点应力张量分别为 $\boldsymbol{\sigma}_a = \begin{bmatrix} 40 & 0 & 0 \\ 0 & 20 & 0 \\ 0 & 0 & 0 \end{bmatrix}$ MPa 和 $\boldsymbol{\sigma}_b = \begin{bmatrix} 30 & 10 & 0 \\ 10 & 30 & 0 \\ 0 & 0 & 0 \end{bmatrix}$ MPa。试完成下列任务：

1）试判断两点应力状态是否相同。

2）如果该物体发生塑性变形，那么判断两点为何种变形类型。

3）如果材料的 $\sigma_s = 40$MPa，分别利用屈雷斯加和米塞斯屈服准则判断该点是否发生塑性变形。

6. 试求平面纯剪和三向纯剪条件下主应力以及塑性应变增量比值。

7. 单向拉伸试验中，某时刻测得材料发生塑性变形时的截面积为 10mm^2，载荷为 300N，试完成下列任务：

1）求出应力分量、偏差应力分量、球应力分量。

2）画出应力状态分解图，写出应力张量。

3）画出变形状态图。

4）如果发生塑性变形，求解屈服极限。

8. 已知某刚塑性材料变形体内质点的应力状态：$\sigma_x = 100$MPa、$\sigma_y = 100$MPa、$\sigma_z = -100$MPa、$\tau_{xz} = \tau_{yz} = 0$、$\tau_{xy} = 100$MPa。试完成下列任务：

1）求出 σ_1、σ_2、σ_3。

2）求出最大剪应力 τ_{max} 与屈服剪应力 k。

3）画出应力莫尔圆。

9. 在直角坐标系中，物体某点的应力张量为 $\boldsymbol{\sigma}_{ij} = \begin{bmatrix} 10 & -10 & 0 \\ -10 & 10 & 0 \\ 0 & 0 & -10 \end{bmatrix}$ MPa，试完成下列任务：

1）画出该点的应力单元体。

2）求出该点的应力张量分解方程。

3）求出该点主应力和最大剪应力。

4）求出主方向上塑性应变增量的比值。

10. 已知材料屈服应力为 σ_s，试分别利用屈雷斯加和米赛斯屈服准则判断图 8 中的主应力状态是弹性状态还是塑性状态。

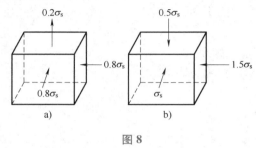

图 8

11. 试利用列维-米塞斯增量理论求解图 9 所示应力状态的塑性应变增量的比值。

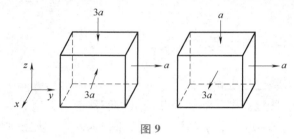

图 9

12. 已知两端封闭的薄壁圆筒，半径为 r，厚度为 t，承受内压应力 p 及轴向拉应力 σ 的作用，试求此时圆管的屈服条件。

13. 试用工程法推导图 10 所示全黏着摩擦条件下平砧均匀压缩带包套圆柱体的 σ_z 的表达式。接触摩擦采用最大摩擦条件 $\tau_k = k$，包套坯料内侧径向压力为 $0.5k$，屈服准则采用米塞斯屈服准则，k 为常数。

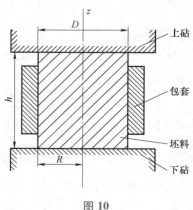

图 10

14. 假设一个空心球形金属体，半径为 R，壁厚为 t，受内压为 p 的作用，试求该球体外壁发生塑性变形时的压力 p 的值。

15. 长矩形板受平行模板压缩，如图 11 所示。试采用主应力法求解该矩形板镦粗过程中接触面压力 σ_y 分布（忽略体积力作用）。已知：矩形板长度 l 远大于厚度 h 和宽度 w，摩擦条件为库仑摩擦 $\tau_f = 0.5\sigma_y$，侧面施加压力 $p = 0.5\sigma_s$，塑性变形满足屈雷斯加屈服准则。

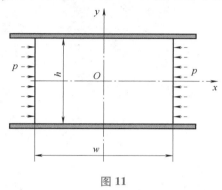

图 11

16. 假设某一工件的压缩过程是平面塑性变形，其滑移线场如图 12 所示。已知 $\theta_1 = \dfrac{\pi}{6}$、$\theta_2 = \dfrac{\pi}{4}$，$D$ 点的静水压力 $p_D = 200\text{MPa}$、$k = 60\text{MPa}$，试求 B 点的静水压力。

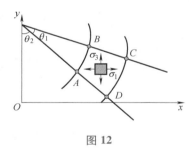

图 12

17. 用光滑平冲头压缩顶部被削平的对称楔体，如图 13 所示，楔体夹角为 2δ，试绘制滑移线场，并求 $\delta = 45°$ 时 $\overline{p}/2k$ 为多少。

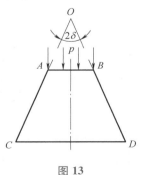

图 13

18. 在带有 V 形切口 $\left(\theta \leqslant \dfrac{\pi}{2}\right)$ 的金属平面板条两端施加外作用载荷 p，如图 14 所示。利用滑移线场理论和方法求极限载荷 p。

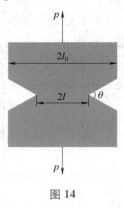

图 14

19. 用滑移线法求光滑直角模挤压（平面变形）过程中的 $\dfrac{p}{2k}$，其中 $\dfrac{h}{H} = \dfrac{1}{2}$，设工作屈服切应力为 k。

参考文献

［1］柳百成，沈厚发．21 世纪的材料成形加工技术与科学［M］．北京：机械工业出版社，2004.

［2］姚泽坤．锻造工艺学与模具设计［M］.3 版．西安：西北工业大学出版社，2013.

［3］王国栋．轧制技术发展趋势和创新重点建议［C］//第十一届中国钢铁年会论文集.北京：中国金属学会，2017.

［4］谢建新．金属挤压技术的发展现状与趋势［J］．中国材料进展，2013，32（5）：257-263.

［5］孙小桥，杨丽红．金属拉拔成形的发展现状［J］．热加工工艺，2011，40（9）：20-23.

［6］周贤宾，严致和．中国冲压成形行业的发展［J］．锻压装备与制造技术，2005，40（1）：10-16.

［7］段园培，张海涛，余小鲁，等．304 不锈钢板料激光热应力成形试验研究［J］．应用激光，2012（5）：403-407.

［8］张青来，王荣，洪妍鑫，等．金属板料激光冲击成形及其破裂行为研究［J］．中国激光，2014，41（4）：115-120.

［9］刘艳雄，华林．高强度超声波辅助塑性加工成形研究进展［J］．塑性工程学报，2015，22（4）：8-14.

［10］李明哲，蔡中义，崔相吉．多点成形：金属板材柔性成形的新技术［J］．精密成形工程，2002，20（6）：5-9.

［11］ESTRIN Y, VINOGRADOV A. Extreme grain refinement by severe plastic deformation：A wealth of challenging science［J］. Acta Materialia, 2013, 61（3）：782-817.

［12］SCHWARZ F, EILERS C, KRÜGER L. Mechanical properties of an AM20 magnesium alloy processed by accumulative roll-bonding［J］. Materials Characterization, 2015, 105：144-153.

［13］WATANABE H, MUKAI T, ISHIKAWA K. Differential speed rolling of an AZ31 magnesium alloy and the resulting mechanical properties［J］. Journal of Materials Science, 2004, 39（4）：1477-1480.

［14］LEE C H, KOBAYASHI S. New solution to rigid-plastic deformation problems using a matrix method［J］. Journal of Engineering for Industry, 1973, 95：865-869.

［15］谢水生，李雷．金属塑性成形的有限元模拟技术及应用［M］．北京：科学出版社，2008.

［16］ZIENKWICZ O C, GODBOLE P N. A penalty function approach to problems of plastic flow of metals with large surface deformation［J］. Journal of Strain Analysis, 1975, 10：180-187.

［17］刘相华．刚塑性有限元及其在轧制中的应用［M］．北京：冶金工业出版社，1994.

［18］OSAKADA K, NAKANO J, MORI K. Finite element method for rigid-plastic analysis of metal forming-formulation for finite deformation ［J］. International Journal of Mechanical Sciences, 1982, 24 (8)：459-468.

［19］ MORI K, OSAKADA K, FUKUDA M. Simulation of severe plastic deformation by finite element method with spatially fixed elements ［J］. International Journal of Mechanical Sciences, 1983, 25 (11)：775-783.

［20］ 梅瑞斌，包立，王晓强，等．"课程思政"建设体系与价值典范研究 ［J］．华北理工大学学报（社会科学版），2021, 21 (1)：84-89.

［21］ 段永利．山西太钢：当钢遇上柔 只剩惊艳 ［J］．科技创新与品牌，2021 (10)：38-41.

［22］ 王志刚，吉川泰晴，董文正．塑性加工摩擦定律的研究进展 ［J］．中国机械工程，2020, 31 (22)：2708-2714.

［23］ 李金泽，谢克非．包辛格效应的发展和具体研究 ［J］．南方金属，2018 (2)：4-8.

［24］ 梅瑞斌，包立，刘相华．塑性力学教学中 Mises 屈服准则几何轨迹证明 ［J］．力学与实践，2022, 44 (4)：955-959.

［25］ 梅瑞斌，包立，齐西伟，等．"主应力法"理论的课堂教学问题研究 ［J］．机械设计，2018, 35 (S2)：130-133.

［26］ 徐秉业，刘信声．塑性力学及其在工程中的应用讲座之二　理想弹塑性问题的解法及某些应用 ［J］．机械强度，1983 (1)：37-46.

［27］ 徐秉业，刘信声．《塑性力学及其在工程中的应用》讲座（五）　滑移线法的原理及应用 ［J］．机械强度，1983 (4)：78-88.

［28］ 徐秉业，刘信声．《塑性力学及其在工程中的应用讲座》（六）　能量法及简化分析法在金属塑性成型中的应用 ［J］．机械强度，1984 (2)：64-72.

［29］ 徐秉业，刘信声．《塑性力学及其在工程中的应用》讲座（七）　考虑应变率效应的塑性动力学 ［J］．机械强度，1984 (3)：73-81.

［30］ TANNER R I, TANNER E. Heinrich Hencky：a rheological pioneer ［J］. Rheologica Acta：An International al Journal of Rheology, 2003, 42 (1/2)：93-101.

［31］ 李晓奇．先驱者的足迹：高等数学的形成 ［M］．沈阳：东北大学出版社，2004.

［32］ 王仲仁．弹性与塑性力学基础 ［M］．2 版．哈尔滨：哈尔滨工业大学出版社，2007.

［33］ 王平．金属塑性成型力学 ［M］．2 版．北京：冶金工业出版社．2013.

［34］ 汪大年．金属塑性成形原理 ［M］．2 版．北京：机械工业出版社．1986.

［35］ 俞汉青，陈金德．金属塑性成形原理 ［M］．北京：机械工业出版社．1999.

［36］ 陈平昌．材料成形原理 ［M］．北京：机械工业出版社．2001.

［37］ 李言祥．材料加工原理 ［M］．北京：清华大学出版社．2005.

［38］ 武大泉．粗糙平冲头压入半无限体滑移线场的探讨 ［J］．辽宁工学院学报，1993, 13 (2)：44-46.

［39］ 王国栋，赵德文．现代材料成形力学 ［M］．沈阳：东北大学出版社，2004.

［40］ 王勖成．有限单元法 ［M］．北京：清华大学出版社，2003.